우리 건축 서양 건축
함께 읽기

우리 건축 서양 건축 함께 읽기

2011년 1월 15일 초판 발행 ○ 2021년 2월 25일 6쇄 발행 ○ 지은이 임석재 ○ 펴낸이 안미르 ○ 주간 문지숙
편집 김강희 박현주 박성혜 ○ 디자인 황보명 신혜정 ○ 커뮤니케이션 김나영 ○ 영업관리 황아리
인쇄·제책 천광인쇄사 ○ 펴낸곳 (주)안그라픽스 우10881 경기도 파주시 회동길 125-15 ○ 전화 031.955.7766(편집)
031.955.7755(고객서비스) ○ 팩스 031.955.7744 ○ 이메일 agdesign@ag.co.kr ○ 웹사이트 www.agbook.co.kr
등록번호 제2-236(1975.7.7)

ⓒ 2011 임석재
이 책의 저작권은 지은이에게 있으며 무단 전재나 복제는 법으로 금지되어 있습니다.
정가는 뒤표지에 있습니다. 잘못된 책은 구입하신 곳에서 교환해 드립니다.

이 책에 사용된 사진 중 일부 작품은 SACK를 통해 ADAGP, BILD-KUNST, DACS와 저작권 계약을
맺은 것입니다. 저작권법에 따라 한국 내에서 보호를 받는 저작물이므로 무단 전재 및 복제를 금합니다.
저작권자와 연락이 닿지 않았던 일부 사진에 대해서는 저작권자가 확인되는 대로 저작권법에 해당하는
사항을 준수하겠습니다.

이 책의 국립중앙도서관 출판시도서목록(CIP)은 e-CIP홈페이지(http://www.nl.go.kr/ecip)와
국가자료공동목록시스템(www.nl.go.kr/kolisnet)에서 이용하실 수 있습니다.

ISBN 978.89.7059.572.6 (03600)

우리 건축 서양 건축 함께 읽기

임석재 지음

안그라픽스

차례

두 세계로의 초대　　　　　　　　　　008

1부 건물
　　　　구성
　　　　요소　　　　　　　　　　　014

1　지붕과 처마
　　팔작지붕 vs. 형태주의 곡선지붕
　　하늘을 우러르고 땅을 굽어보다　　016

2　나무와 기둥
　　개심사의 휜 나무기둥 vs. 바로크 건축의 꽈배기 기둥
　　휘고 굽은 못난 곡선이 아름답다　　042

3　구조 미학
　　병산서원 만대루 vs. 로지에의 원시 오두막
　　가리지 않는 솔직함의 미덕　　　　068

4　구성 분할과 추상 입면
　　한옥의 추상 입면 vs. 몬드리안의 추상화
　　기둥과 보가 그리는 한 편의 추상화　092

5　돌과 담
　　거친돌 막쌓기 vs. 콜라주
　　소박한 돌쌓기의 질서와 짜임새　　118

6　문과 상징
　　은유의 사찰 산문 vs. 직설의 고딕 성당
　　때론 위엄 있게 때론 자유롭게　　　138

2부 건축의
구성
원리   164

7 남향과 방위
따뜻한 자연의 빛 vs. 미니멀리즘의 백색 빛
해와 땅의 기운을 읽다   166

8 인체와 척도
한국 전통 중정 vs. 팔라초와 광장
인간을 중심에 두는 배려, 휴먼 스케일   194

9 길과 여정
사찰 진입 공간 vs. 교회의 제단으로 가는 길
건축적 스토리 속을 걷다   218

10 계단과 축
봉정사 돌계단 vs. 라우렌티안 도서관 곡선 계단
오르고 되새기고 상상하고   242

11 대칭과 비대칭
소수서원의 비대칭적 대칭 vs. 서양 고전 건축의 좌우 동형적 대칭
정형적 법칙에서 순응의 질서로   264

12 사각형과 모서리
도산서원 vs. 뒤랑의 유형학
열린 마당과 틈새의 미학   288

13 친자연과 낭만주의
개심사 진입 공간 vs. 픽처레스크 운동
자연 속으로 들어가 자연의 일부가 되다   316

14 사선과 긴장감
마곡사 대웅보전 vs. 보로미니의 산 카를리노
일상을 깨우는 극적인 순간   344

3부 건물의
감상법   376

15 중첩과 관입
    한옥의 불이 공간 vs. 큐비즘의 다차원 공간
    투명의 공간, 겹의 공간   378

16 프레임과 투시도
    관촉사 미륵전 vs. 라이날디의 닫집
    건축가의 시선이 가리키는 곳   408

17 주제와 변주
    신륵사의 앙천성 vs. 아르누보의 유기 선형 장식
    하나의 공간 하나의 스토리   434

18 테마파크와 친숙한 고전
    계룡산 갑사 vs. 디즈니랜드
    현실을 뛰어넘는 카타르시스의 공간   460

    색인   484

이 책은 1999년에 『우리 옛 건축과 서양 건축의 만남』이라는 제목으로 출간되었던 책을 새롭게 내놓은 것이다. 책의 내용을 다시 한 번 매만지고 편집 디자인을 새로 해서 참신한 모습으로 재탄생 한 셈이다. 글이 생명력을 유지하는 데 10년은 그리 긴 세월이 아닐 수도 있지만, 요즘 우리 사회의 변화 속도를 생각해볼 때 한 번 새롭게 다시 태어날 때가 되었다. 나는 다작을 하는 편이고 그 가운데는 벌써 절판된 책도 있지만 이 책은 다행히 독자들의 사랑을 꾸준히 받아서 이렇게 다시 태어날 수 있게 되었다.

이 책은 제목 그대로 한국의 전통 건축과 서양 건축을 비교한 내용으로, 비교건축의 좋은 예이다. '비교학'은 서로 다른 문명의 동일 분야를 비교하는 학문으로, 비교문학은 많이 활성화되었지만 비교건축은 우리나라는 물론이고 전 세계적으로도 그 예를 거의 찾아보기 힘든 희귀한 작업이다. 비교 대상이 되는 두 분야가 서로 많이 다른 경우가 대부분이어서 둘 모두에 능통하기가 쉽지 않을 뿐더러 단순한 지식의 차원을 넘어서 둘을 비교하는 깊이 있는 시각을 갖기는 더 어렵기 때문이다.

그런 점에서 이 책은 처음 출간되었을 때부터 적지 않은 관심을 받았으며 이후 10여 년 간 중고등학생에서부터 건축 전공자, 주부, 인문학 교수 등에 이르기까지 다양한 독자들에게 사랑을 받아왔다. 나 자신도 여러 곳에서 이 책의 내용을 주제로 많은 강연을 했다. 모두 열여덟 개의 장에서 중등교육 이상의 학력이면 쉽게 이해할 수 있는 쉬운 내용을 편하게 얘기하듯 들려주고 있지만 각 장에서 다루는 비교 주제는 수준 높고 깊이 있다는 평가를 꾸준히 받아왔다. 여러 고등학교에 필독서로 지정되어 있는 한편 대학에서는 건축학과나 인문학과 석·박사 과정 학생들과 교수들에게 논문이나 연구에 좋은 주제를 제공해왔다.

비교건축은 여러 모로 재미있는 점이 많다. 비교라는 것 자체가 통상적으로 사람들이 즐거워하는 일 가운데 하나이다. 일상생활에서는 남 흉보기로 잘못 흐를 가능성이 많지만 비교라는 작업은 잘만 하면 이로운 구석이 많은 방법론이다. 비교 대상이 되는 두 분야의 특징이 선명하게 드러나며 단독으로 볼 때에는 안 보이던 사실들이 새롭게 발견되기도 한다. 이런 점에서 요즘 유행하는 융합학문의 좋은 예이기도 하다. 이런 내용을 바탕으로 우열이라는 관점에서 판정을 가할 수도 있고 필요한 곳에 적용해서 사용할 수 있는 레퍼토리가 확장될 수도 있다.

한국 전통 건축을 해석하는 시각에는 전통을 전통으로 해석하는 고유의 관점도 있지만 서양과의 비교를 통하는 방법도 있다. 요즘 우리가 살고 있는 건축 환경이 서양식이기 때문에 이런 비교 방법론은 현대의 관점에서 전통 건축의 특징을 읽어낼 수 있는 좋은 수단이 된다. 자칫 역사 교과서 같은 비현실적인 옛날 일로 느끼기 쉬운 전통 건축에 대해 그만큼 현실적이고 생생한 해석을 할 수 있는 장점이 있다. 전통 건축이 왜 우수한지를 막연한 국수주의에서가 아니라 아주 구체적이고 경험적으로 알고 느끼게 해주는 것이다.

	이 책의 큰 방향은 우리 건축과 서양 건축의 비교를 통해 두 문명권의 차이를 아는 것이며 궁극적으로는 우리 스스로에 대해 올바로 알자는 것이다. '의식주'라는 말에서 알 수 있듯이 건축은 우리의 일상생활을 구성하는 3대 요소 가운데 하나이며 한 문명과 시대의 가치관과 생활방식이 고스란히 스며들게 되어 있다. 이런 점에서 건축은 문명과 시대의 의미를 파악하는 데 유용한 분야이다.

	우리는 20세기 이후 급격한 서구화와 근대화를 겪으면서 우리의 전통적 국민성과 많이 동떨어진 낯선 외래 건축을 갑자기 받아들여 살게 되었다. 우리의 근대화가 20세기 세계 역사에서 성공적인 사례라는 점에 나도 크게 동의하며 그 과정에서 주거환경을 둘러싼 재래적 불편을 해소한 점 또한 자랑스럽게 생각한다. 하지만 지키고 이어받았어야 할 우리의 소중하고 아름다운 전통문화가 너무 많이 사라지고 훼손된 점 또한 부인할 수 없다.

    1990년대 우리 문화유적에 대한 폭발적 관심과 최근의 한옥 열풍 등에서 보듯이 이제 살 만해지면서 잃어버렸던 우리 것을 찾으려는 노력이 크게 일고 있다. 일차적으로 중요한 것은 유구의 발굴, 보존, 복원이지만 이에 못지않게 중요한 것은 우리의 전통 건축이 어떤 특징과 의미를 갖고 어떤 점에서 훌륭한지를 아는 것이다. 이런 내용들이 서양 건축과 얼마나 비슷한가, 동시에 어떤 차이가 있는가를 비교할 수 있으면 금상첨화일 것이다. 궁극적으로는 이런 관심과 열풍을 통해 우리의 얼과 혼을 되찾을 수 있게 될 것이다.

    식민의 잔재를 청산하고 한국전쟁의 상흔을 치료하며 가난에서 벗어나기 위해 낯선 서구 문명에 매달려 앞만 보고 숨 가쁘게 달려온 지난 60년, 바라던 물질적 풍요는 어느 정도 이루었지만 그 과정에서 우리는 얼이 나가고 혼이 사라진 정신적 불안 상태에 빠져버렸다. 나는 우리 문화에 대한 관심과 열풍이 여기에 불안감을 느낀 우리 국민들이 스스로 살길을 찾아 나선 첫 걸음이라 생각한다. 이 책이 그런 움직임에 조그마한 보탬이라도 될 수 있다면 더 없이 감사한 일일 것이다.

    이 책이 처음 나왔던 10여 년 사이에 우리 사회는 많이 변했다. 금융 위기를 겪고 세계화의 여파로 경제 사회 환경이 급변하는 등 부정적인 측면도 많은 것이 사실이지만 소득 수준이 늘면서 문화 예술에 대한 관심이 향상되고 있는 것 또한 사실이다. 건축 분야도 그 가운데 하나로 각종 기관과 단체에서 건축에 대한 강연 수요가 꾸준히 늘고 있으며 문화 전 분야에서 자신들의 활동에 건축을 접목시키려는 노력도 많이 관찰된다. 문화와 학문 자체에서 융합이라는 새로운 경향이 등장해서 장르 사이의 경계를 허물며 자유로운 상상력의 활약을 기다리고 있다. 비교건축은 이런 새로운 상황과 아주 잘 맞는 좋은 방법론이며 이 책이 작은 등불이 될 수 있으리라 확신한다.

    이 책이 처음 출간된 뒤 지금까지 나는 개인적으로 여러 권의 저서를 꾸준히 내오면서 사고의 지평을 조금씩 넓혀왔다. 지인들은 아직도 쓸 책이 남아 있느냐고 묻는다. 내가 몇 살까지 몇 권의 책을 쓸지 모르겠지만, 개인적으로는 쓰면 쓸수록 새로운 주제들이 수없이 떠오른다. 아마 융합이나 비교라는 방법론을 택하기 때문일 것이다. 이런 점에서 비교건축은 앞으로 나의 중요한 연구 방향 가운데 하나로 계획되어 있다. 머지않은 미래에 이 책의 후속 작업을 통해 다시 독자들을 만나게 될 것이다.

마지막으로, 새로운 모습으로 재출간의 기회를 주신 컬처그라퍼에 감사의 말씀을 드린다. 사랑하는 두 딸과 아이들 엄마에게도 감사의 마음을 전한다.

2010년 12월
임석재

1부

건물 구성 요소

1
지붕과 처마

하늘을 우러르고
땅을 굽어보다

팔작지붕

vs.

형태주의 곡선지붕

한국 전통 건축의 멋은 지붕과 처마에 있다. 검은 기와를 얹은 모습은 장중하고, 날렵한 처마 선은 날갯짓하듯 가뿐한 자태를 나타낸다. 옷깃을 여미도록 장엄하면서도 이내 편안한 미소를 자아낼 만큼 경쾌하다. 이것은 조화의 미이자 중용의 미다. 장중함과 날렵함은 반드시 상반되는 조형미가 아닐 수도 있다. 한국 전통 건축의 지붕에서 이 두 가지 조형미는 서로를 보완해가며 더 큰 아름다움으로 승화된다. 이처럼 상반되는 두 아름다움을 한 모습 안에서 동시에 느낄 수 있다는 점이 한국 전통 건축의 가장 큰 매력이다. 지붕은 그 매력을 직설적이고 분명하게 보여준다.

한국의 지붕, 고정되지 않은 멋
::

또한 한국의 지붕은 변화무쌍하다. 고래등 같은 대궐의 지붕부터 둥근 보름달 같은 초가지붕까지, 혹은 부처의 넓은 마음 같은 대불전의 지붕부터 어미 품같이 포근한 칠성각의 지붕까지. 모양도 크기도 종류도 다양하다. 그러나 한국 지붕의 진짜 멋은 한 건물 안에서 그 모양이 수시로 변한다는 점에 있다. 보는 각도와 위치에 따라 너무도 다른 모습으로 끊임없이 변화한다. 정면에서, 측면에서, 비스듬한 사선 방향에서, 멀리서, 가까이서. 보는 방향과 거리에 따라 한 건물의 지붕이라고는 믿어지지 않을 만큼 완전히 다른 모습을 보여준다. 그뿐만이 아니다. 주변 환경이나 배경과 함께 보면 다양함은 배가된다. 나지막한 동산 능선이나 파란 창공 같은 자연 속에 놓일 때와 옆 건물의 또 다른 지붕과 어우러질 때, 같은 지붕이라도 그 모습은 완전히 다르게 나타난다. 굳이 경우의 수를 따지자면 그야말로 인간사만큼 무한대로 다양하다.

예를 들어 창경궁昌慶宮의 환경전과 경춘전을 보자. 1.2 건물 주위를 한 바퀴 돌면서 지붕을 보면 그 변화무쌍함을 실감할 수 있다. 환경전의 지붕에는 치마폭 같은 포근함과 예각의 날카로움이 함께 들어 있다. 함인정 앞에서 바라보면 완만한 곡선의 모습으로 나타났다가, 경춘전 쪽으로 이동하며 대각선 방향으로 올려다보면 이내 긴장감 넘치는 삼각형의 모습으로 변해 있다. 멀리서 바라보면 마치 한복의 소매 끝처럼 은근한 곡선을 그리며 살며시 올라가 있는 처마도, 가까이 다가가 모서리에서 올려다보면 하늘을 향해 긴박하게 열리며 사선과 예각의 흥분감을 느끼게 한다. 이 흥분감은 환경전과 경춘전의 처마 끝이 마주치는 장면에서 더욱 확실하게 느낄 수 있다.[3] 두 처마가 곡선과 사선 사이를 오가며 어우러진 장면은 마치 여러 사람의 팔이 겹쳐지며 완급의 박자를 이끄는 춤사위 같다.

이처럼 한국의 지붕은 긴장과 이완이라는 상반된 느낌을 동시에 가지면서 변화무쌍한 모습을 연출해낸다. 이 같은 특징은 한 가지로 고정된 모습을 보여주는 서양의 지붕과 자주 비교된다. 두 지붕 간의 차이는 하늘과 땅에 대한 두 문명권의 시각 차이에서 비롯된다. 하늘과 땅을 별개의 개념으로 보는 서양 건축에서는 한 건물 안에 하늘과 땅의 이미지가 동시에 존재하지 않는다. 지붕으로 환언하자면, 서양 건축의 지붕에서는 땅을 닮은 수평선과 하늘을 향하는 수직선이 동시에 표현되지 않는다.

예를 들어 땅 위의 인본주의를 바탕으로 서양 건축의 기원을 완성한 그리스 헬레니즘 건축은 수평선의 이미지로 지붕을 마감한다.[4] 물론 그리스 신전은 페디먼트^{pediment}라는 삼각형 박공지붕으로 덮여 있다. 그리고 일반적으로 삼각형은 수직적 이미지를 갖는 도형으로 취급된다. 그러나 그리스 신전 지붕의 삼각형은 긴 밑변을 가지면서 매우 안정적인 둔각 삼각형의 모습을 하고 있다. 그뿐 아니라 지붕 처마의 돌출 정도가 거의 없어 아주 멀리서 보지 않는 이상 지붕은 이내 가려지게 된다. 그 결과 그리스 신전은 전체적으로 건물의 끝과 하늘 사이에 강한 수평선으로 경계를 긋는 형상이다.

1 창경궁 환경전 2 창경궁 경춘전
환경전과 경춘전은 모두 팔작지붕의 전형적인 모습을 보여준다. 시선 각도에 따라서 때로는 완만한 곡선으로, 때로는 급한 경사로 다양하게 변화한다.

3 환경전과 경춘전의 처마가 교차한 모습
두 팔작지붕이 겹치면서 느껴지는 완급의 박자감은 여러 건물이
군집해 있는 한국 전통 건축의 매력 중 하나이다.

인본주의 신화를 바탕으로 창조된 그리스 신전은 지붕의 수평선을 통해 하늘을 우러르기보다는 땅을 굽어보겠다는 지상의 의지를 분명히 하고 있다.

반면에 천상 세계를 향한 종교적 신비성을 바탕으로 창조된 고딕 성당은 극단적인 수직선의 이미지로 지붕을 처리한다. 이미 바벨탑에서도 한번 시도했듯, 지상에서 멀리 달아나 하늘에 가까이 갈수록 신앙심도 커진다는 즉물적 종교관이 고딕 성당의 지붕에 표현되어 있다. 그 결과 고딕 성당의 지붕은 날카로운 예각의 첨탑이다.[5] 이러한 대천관對天觀은 과학과 기술이 발달한 현재 수준에서는 다소 유치해 보일 수 있다. 그러나 당시 기술 수준에서 보았을 때 100미터의 지붕 높이가 갖는 의미는 컸을 것이다. 이 높이는 땅 위의 인간 세계와 하늘의 종교 세계를 구분 짓는 결정적 기준이 되었을 것이다. 고딕 성당의 지붕에 나타난 강한 수직선은 땅을 버리고 하늘을 우러르겠다는 앙천仰天의 의지를 표현하고 있다. 또한 기술 의지, 정복욕, 개척 정신 등으로 표현되는 서양 문명의 특징이 종교라는 주제를 통해 드러난 것이기도 하다.

서양 건축을 대표하는 그리스 신전과 고딕 성당의 지붕이 한 가지 이미지를 명쾌하고 분명하게 보여준다면, 반대로 한국의 지붕은 은근하면서도 다양하게 변화한다. 이것은 하늘과 땅을 별개가 아닌 상호 보완의 개념으로 보는 철학 사상이 반영된 결과이다. 세상은 한 가지 고정된 모습으로 존재하는 것이 아니다. 태극기에도 잘 나타나 있듯이 하늘과 땅의 기운이 상호 작용하면서 끊임없이 변화하는 팔괘八卦의 상태로 존재한다. 한국의 지붕은 바로 이러한 동양 철학 사상을 반영한다. 하늘을 우러르는 동시에 땅을 굽어보는 두 가지 모습을 함께 나타낸다. 용마루 선을 따라 수평선을 형성하는 동시에 처마 끝이 올라가면서 하늘을 향한 개천開天의 의지를 함께 표현한다. 두 가지 기운이 어우러지면서 천의 얼굴로 다양하게 변신한다. 검은 기와를 얹고 무표정하게 펼쳐져 있는 한국의 지붕은, 실상 인간사의 희로애락을 담는 현실 세계의 모습인 것이다.

지붕은 어느 문화권의 건축에서나 중요하게 다룬다. 건물을 바라볼 때 가장 먼저 눈에 들어오는 부분일 뿐 아니라 하늘과 맞닿는 끝을 마무리하는 요소이기 때문이다. 지붕은 건물에 필요한 캐릭터를 가장 정확하게 전달한다. 권위가 필요한 건물에는 권위를, 우아한 품위가 필요한 건물에는 우아한 품위를 가장 쉽고 효과적으로 표현한다. 지붕은 한 문화를 구성하는 기본 사상을 농축하는 상징성을 갖는다. 남녀노소, 촌부에서 임금까지, 여고생에서 학자까지, 나이와 신분과 학식 차이를 뛰어넘어 한 사회 단위 내에서 가장 편차가 적고 쉽게 공유할 수 있는 요소가 바로 지붕이다. 산등성이를 돌아 고향 마을 어귀에 다다랐을 때 고향으로 돌아왔음을 가장 먼저 실감하게 하는 것이 둥근 초가지붕이다. 박정희 대통령이 자신의 근대화 업적을 자랑하고 싶었을 때 가장 먼저 손댄 것도 초가지붕이다. 궁궐에서 삼천리 조선 반도를 통치하던 왕의 권위를 연상시키는 것도 경복궁景福宮 근정전의 장엄한 2층 지붕이다. 이탈리아 베네치아의 산타 마리아 델라 살루테 Santa Maria della Salute 교회는 성모 마리아에게 봉헌되었기 때문에 여성을 상징하는 곡선으로 지붕을 장식했다.❻ 반대로 성 베드로에게 봉헌된 로마 교황청 건물의 지붕은 미켈란젤로의 힘 넘치는 기둥 조각이다. 세상에는 많은 지붕이 있다. 한국 전통 건축은 한국 전통 건축대로, 서양 건축은 서양 건축대로 다양한 지붕의 형태를 보여준다.

다채로운 얼굴의 팔작지붕
::

한국 지붕의 화려한 멋은 팔작지붕에서 쉽게 관찰된다. 팔작지붕이란 지붕의 모서리가 박공 형식을 취해 수직으로 내려오다 적당한 중간 지점에서 부

4 **파에스툼의 바실리카** The basilica at Paestum, Temple of HeraⅠ, **그리스, 기원전 540년**
그리스 신전은 인본주의를 기본 사상으로 삼아 땅과 친화하는 수평선을 주요 조형관으로 보여준다.

5 **성 에티엔느** Saint Etienne **교회, 프랑스 캉, 1065-1120년경**
기독교의 대표 건축인 고딕 성당은 강한 앙천의 의지를 상징하는 수직선으로 구성된다.

6 발다사레 롱게나, 산타 마리아 델라 살루테Santa Maria della Salute 교회, 이탈리아 베네치아, 1631-1632년
지붕 둘레가 교회 봉헌 대상인 성모 마리아를 상징하는 소용돌이 문양으로 장식되었다.

챗살처럼 사방으로 펼쳐지는 형태를 일컫는다. 건물 사방으로 처마 곡선을 갖추어 지붕 종류 가운데서도 가장 화려하고 위엄이 있다. 이 때문에 궁궐의 정전正殿이나 사찰의 대웅전 같은 중심 건물에 주로 쓰였다. 여기에서 중심 건물이라 함은 규모가 크고 가장 중요한 건물을 일컫는다. 창덕궁의 인정전과 창경궁의 명정전을 비롯한 궁궐의 주요 전각들, 혹은 부석사 무량수전이나 봉정사 대웅전 등과 같이 익히 알려진 전통 건물의 대부분은 팔작지붕으로 지어졌다.⁷

또한 팔작지붕은 그 규모는 작더라도 중요한 의미를 지닌 건물일 경우에도 종종 쓰였다. 고운사의 일주문과 마곡사의 해탈문은 사찰의 문이, 마곡사의 응진전이나 신륵사의 조사당은 사찰의 중단中壇 전각이 팔작지붕으로 지어진 예이다. 이처럼 작은 규모의 건물에 팔작지붕이 쓰인 경우, 본래 규모 이상의 인위적 위엄을 추가로 갖추게 된다. 고운사孤雲寺 일주문을 보자.⁸ 자그마한 산문山門에 불과한 이 문은 팔작지붕을 얹음으로써 만만치 않은 위엄을 보여주고 있다. 마치 꼬마 장군 같은 해학적 위엄이 느껴지기도 한다. 팔작지붕은 네 면의 처마 곡선을 통해 한국 지붕의 참 멋을 보여준다. 때로는 원무圓舞를 추며 한껏 벌어진 여인네의 치마폭 같기도 하고, 때로는 비상하는 새의 날갯짓 같기도 하다. 하늘을 향해 살짝 올라간 곡선은 경쾌함과 야릇한 흥분감을 느끼게 한다.

한편, 같은 팔작지붕이라도 처마 곡선의 각도와 길이에 따라 각 건축물의 인상이 달라진다. 언뜻 보기에는 미묘한 것 같지만 사실은 큰 차이이다. 그 차이를 느낄 수 있다면 한국 전통 건축의 깊은 멋을 알게 되는 셈이다. 창경궁 함인정의 처마는 하늘을 향해 급한 곡선을 그리며 올라가는 팔작지붕의 멋을 가장 잘 보여주는 예이다.⁹ 함인정의 처마 곡선은 팔 벌려 친구를 맞는 달뜬 감정을 발산하고 있다. 지붕 밑의 건물이 벽체 없이 골격만 갖기 때문에 마치 공중에 떠서 날갯짓하고 있는 새처럼 보이기도 한다. 또

7 창경궁 명정전과 문정전
화려하고 위엄 있는 팔작지붕은 주변의 여타 건물과 차등을 주는 기능을 갖는다.

8 고운사 일주문
팔작지붕을 갖춘 산문은 그 물리적 크기 이상의 상징적 중요성을 얻는다.

한 급하게 올라가는 곡선은 처마의 벌어진 각도를 크게 만들면서 동시에 길이도 길어진다. 이렇게 긴 곡선을 드리우며 이어지는 처마는 끝 지점에 오더라도 끝난 것 같지 않고 마치 빈 하늘로 이어지는 것 같은 착각을 일으킨다. 함인정 외에도 사찰의 전각에는 팔작지붕의 멋을 보여주는 예가 무수히 많다. 그중 수타사壽陀寺 대웅보전은 위와 같은 팔작지붕의 처마 곡선이 가장 무난하게 나타난 예이다.🔟

팔작지붕이라고 해서 반드시 함인정이나 수타사 대웅보전처럼 급한 곡선을 형성하는 것은 아니다. 예를 들어 마곡사麻谷寺 해탈문의 팔작지붕은 거의 수평선에 가까운 처마 선을 갖고 있다.⓫ 물론 그렇다고 해서 해탈문의 조형미가 위의 건축물들보다 못한 것은 결코 아니다. 마곡사 해탈문의 수평 처마 선은 그 나름의 차분한 분위기를 갖는다. 마치 생각에 잠긴 듯 고개 숙인 모습이다. 마곡사 해탈문에 견주니 함인정의 처마 곡선은 다소 방정맞은 것처럼 느껴지기까지 한다. 마곡사 해탈문의 처마 곡선은 평온한 휴식을 준다. 이러한 분위기는 종교적 침잠을 유발해야 하는 사찰의 해탈문으로서 매우 적절한 특징일 수 있다. 또한 산문의 긴 여정을 끝내고 대웅전 앞에 섰을 때도 휴식의 느낌은 필요할 것이다. 봉정사鳳停寺 대웅전의 팔작 처마 역시 얌전한 일획을 그으며 속세의 격정을 달래러 온 중생의 가쁜 호흡을 가라앉힌다.⓬ 함인정의 경쾌한 처마 곡선과 비교했을 때 그 특징은 더욱 두드러진다. 함인정은 영조가 장원급제한 사람들을 접견하던 건물이었다. 따라서 밝고 고무적인 분위기가 필요했을 것이다. 이처럼 팔작지붕의 처마 곡선은 건물의 목적과 기능에 맞는 캐릭터를 부여하는 역할을 한다.

팔작지붕의 멋은 건물의 측면에서 보았을 때 또 달라진다. 한국 전통 건물의 측면은 정면에 비해서 폭이 좁지만 처마 곡선의 상승치는 같아야 한다. 따라서 측면의 곡선 상승 각도는 그만큼 급하게 나타날 수밖에 없다. 특히 건물의 정면에서 측면으로 돌아가며 사선 방향으로 처마 곡선을

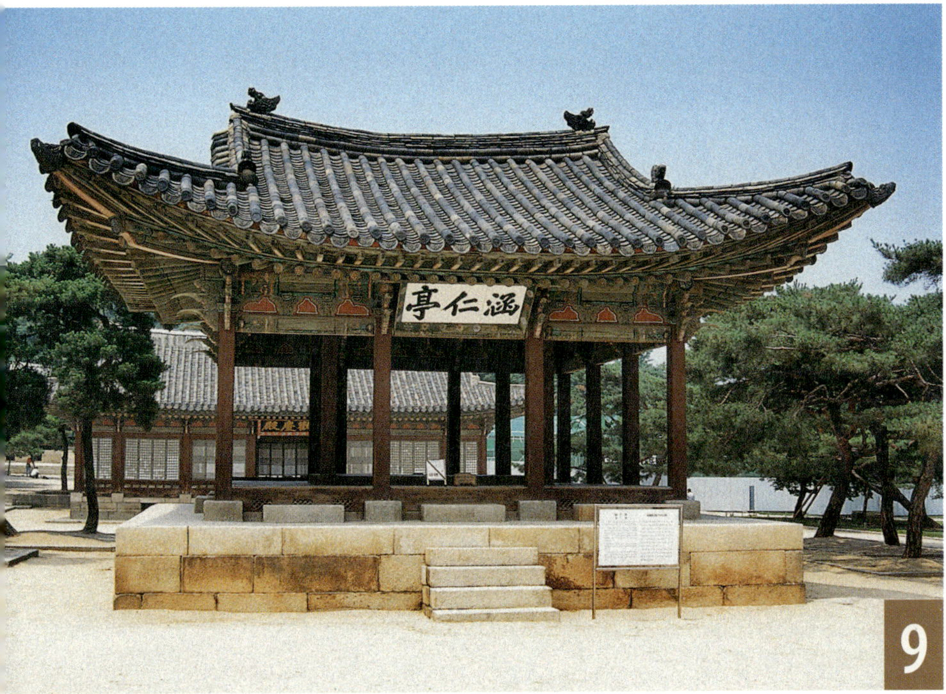

9 창경궁 함인정
함인정은 팔작지붕 가운데서도 처마 곡선이 매우 급하게 하늘로 뻗어 올라가는 모습을 보여준다.

10 수타사 대웅보전
수타사 대웅보전은 처마 곡선이 휘어 올라간 정도나 지붕이 벌어진 각도 등을 볼 때 팔작지붕의 전형적인 예에 해당된다.

11 마곡사 해탈문 12 봉정사 대웅전
처마 곡선이 거의 일자에 가까운 수평선을 형성한다. 산문이나 대웅전이 사람들의 마음을 차분히 가라앉혀 줄 필요성을 갖는다고 볼 때 이러한 지붕 처리는 적절해 보인다.

바라볼 경우 그 급박감은 더해진다. 사선 방향에서 바라보는 팔작지붕의 처마 곡선은 매우 유동적이며 언제라도 자신의 모습을 변형시킬 준비가 되어 있는 것처럼 보인다. 끊임없이 움직이는 활성 에너지로 가득 찬 유동체처럼 느껴지기까지 한다. 그 때문에 이 지점에서 바라보는 팔작지붕의 처마 곡선은 착시 조작이 가장 용이하다. 예를 들어 부석사浮石寺 무량수전은 정면을 거의 돌아서 측면으로 접어드는 지점에서 처마를 바라보면 기우뚱 기울어진 듯 역동적인 모습이다.[13] 마치 팔 벌려 비행기 놀이 하는 어린아이의 달음박질 같은 맥박이 느껴진다. 언덕을 뛰어 내려오며 한쪽으로 기울인 채 급강하하는 비행기를 흉내 내는 어린아이의 천진난만함도 느껴진다. 한국의 팔작지붕은 가히 수없이 다양한 모습으로 변하는 현실세계 그 자체라 할 만하다.

필립 존슨과 에로 사리넨의 형태주의 곡선
::

서양 현대 건축에서는 부드러운 지붕 곡선을 추구하는 경향이 하나의 큰 흐름으로 나타난다. 이러한 경향은 형태주의Formalism라는 양식으로 불리기도 한다. 형태주의란 말 그대로 재미있고 독특한 형태로 건물의 조형성을 결정하는 양식사조이다. 이에 따라 부드러운 지붕 곡선이란 재미있고 독특한 형태를 대표하는 건축 어휘가 된 셈입니다. 형태주의는 특히 1900년대 전반부의 딱딱하고 엄격한 추상 건축에 대한 반발로 제2차 세계대전 이후인 1950-1960년대에 집중적으로 나타났다. 그중 팔작지붕의 곡선과 매우 유사한 예가 발견된다. 필립 존슨Philip Johnson과 에로 사리넨Eero Saarinen이 이 같은 경향을 대표하는 건축가이다. 두 사람은 제2차 세계 대전 이전에 서구에서 유행하던 육면체 상자 형태의 단조로운 추상 건축에 반발하여, 1950-1960년대 자유 형태 운동을 이끈 미국의 대표적인 현대 건축가이다. 이들은 새로운 건축

13 부석사 무량수전
정면에서 볼 경우 근엄한 모습이지만 측면에서 보면 한껏 들뜬
소녀의 몸짓 같은 에너지를 느끼게 한다.

14 필립 존슨, 캡 베나 개인 주택 Private House at Cap Benat, 프랑스 바르, 1964년
콘크리트를 이용하여 천이 펄럭이는 듯한 지붕 곡선을 만들었다.

운동을 위한 창작 모티프를 동양의 지붕 곡선에서 찾았다.

필립 존슨은 캡 베나 개인 주택Private House at Cap Benat에서 펄럭이는 천 혹은 물결치는 파도처럼 부드러운 곡선으로 지붕 형태를 처리했다.[14] 모서리에 서서 대각선 방향으로 올려다본 처마 곡선은, 이를테면 창경궁 환경전이나 수타사 대웅보전의 팔작지붕을 보는 느낌과 매우 유사하다. 존슨의 곡선 지붕은 콘크리트를 이용한 현대 기술로 제작되었다. 이 사실을 알고 보면, 모양만 한국의 팔작지붕과 유사할 뿐 그 속맛에서는 차이가 많이 나게 된다. 한국의 지붕 처마 곡선은 사전 계산 없이 현장에서 장인의 눈썰미로 결정되었다. 경험 많은 노老장인이 눈을 지그시 감았다 떴다 하면서 "왼쪽을 조금 더" 하는 식으로 절묘한 균형 감각을 발휘해 완성한 작품이 한국의 지붕 처마 곡선이다. 반면에 존슨의 지붕은 사전에 행한 정밀한 구조 계산을 바탕으로 한 치의 오차도 없이 계획한 대로 주조됨으로써 과학 기술의 승리를 상징한다. 실제로 서양 현대 건축사의 전개 과정을 볼 때, 형태주의가 유행했던 1950-1960년대 당시 곡선과 같은 비정형 형태를 콘크리트로 만들어내는 작업이란 첨단 구조 기술에 의해서만 가능했다. 그 결과 존슨의 주택에 나타난 지붕 곡선은 서양의 합리적 과학 기술의 결과물답게 명쾌하게 느껴진다.

한편, 한국의 지붕은 인간의 감각이 기계나 과학보다 더 우수하고 정밀할 수 있다는 예로 자주 거론되곤 한다. 사실 곡선을 추구한 건축물은 동서양을 막론하고 어느 나라에서든 흔히 볼 수 있다. 특히 한국을 비롯한 비서양권에서는 기계나 과학에 의존하지 않고 인간의 경험과 감각만으로 건축물의 곡선을 결정하는 경우가 많았다. 그 곡선은 은근한 멋을 지녀, 정확하고 명쾌한 서양 건축의 곡선과 대비된다. 그런 만큼 한국 지붕의 처마 곡선은 노장인이 그것을 만들 때와 똑같이 지그시 눈을 떴다 감았다 하면서 은근하게 감상해야 참 멋을 느낄 수 있다. 이런 특징은 정확한 숫자보다는 눈짐작과 경험으로 계량을 대신하는 한국 문화의 특징 중 하나이기도 하다.

그러나 서양의 합리주의적 관점에서 한국의 눈짐작 문화는 정확성을 결여한, 고쳐야 할 재래 문화로 평가될 수 있다. 기계 전자 문명이 세계 보편적 문명 방식으로 자리 잡은 과학 기술의 시대에 이러한 부정확성은 문화 발전의 걸림돌로 작용할 수 있다. 이에 대한 반발로 배타적 애국심이나 민족주의적 관점을 앞세우기도 한다. 우리의 눈짐작 문화야말로 한계에 달한 서양식 기계 문명을 구제할 인류의 마지막 남은 희망인 것처럼 주장하는 것이다.

그러나 양 극단의 시각 모두 위험하다. 현대사회는 전 세계가 표준화되고 초 단위로 문명이 발전하고 있다. 합리적이고 정확한 계량적 사고란 어느 문화에서든 기본적인 의무이자 에티켓이다. 그럼에도 불구하고 우리는 모든 사람이 동일한 기성품이나 로봇이 될 수 없다는 사실 또한 알고 있다. 그러므로 각 개인 혹은 한 문화 단위의 존재 이유를 결정짓는 주관적 특성이 함께 개발되어야 한다. 그리고 이 같은 주관적 특성은 합리적 사고와 계량적 정확성으로는 설명이 안 되는 눈짐작 문화로부터 보다 효과적으로 얻어낼 수 있다. 서양식 합리주의 문화와 우리의 재래 문화는 이분법적 우열 판단의 대상이 아니라 두 문화가 서로 보완하면서 더 큰 제3의 가치를 창출해야 한다. 팔작지붕의 처마 곡선과 서양 현대 건축의 곡선 지붕으로부터 우리는 이러한 교훈을 찾아내야 한다.

사리넨의 예는 어떤 면에서는 존슨보다 더 한국의 지붕 곡선 개념과 유사하다. 사리넨 역시 콘크리트 특수 구조를 이용하여 여러 형태의 곡선 지붕 작품을 남긴 건축가이다. 특히 그의 곡선 지붕은 유생물 형태에서 모티프를 따왔다. 예컨대 예일 대학교의 잉걸스 아이스하키 링크^{Ingalls Ice Hockey Rink at the Yale University}는 물고기의 유선형 윤곽을 지붕 곡선의 출발점으로 삼았다.[15] 마치 우리의 기와지붕을 대표하는 모습인 '고래등'처럼 보인다.

물고기의 꼬리에 해당하는 출입구 차양은 부석사 무량수전의 측면 처마 곡선과 매우 유사하다. 또 다른 예로 뉴욕 존 에프 케네디 공항의 TWA 청사 TWA Terminal at the John F. Kennedy Airport는 비상하는 새의 모습으로부터 곡선의 모티프를 따왔다. 이 형태는 우아한 날개를 펄럭이며 하늘로 막 날아오르거나 혹은 땅 위로 사뿐히 내려앉으려는 학의 모습을 연상시키는 창경궁의 함인정과 유사하다.[16]

유생물 모티프로부터 건물의 형태를 결정짓는 사리넨의 건축 경향은 그의 출생 배경에서 설명될 수 있다. 에로 사리넨은 핀란드 태생으로 그의 아버지 엘리엘 사리넨 역시 20세기 초 핀란드를 대표하는 유명한 건축가이다. 사리넨은 대학생 때 아버지를 따라 미국으로 이민 와서 1950-1980년대 미국의 현대 건축을 이끌어가는 건축가가 되었다. 사리넨만의 독특한 경향은 바로 핀란드의 낭만주의 전통에서 나온 것이다. 스칸디나비아반도의 침엽수림 환경이면서도 스웨덴이나 노르웨이처럼 험한 산악 지세가 없는 핀란드에서는 목가적인 낭만주의 경향이 건축 전통으로 이어졌다. 사리넨의 아버지는 핀란드 낭만주의 건축의 대가였으며 사리넨은 어려서부터 아버지의 영향을 받으며 컸다. 목공예를 바탕으로 자연에 순응하고 자연과 하나 되려는 핀란드의 자연 낭만주의가 가장 기본적인 건축적 소질로 대물림된 것이다.

이밖에도 핀란드에서는 사리넨의 바로 앞 세대 건축가로 알바 알토 Alvar Aalto라는 세계적 거장을 배출한 바 있다. 1940-1960년대 세계 건축을 이끈 거장 알바 알토 역시 핀란드의 낭만주의 전통을 배경으로, 유럽 대륙 중심의 서구 건축에 대항하여 인간미 넘치는 신인본주의 건축을 주창하였다. 그 전통이 사리넨에 이르러 보다 직접적으로, 자연 유기 형태를 차용하는 직설적 낭만주의로 나타나게 된 것이다. 사리넨은 조국 핀란드의 건축 전통을 가지고 미국으로 건너가 콘크리트 공학이라는 첨단 구조 공법을 이

15 에로 사리넨, 예일 대학교의 잉걸스 아이스하키 링크 Ingalls Ice Hockey Rink at the Yale University, 미국 뉴헤이븐, 1957년 **16** 에로 사리넨, 뉴욕 존 에프 케네디 공항의 TWA 청사 TWA Terminal at the JFK Airport, 미국 뉴욕, 1956-1962년

사리넨은 고향인 핀란드의 낭만주의 건축 전통을 미국의 기술력과 접목시켜, 한국 전통 건축의 처마 곡선에 견줄 만한 곡선을 가진 건축물을 많이 남겼다.

용하여 현대적 모습으로 재창조해냈다. 그리고 그것은 한국의 처마 곡선과 매우 유사한 지붕 형태로 귀결되었다.

      물론 사리넨이 한국 건축 혹은 동양 건축을 접했다는 기록은 없다. 사리넨의 지붕 곡선이 무엇의 영향을 받았느냐보다 더 중요한 것은, 자연환경이 비슷하고 사람들의 인심과 생각이 비슷하다면, 시간과 지역을 초월하여 지구 이 끝과 저 끝에서 유사한 모습의 건물이 동시에 세워질 수 있다는 점이다. 사리넨의 낭만주의 건축은 자연을 정복하려는 기계 문명의 대명사처럼 인식되었던 미국에서 받아들여졌고, 사리넨은 미국의 현대 건축을 이끌어가는 건축가가 되었다. 사리넨의 예를 통해 우리는 간접적으로나마 알 수 있다. 우리가 이분법적 사고에 의해 서로 대립하는 가치로 여겼던 우리의 친자연적 처마 곡선과 미국의 첨단 기술 문명이 만나 더 큰 제3의 가치로 새롭게 탄생할 수도 있다는 사실을 말이다.

      이외에도 동양적 곡선이 지붕 모티프로 사용된 서양 현대 건축의 예는 많다. 물론 그것들이 한국의 팔작지붕으로부터 직접적인 영향을 받았다고 보기는 어렵다. 그러나 넓은 의미에서는 한국을 포함한 동양 건축이 그들에게 중요한 선례가 되었을 수 있다. 특히 우리보다 널리 서양에 알려진 일본 건축은 직접적으로 영향을 끼쳤을 것이다. 서양 건축은 하나의 양식 사조가 막다른 골목에 다다랐을 때, 이방 문화로부터 돌파구를 위한 실마리를 찾곤 했다. 이방 문화 중에서도 동양 건축은 가장 중요한 위치를 차지한다. 동방 건축으로부터 결정적인 영향을 받아 형성된 비잔틴 양식, 매너리즘, 바로크 건축 등은 물론이거니와, 20세기 모더니즘 건축이 탄생하는 데에도 한국과 일본을 포함한 극동 지역의 전통 건축은 결정적인 영향을 끼쳤다. 그리고 위의 예에서 보았듯이 모더니즘 건축의 한계를 극복하려는 제2차 세계대전 이후의 서양 현대 건축에서 동양 건축의 아름다움은 다시 한번 건축적 대안이 되었다.

그러나 나는 한국 혹은 동양 건축이 무조건 서양 건축보다 우수하다는 주장을 펴고 싶지는 않다. 그보다는 우리가 우리 것과 서양 것을 상호 대립적인 관계로 보는 동안, 서양 사람들은 오히려 우리 것으로부터 그들 자신의 한계를 극복할 교훈을 배워갔다는 점을 지적하고 싶다. 우리는 우리 것을 재래적이라 하며 타파해야 할 구습으로 여겼던 경험을 가지고 있다. 또한 그에 대한 반동적 현상으로 우리 것은 무조건 소중하다는 전통 제일주의도 겪었다. 이제는 그러한 극단적 시각에서 벗어나 우리 것과 서양 것 사이에 공통으로 존재하는 가치를 찾아냄으로써 이 두 문명을 상호 보완적으로 바라보아야 할 때가 왔다. 건축은 위와 같은 교훈을 이해하기에 가장 적절한 문화예술 분야일 수 있다. 우리 건축의 진정한 아름다움을 발견하고 서양의 예와 비교해봄으로써, 우리는 동서양이 하나 될 자그마한 실마리를 얻을 것이다.

2
나무와 기둥

휘고 굽은 못난
곡선이 아름답다

개심사의 휜 나무기둥
vs.
바로크 건축의 꽈배기 기둥

한국 전통 건축의 기둥은 정교하면서도 자연스럽다. 화려하면서도 수수하다. 구조적 안정은 추상같이 엄격하다. 천 년을 끄떡없이 서 있었고, 앞으로도 그 세월 이상을 서 있을 것이다. 또한 쓸데없는 가식과 과장은 피하지만 꼭 필요한 경우라면 세계 어느 나라의 기둥에도 뒤지지 않는 화려한 멋을 뽐낸다. 그 때문에 어수룩해 보이면서도 결코 얕볼 수 없는 완결성을 지녔다. 이를테면 자신의 책무를 다했기 때문에 더 이상의 허식은 필요 없다는 자신감과도 같다.

휜 나무로 만든 기둥, 비정형의 멋
::

한국 기둥의 참 멋은 비가공성非加工性이다. 한국의 기둥은 나무를 본떠 만들었다. 아니, 나무를 그대로 가져다 썼다. 집 짓는 장인은 전국의 산야를 다니며 기둥으로 쓸 나무를 직접 골랐다. 이렇게 고른 나무는 가공을 최소화하여 기둥으로 썼다. 필요한 길이에 맞춰 나무의 밑동과 윗동만 자른 채 더 이상의 가공을 하지 않고 그대로 쓴 경우도 많았다. 휜 나무는 그냥 휜 채로 썼다. 나무 몸통의 옹이는 메우는 일 없이 그대로 남겨두었다.

충남 서산의 개심사開心寺에는 휜 기둥을 쓴 전각 두 채가 있다. 특히 범종각은 누각을 구성하는 기둥 네 개 모두 휜 나무를 그대로 사용했다.[1] 하나도 아니고 네 개가 모두 이렇다 보니 범종각은 당장이라도 무너질 것처럼 심하게 찌그러진 모습이다. 그러나 걱정할 필요는 없다. 올곧은 나무로 만든 기둥과 조금도 다름없이 널따란 지붕을 거뜬히 받치고 있다.

범종각은 마치 속세의 고뇌를 모두 짊어지고 고통에 차 일그러진 얼굴로 서 있는 등신불等身佛을 보는 듯하다.[2] 혹은 사천왕상四天王像이 따로 없는 개심사에서 범종각의 찌그러진 모습은 큰 눈을 부리부리하게 부릅뜬 사천왕상의 얼굴을 연상시킨다. 속세는 어차피 휜 나무들로 가득 찬 백팔

1 개심사 범종각
한국의 산야에서 흔히 볼 수 있는 휜 나무를 그대로 다듬지 않고 네 귀퉁이에 사용했다. 겉모습만 보면 당장이라도 쓰러질 것 같다.

2 석가 고행상, 시크리 출토, 3-4세기
한국 전통 건축의 휜 나무기둥은 곧고 아름다운 모습만 중히 여긴 것이 아니라 기형적이고 뒤틀린 모습도 그 자체로 하나의 완성된 존재로 받아들이는 세계관을 담고 있다. 항상 환한 보름달 같은 모습의 부처도 힘들고 추한 모습의 고행 과정을 거쳐 득도했던 것이다.

3 개심사 심검당
기둥뿐 아니라 보까지도 휜 나무를 그대로 사용하여 비정형 곡선이 건물의 전체적인 조형미를 결정하고 있다.

번뇌의 세계이다. 현실을 애써 외면한 채 올곧은 나무를 써서 보기 좋게 만든 어느 전각과 찌그러진 모습의 범종각, 둘 중 어느 것이 더 솔직한가.

휜 나무를 사용한 예는 개심사의 심검당에서도 볼 수 있다. 심검당은 한술 더 떠 기둥뿐만 아니라 보까지도 휜 기둥을 썼다.[3] 그러나 무너질 것 같은 불안감은 느껴지지 않는다. 그보다는 기둥이란 본디 나무에서 온 것으로, 가능한 한 나무의 모습 그대로를 간직해야 한다는 솔직성의 교훈을 배우게 된다. 이는 한국 전통 건축의 멋 가운데 하나이다.

서양 현대 건축에는 건축물을 일부러 찌그러진 모습으로 만들려는 해체주의Deconstructivism라는 양식 사조가 있다. 그들 작품 중에는 개심사 범종각과 유사한 예가 많다. 해체주의를 대표하는 건축가 프랭크 게리Frank Gehry의 프레드 앤 진저 빌딩Fred and Ginger Building은 건물을 받치는 기둥뿐만 아니라 건물 자체도 심하게 찌그러진 모습이다.[4] 범종각처럼 당장이라도 쓰러질 것 같지만 정밀한 구조 계산으로 지어졌기 때문에 아무 문제없이 서 있을 수 있다.

해체주의는 정형적 질서를 강요하는 기존의 건축 경향을 현실성 없는 가식의 세계라 비판하는 일종의 반문명 양식 운동이다. 이러한 해체주의 건축은 관습적인 고급 예술과 현실 세계 간의 불일치에 대한 비판으로부터 시작된다. 기존의 건축 양식들은 수천 년간 안정되고 질서 있는 조형 세계를 추구해 왔다. 그럼에도 불구하고 현실 세계는 늘 폭력과 전쟁 그리고 거짓이 난무한다. 해체주의는 직선, 직각, 사각형 등으로 구성되는 기존 건축 세계의 안정과 질서를 비현실적인 위선이라 여기며 거부하고, 이러한 위선을 '해체'하고자 하는 비정형적이고 무질서한 건축 세계를 새로운 대안으로 제시했다.

개심사의 범종각과 프레드 앤 진저 빌딩 사이에는 유사점과 차이점이 동시에 존재한다.[5] 두 건축물 모두 정형적인 규범에 반하여 비

4 프랭크 게리, 프레드 앤 진저 빌딩Fred and Ginger Building, 체코 프라하, 1995년
5 개심사 범종각

휜 기둥을 사용하여 찌그러진 모습의 개심사 범종각은 서양의 해체주의 건축과 강한 유사성을 보여준다. 그러나 해체주의 건축은 건물을 일부러 찌그러진 모습으로 짓는 반문명적 조형관을 갖는 반면에, 개심사 범종각은 자연에 존재하는 생명체의 상태를 있는 그대로 받아들이겠다는 자연 순응적 세계관을 갖는다는 점에서 중요한 차이를 보여준다.

정형적 건축을 추구했다는 점에서 공통점이 존재한다. 두 건물의 모습이 유사한 데에서도 잘 알 수 있다. 그러나 대안을 추구하는 방식에서는 분명한 차이점을 갖는다. 해체주의 양식의 프레드 앤 진저 빌딩은 인간의 현실 세계를 부정적인 시각으로 보고 그 해답 역시 '해체'라는 부정적 조형관으로 제시한다. 해체주의 건축은 심지어 자연의 질서까지도 거부하는, 극단적이고 반문명적인 조형관을 나타낸다. 이에 반해 범종각은 고뇌로 가득 찬 부정적 현실 세계에 대한 대안으로 자연 속 완결된 하나의 생명 단위를 그대로 받아들이는 긍정적 조형관을 제시한다. 부정을 부정으로 풀려는 서양의 해체주의 건축은 현실 세계의 문제점에 대한 해결책을 인간의 손으로 찾으려는 서양 문명의 특성에서 기인한다. 이에 반해 부정을 긍정으로 풀려는 범종각의 조형관은 현실 문제의 해결책을 자연 속에서 찾으려는 한국적 사상에서 기인한다.

해체주의는 서구사회에서 많은 핍박을 받았던 유태인들을 중심으로 1980년대 이후에 크게 유행했다. 더 넓게 보자면 이러한 해체적 조형관이 좁은 의미의 양식 운동인 해체주의에만 국한된 현상은 아니다. 흔히 '광기의 10년'으로 불리는 1980년대에는 많은 예술가들이 비정형적 조형관을 추구했다. 예컨대 철골의 접합 등을 이용하여 매우 안정적인 산업 구조물의 이미지를 표현했던 현대 조각의 거장 앤서니 카로^{Anthony Caro} 역시, 1980년대에 들어서자 범종각의 모습과 유사한 비정형적 경향으로 전향한 바 있다.[6] 올곧은 직선만이 현실 세계를 대표하는 것은 아니라는 범종각의 조형관은 1980년대 서구 사회의 고민에 대한 해답을 훨씬 이전부터 담고 있었던 셈이다. 휘고 굽어 못난 곡선이 현실을 대변하는 가장 솔직한 모습일 수 있다는 범종각의 조형관은 합리적이고 인위적인 질서 중심의 서구 사상이 맞닥뜨린 한계에 대한 대안을 제시하고 있다.

한편, 개심사의 두 건물이 모두 상단^{上壇}의 전각은 아니기 때

6 앤서니 카로, 〈코랠Corall〉, 1981-1982년
서양 조형 예술에서 1980년대는 해체주의 건축으로 대표되는 시기이다. 본래 안정된 질서를 추구하던 조각가 카로조차도 이 기간 동안에는 해체적 경향이 가미된 비정형 조각 작품을 남겼다.

문에 휜 나무를 사용하였을 것이라고 생각한다면 착각이다. 청룡사靑龍寺에 가면 대웅전에도 휜 나무를 사용한 예를 볼 수 있다.[7] 게다가 한술 더 떠서 기둥으로 쓰인 나무가 휘었을 뿐 아니라 서로 간의 굵기 차이도 현저하다. 특히 대웅전의 측면을 보면 오른쪽으로 갈수록 기둥이 점점 더 휘면서 굵어지고 있다. 이것은 곧 점증gradation의 리듬감이다. 가장 끝의 기둥은 기둥이라기보다는 굵은 나무 한 그루라고 하는 편이 더 나을 정도이다.

청룡사의 대웅전을 지은 장인은 인위적 조작을 무척 싫어했던 사람이었던 것 같다. 모든 나무는 그저 어느 굵기 이상만 되면 휘었건 올곧건 상관없이 기둥으로서의 역할을 잘 할 수 있다는 자연에 대한 믿음 없이는 감히 불상을 모시는 대웅전을 이렇게 짓지 않았을 것이다. 나무가 없거나 나무를 물색하기 힘들어서 그랬을까. 둘 다 아니다. 휜 나무를 기피할 이유가 없기 때문이다. 휜 나무도 곧은 나무와 조금도 다름없이 기둥으로서의 구조 역할을 거뜬히 해낼 수 있다는 것을 알기 때문이다. 휜 나무는 보기에 불안하거나 흉해 보인다는 생각은 인위적 질서 중심의 서양식 가치관이 들어온 이후에 생긴 판단 기준이다. 어차피 자연 현상이나 그 속에서 살아가는 인간사는 몇 개의 규칙만으로는 설명할 수 없는 비정형적인 질서로 가득 차 있다. 똑바른 기둥만을 써야 한다는 고집이 무슨 의미를 갖겠는가. 휜 나무는 기둥이나 대들보감이 못 된다는 생각은 서양 문물의 효율 중심적인 가치관이 들어온 이후에 생긴 것이다. 한국의 전통 건축에서는 뒤틀리고 휜 나무를 그대로 기둥과 대들보로 사용한 경우가 많다. 한국의 기둥은 곧은 놈은 곧은 대로, 휜 놈은 휜 대로 편견이나 차별 없이 다 제 몫을 할 수 있다는 기막힌 평등사상을 담고 있다. 우리의 옛 조상 장인들은 맑은 물, 탁한 물 모두 끌어담으며 말없이 굽이굽이 돌아흐르는 강을 보고 이러한 교훈을 배웠다.

한국 전통 건축의 기둥에 나타난 비가공성의 또 다른 예로 덤벙주초柱礎와 나뭇결의 노출을 들 수 있다. 덤벙주초란 기둥의 기초에 쓰

7 청룡사 대웅전
저마다 다른 형태를 띤 나무기둥들. 마치 자연 상태 그대로의
나무가 서 있는 듯하다.

이는 돌을 다듬지 않고 자연 상태 그대로 가져다 사용한 것을 말한다. 즉, 휜 나무의 개념이 돌에 적용된 경우이다. 인위적 가공을 가급적 피하고 자연 상태의 재료를 그대로 사용하려는 한국 전통 건축의 주요 특징을 잘 나타낸다. 덤벙주초가 쓰인 예는 무수히 많다. 그중 의성향교의 대성전, 종묘의 영녕전 정문, 창경궁의 명정전 월랑月廊 - 기둥 열로 이루어진 개방된 옥외 복도 등이 대표적이다.[8,9,10] 의성향교나 종묘의 경우 산에 박혀 있던 울퉁불퉁하고 세모난 돌을 가져다 다듬지 않고 그대로 사용했음을 한눈에 알 수 있다.

명정전 월랑은 여러 기둥에 여러 종류의 덤벙주초를 사용했다. 특히 앞의 예보다 덤벙주초의 크기가 훨씬 커서 꽤 두툼하게 보이며 다듬질도 비교적 많이 가해져 있다. 그렇더라도 이곳의 덤벙주초 역시 여전히 비정형적인 모습이다. 울퉁불퉁한 자연석을 썼지만 그 모양이 전혀 추하지 않고 붉은색 나무기둥과 잘 어울리는 묘한 조형미가 느껴진다. 특히 왕궁의 건물에도 비가공 재료를 쓴 것을 보면 자연 순화에 대해 여간 자신 있는 게 아닌 것 같다. 덤벙주초도 휜 나무와 마찬가지로 언뜻 보기에는 구조적으로 불안해 보일 수 있다. 특히 사람의 발에 해당하는 기초 부분이 가지런히 정돈되지 못하고 뒤뚱거려 보이니 걱정될 만하다. 그러나 휜 나무와 마찬가지로 구조적 안정성에는 전혀 문제가 없다. 기둥의 밑동이 박히는 부분은 그 형상에 맞추어 다듬는 그랭이질로 꼭 맞게 끼웠기 때문에 안정성에는 전혀 지장이 없다. 아무려면 우리 조상이 그 정도 과학적 정신도 없이 막무가내로 집을 지었겠는가. 막무가내로 치자면 그 발달했다는 서양 문물로 무장한 지금의 우리네가 더하지 않은가. 그렇게 과학적이고 튼튼하다는 콘크리트나 철골을 가지고서도 건물이나 다리 하나 온전하게 못 짓고 재료를 빼먹어 무너지게 만든 전력이 있으니 말이다.

나무가 건축 재료로 쓰일 경우 또 하나의 큰 매력은 나뭇결을 감상할 수 있다는 것이다. 특히 나무의 표면을 가공하지 않고 그대로 두는 경우 그 멋을 확실히 느낄 수 있다. 예들 들어 수덕사^{修德寺} 대웅전에 쓰인 기둥을 보자.⓫ 이 기둥은 마치 땅에 뿌리박고 서 있는 고목을 보는 듯 수백 년 된 세월의 흔적이 표면에 그대로 드러나 있다. 갈라지고 터지고 군데군데 옹이가 그대로 남아 있는 모습은 주름 잡힌 노인의 피부를 보는 듯하다. 단청이나 주색^{朱色} 칠을 입히지 않은 모습이 마치 화장기 없는 중년 여인의 아름다움을 연상시킨다.

장곡사^{長谷寺}의 설선당 역시 표면 가공을 자제한 기둥이 쓰였다.⓬ 설선당의 나무는 수덕사 대웅전의 것보다 더 색이 짙으며 표면도 주름 없이 매끄럽다. 때 잘 탄 오래된 가죽처럼 느껴진다. 혹은 수덕사 대웅전과 비교하자면 햇볕에 그을린 장년의 피부 같다. 표면을 가공하지 않고 자연 상태가 그대로 노출되는 나뭇결은 사람의 느낌을 자아낸다. 나무는 더 이상 나무가 아니라 피가 흐르고 숨을 쉬는 생명체의 피부 같다. 아직도 뿌리에서는 물을 빨아들이고 몸통 속에서는 유기 작용이 일어나 신진대사를 하고 있는 듯하다.

서양 건축의 돌기둥, 나무를 모방하다
::

위와 같이 한국 전통 건축의 기둥에서 드러나는 비가공성의 매력은 기본적으로 나무를 재료로 사용하는 데에서 기인한다. 이에 반해 돌을 주재료로 사용하는 서양 건축의 기둥은 또 그 나름대로의 멋이 있다. 돌을 건축 재료로 사용할 경우 나무보다 더 많은 가공이 필요한데, 기둥의 경우는 특히 그러하다. 돌로 기둥을 만들 경우 나무처럼 자연 상태 그대로 뽑아다 사용할 수가 없다. 돌기둥은 10여 개의 짧은 원통형 토막을 차곡차곡 쌓아서 만든다. 이 때문에 정형적인 모습으로 나타날 수밖에 없으며 나무기둥처럼 휜 모양으

8 의성향교 대성전 **9** 종묘 영녕전 정문 기둥의 덤벙주초 **10** 창경궁 명정전 월랑의 덤벙주초
한국 전통 건축의 주초는 때로는 불규칙한 다각형 형태로, 때로는 두툼한 덩어리 형태로 자연스러운 모습을 띠면서도 그 위의 기둥을 너끈히 받쳐내고 있다.

11 수덕사 대웅전 기둥의 나뭇결
마치 살아 있는 고목의 껍질을 보는 듯한 기둥 표면.

12 장곡사 설선당 기둥의 나뭇결
때로는 주름 잡힌 노인의 피부 같기도
하고 때로는 소가죽 같기도 한 나무기둥.
생명체의 피부를 연상시킨다.

로 쌓일 수가 없다. 원통형 토막이 위아래로 어긋나면 무너지기 때문이다. 따라서 서양 건축에서 기둥의 멋은 주로 돌 다루는 솜씨로 결정된다.

서양 건축에서 돌기둥의 멋은 주로 인공적 손재주에 의존하게 된다지만, 그 가운데서도 한국 전통 기둥과 같은 비가공성의 멋을 표현하려는 예는 많이 발견된다. 돌의 고유한 재료적 특성을 활용하려는 경향이 있는가 하면, 휜 나무를 흉내 내거나 나뭇결을 돌로 번안하여 표현하는 등 나무기둥의 특성을 모방하려는 경향도 적지 않다. 서양에서 돌기둥이 최초로 완성된 모습으로 나타난 시대는 그리스 건축이다. 그리스 건축에서는 돌기둥 표면에 수직으로 긴 홈을 새겨넣었다.[13] '플루팅fluting'이라고 불리는 이 수직 홈은 돌기둥이 나무기둥을 모방하여 만들어졌음을 말해주는 증거이다.

서양 건축에서는 그리스 돌기둥의 기원이 목구조인지 아니면 석구조인지에 대한 오랜 논쟁이 이어져왔다. 돌기둥의 기원에 따라 돌기둥을 구사하는 문법적 규칙이 달라지기 때문이다. 목구조 기원론을 주장하는 사람들은 그리스인들이 애써 돌기둥에 수직 홈을 새긴 이유가 바로 나무기둥을 모방하기 위해서라는 논거를 제시한다. 돌기둥이 목구조를 모방했다는 증거는 이집트 건축에서 보다 직접적인 예를 찾을 수 있다. 이집트 건축에는 나일 강변에서 쉽게 발견할 수 있는 연꽃이나 파피루스papyrus 등의 형태를 직설적으로 모방한 예가 많다. 예를 들어 베니 하산Beni-Hasan에 있는 케티Kheti 왕자의 암벽 묘에는 파피루스 다발을 엮어 기둥으로 사용한 모습을 그대로 돌로 번안한 기둥이 있다.[14] 그리스 건축이 상당 부분 이집트 건축의 영향을 받았음을 고려해볼 때, 서양 건축의 돌기둥은 나무기둥을 본떠 만들어진 것이라고 추정할 수 있다.

한국 전통 건축에서 휜 나무를 그대로 쓰는 경향은 자연의 완결된 생명 단위를 차용하는 것으로 해석된다. 서양 건축의 돌기둥에도 비슷한 예가 있다. 차이가 있다면 나무 대신 사람이라는 완결된 생명 단위를 차

13 아테나 신전 Temple of Athena**, 그리스 프리네, 기원전 4세기경**
석재를 기본 재료로 사용하는 서양 건축의 기둥에도 나무기둥의 흔적이 남아 있다.
그리스 신전 기둥의 수직 홈은 그 대표적인 예이다.

14 베니 하산의 암벽 묘 Rock-cut Tomb at Beni-Hasan, 이집트, 기원전 20세기경
파피루스 다발의 형태를 모방하여 만든 돌기둥이 세워져 있다.

15 에렉테움 Erechtheum, 그리스 아테네, 기원전 421-406년
인체를 중심으로 자연을 해석하여 받아들이는 자연관을 가졌던 서양 건축에서는 여신상과 같은 인체 단위를 그대로 기둥으로 사용하기도 했다.

용한다는 점이다. 그리스의 에렉테움 Erechtheum 신전에 쓰인 여신주상女神柱象이 그 대표적인 예이다.⑮ 여섯 명의 젊은 여신상이 기둥 대신 쓰이고 있다. 머리에 온갖 물건을 지고 다니던 우리네 어머니를 연상시키는 모습이다. 한국 전통 건축의 휜 나무기둥과 더불어 건축에서의 기둥이란 결국 사람이나 나무와 같은 자연에서 온 것임을 말해준다.

서양 건축사에서 매너리즘과 바로크 건축은 기교적 경향의 대명사이다. 그 이름에 걸맞게 기교적으로 활용한 돌기둥이 눈에 띄게 나타난다. 이 경우에도 나무기둥의 모습을 흉내 낸 예가 발견된다. 16세기 중반에 활동했던 프랑스의 건축가 필리베르 드 로름 Philibert de l'Orme은 잎과 가지가 그대로 남아 있을 정도로 거의 가공되지 않은 나무 몸통을 흉내 낸 돌기둥 스케치를 남겼다.⑯ 이 스케치는 실제 건축물로 지어지지는 못했는데 오히려 이보다 60여 년 앞선 건물에서 이것과 유사한 기둥이 발견된다. 이탈리아 르네상스 건축의 거장 도나토 브라만테 Donato Bramante가 설계한 성 암브로지오 성당 Basilica di Sant' Ambrogio에는 표면 장식 요소로 옹이의 흔적을 활용한 기둥이 서 있다.⑰ 브라만테의 다른 건축물에서도 비슷한 예를 쉽게 찾아볼 수 있다. 이 장면을 한국 전통 건축에서 흔히 보는 나무기둥과 비교해보면 재미있는 유사점이 발견된다. 예를 들어 마곡사의 대웅보전 실내에 쓰인 나무기둥은 브라만테의 기둥과 아주 흡사한 옹이의 흔적을 보여준다.⑱ 브라만테는 로마 교황청의 대표 건축가로서 교황청 건물의 설계를 시작하였으며, 라파엘로 산치오 Raffaello Sanzio나 줄리오 로마노 Giulio Romano 같은 16세기 이탈리아 매너리즘을 이끈 건축가들을 길러낸 거장이다. 르네상스 건축을 완성시킨 거장 브라만테도 서양의 돌기둥은 나무기둥에서 온 것이라는 생각을 가지고 끊임없이 나무기둥의 비가공 상태를 표현하고자 했다.

매너리즘이나 바로크 건축의 돌기둥 중에는 개심사 범종각의 휜 나무기둥을 빼닮은 경우도 발견된다. 물론 휜 형태의 돌기둥은 구조적

16 필리베르 드 로름, 〈나무를 흉내 낸 돌기둥 스케치〉, 16세기
17 도나토 브라만테, 성 암브로지오 성당 Basilica di Sant' Ambrogio, 이탈리아 밀라노, 1492년
18 마곡사 대웅보전

서양 건축의 돌기둥 중에도 줄기와 잎 등을 표현해 비가공 상태의 나무 모양을 모방한 경우가 많다. 그중 브라만테의 돌기둥은 마곡사 대웅보전의 옹이가 남아 있는 나무기둥과 매우 흡사한 모습을 보여준다.

인 이유로 만들어질 수 없기 때문에 꽈배기 형태의 기둥을 만듦으로써 시각적으로 휘어진 것처럼 보이도록 했다. 화가 출신으로서 회화적 소질을 바탕으로 장식적 경향이 짙은 건축을 추구했던 라파엘로는 <병자의 치유Guarigione dello Storpio>라는 그림의 배경 건물에 꽈배기 기둥을 사용했다. 그러나 장식적 기교가 심한 기둥을 많이 남긴 라파엘로도 이 그림 속 꽈배기 기둥은 구현하지 못했다. 이것은 라파엘로의 제자인 줄리오 로마노에 의해 실제로 구현되었다. 로마노는 <할례 축일Circoncisione>이라는 그림에서 라파엘로의 그림에 쓰인 것과 똑같은 꽈배기 기둥을 배경 건물에 그려넣기도 했다.[19] 로마노의 꽈배기 기둥은 라파엘로의 것보다 훨씬 심하게 휘어져 마치 개심사 범종각의 휜 나무기둥을 뽑아다 박아놓은 것처럼 보인다. 로마노는 밀라노의 두칼레궁Palazzo Ducale에서 꽈배기 기둥을 실제 건물로 구현해 보였다.[20]

     라파엘로와 로마노는 모두 매너리즘을 대표하는 화가이자 건축가이며, 특히 화가로 더 유명한 사람들이었다. 이 때문에 처음부터 건축적 한계에 얽매이지 않고 회화적 상상력을 통해 자유로운 건축적 실험을 할 수 있었다. 특히 라파엘로는 서양 예술사 전체를 통틀어 타고난 손끝 기교가 가장 뛰어난 화가였으며, 그의 제자 로마노 역시 이에 버금가는 소질을 지닌 천재 화가였다. 그들이 자유로운 상상력을 발휘하여 만들어낸 결과가 바로 개심사 범종각의 휜 나무기둥을 빼닮은 꽈배기 기둥이었던 것이다. 브라만테의 제자이기도 했던 라파엘로와 로마노 두 사람은 꽈배기 기둥을 통하여 그들의 스승처럼 끊임없이 나무기둥의 비가공 상태를 표현하려 했던 것으로 보인다. 특히 꽈배기 기둥이 쓰인 그림들을 보면, 병자를 치유하는 예수의 기적이나 할례 축일과 같이 기독교의 중요한 주제를 다루고 있는데, 비가공의 가치가 당시에 얼마나 중요하게 받아들여졌는지 짐작할 수 있다.

     이러한 꽈배기 기둥은 바로크 예술을 대표하는 또 한 명의 천재 거장 지안 로렌초 베르니니Gian Lorenzo Bernini에 의해 완성되었다. 회화, 조각,

공예, 건축 등 예술의 전 분야에서 신이 내린 재주를 타고났던 종합예술가 베르니니는 자신이 직접 조각한 꽈배기 기둥을 여러 곳에서 즐겨 사용했다. 그중 로마 교황청 실내의 닫집 Baldacchino at St. Peter's은 가장 대표적인 예이다.[21] 교황청 내의 제단을 담는 닫집에서 베르니니는 황금을 재료로 삼아 꽃 넝쿨이 감긴 꽈배기 기둥을 조각해 사용하였다.

　　　　　꽈배기 기둥은 이렇게 바로크 시대의 건축가들이 두루 사용하면서 바로크 건축을 대표하는 건축 어휘 중 하나가 되었다. 여기에서 다시 한 번 한국과 서양의 기본적 건축관이 갖는 중요한 차이점을 확인할 수 있다. 바로크 건축은 인간의 격정을 기교적 처리로 표현한 양식이다. 꽈배기 기둥이 바로크 건축의 대표적인 어휘라는 점은 곧, 서양 건축의 꽈배기 기둥이란 정형적 질서에서 탈피하려는 기교의 대상이었음을 의미한다. 이에 반해 한국 전통 건축의 휜 기둥은 자연을 닮으려는 자연 순화 사상에서 기인하는 차이점을 갖는다.

　　　　　한국 전통 건축의 기둥은 이처럼 자연을 닮음으로써 인간이 세운 편협한 편견을 거부하려는 평등사상을 속뜻으로 담고 있다. 자연이 인간을 이 세상으로 보낸 이상, 모든 인간은 자기 역할과 존재의 의미를 가지고 태어났다고 우리 조상들은 생각했다. 가공되지 않은 기둥 속에 담긴 참뜻은 바로 인간의 역할과 존재가 자연 앞에서는 편견적 차별 없이 평등하다는 생각이었다. 이같이 자연을 닮아 평등하려는 한국 전통 건축의 참뜻은 기둥이 맞물려 형성되는 구조 방식에서 다시 한 번 드러난다. 기둥은 단독으로 존재하는 것이 아니라 구조체의 역할로 발전하므로 구조미와 함께 생각해야 한다.

1부
건물 구성 요소

2.
나무와 기둥

휘고 굽은 못난
곡선이 아름답다

19 줄리오 로마노, 〈할례 축일Circoncisione〉 20 줄리오 로마노, 두칼레 궁Palazzo Ducale, 이탈리아 만토바, 1538-1539년

서양 건축의 꽈배기 기둥은 매너리즘에서 바로크로 이어지는 16-17세기에 집중적으로 나타난다. 화가 출신의 라파엘로와 로마노는 자신의 그림 속에도 꽈배기 기둥을 그려넣었다. 특히 로마노는 두칼레 궁에서 실제 꽈배기 기둥을 만들어냈다.

21 지안 로렌초 베르니니, 로마 교황청 실내의 닫집 Baldacchino at St.Peter's, 이탈리아 로마, 1624년

바로크 시대에 이르면 꽈배기 기둥은 가장 흔한 기둥 타입으로 자리 잡는다. 베르니니가 조각한 로마 교황청 내의 닫집이 그 대표적인 예이다.

3
구조
미학

가리지 않는
솔직함의 미덕

병산서원 만대루

vs. ─────────

로지에의 원시 오두막

한국 전통 건축의 기둥은 간결하면서도 화려하고 풋풋하면서도 기교적이다. 우리 전통 건축의 기둥은 여러 종류의 보와 소로小栌 그리고 첨차檐遮 등과 같은 수많은 부재와 어우러져 목구조 방식으로 발전했다. 이것은 단독 부재에서 하나의 체계로 발전함을 의미한다. 이렇게 구성되는 목구조는 못을 안 쓰고도 서로 맞물리는 독특한 결구結構 방식을 갖는다. 목구조는 수많은 부재끼리 서로 의존하는 절묘한 균형력을 기초로 세워지기 때문에 한번 잘 짜이면 돌덩이보다 더 단단한 구조적 안정성을 갖는다. 이 위로 육중한 지붕이 묵직하게 눌러주면 완강한 결속력을 지니며 수천 년을 버틴다. 한국 전통 건축의 장엄한 지붕은 무겁게 느껴지기보다 차분한 안정감으로 느껴진다. 지붕이 단순한 짐이 아니라 아래쪽의 구조체를 도와 서로 일체가 되기 때문이다. 목구조는 화재나 전쟁 등 인재人災에 약한 단점이 있는 반면에 부재들 사이의 상호 균형력 덕분에 지진에는 가장 유리한 구조 방식이다.[1]

한국 전통 목구조의 정수, 구조 미학
::

위와 같이 한국 전통 건축의 목구조는 고유의 구조적 장점을 갖는다. 한국 목구조의 참 멋은 이 모든 장점들을 숨기지 않고 그대로 드러내 놓는 데에 있다. 건축물의 외관과 실내에서 자신이 구성되는 구조 원리를 과다한 장식물로 가리지 않고 기교적으로 변형시키지도 않으면서 있는 그대로 노출시킨다. 이것을 차근차근 읽으면서 하나의 구조물이 완성되는 원리를 깨우친다면 한국 전통 건축이 지닌 또 하나의 멋을 알게 된다. 이처럼 건축물의 구성 원리를 보여주는 구조의 뼈대에서 느낄 수 있는 아름다움을 구조 미학이라고 부른다.

한국 전통 건축의 구조 미학은 건물의 뼈대를 가리지 않고

1 칠장사 혜소국사 비각
육중한 기와지붕을 받쳐내는 목구조는 한국 전통 건축의 멋을
감상할 수 있는 대표적 요소이다. 여러 개의 크고 작은 부재들이
과학적으로 결구되어 만들어지는 풍경은 그 자체로서 아름답다.

드러내는 누각에서 가장 잘 감상할 수 있다. 사찰, 서원, 향교 등은 대부분 경내로 진입하는 길목에 누각이 놓인다. 사찰 누각으로는 신륵사의 구룡루, 용주사의 천보루(홍제루), 수타사의 홍덕루, 고운사의 가운루, 봉정사의 만세루(덕휘루) 등이 대표적이다. 서원의 경우에는 옥산서원의 무변루, 병산서원의 만대루 등이 있다. 한옥에서는 양동마을의 심수정에서 볼 수 있듯이 주로 대청마루 위에 구조 미학의 모습을 잘 보여주는 노출 뼈대가 드러난다. 이외에도 각 사찰의 종각이나 비각 그리고 종묘의 악공청 등이 이와 같은 예에 해당한다. [2,3]

앞서 말한 수많은 건축물 중에서도 한국 전통 건축의 구조 미학을 가장 잘 보여주는 건물은 단연 병산서원屛山書院의 만대루이다. [4] 만대루는 구조 미학이 성립되기 위한 두 가지 조건을 가장 모범적으로 보여준다. 구조 미학이란 일차적으로는 건물을 구성하는 뼈대를 감추지 않고 드러내는 경우를 지칭한다. 그러나 발가벗었다고 모든 건물이 구조 미학의 가치를 갖는 것은 아니다. 구조 미학은 군더더기 없는 최소성과 구조적 효율성을 갖춰야 한다. 만대루는 하나의 건물이 서기 위해 꼭 필요한 요소들만으로 구성되며 이것을 조금도 가리지 않고 솔직하게 드러냄으로써 위의 두 가지 조건을 만족시킨다. 사람 몸에 비유하자면 살을 다 떼어내고 뼈대만 남은 경우에 해당된다. [5] 골조미骨組美쯤으로 이름 붙일 만한 만대루의 구조 미학은 나무 재료의 비가공성에 의해 배가된다. 만대루의 기둥과 보는 휜 나무를 그대로 썼으며, 부재들의 표면 역시 원래의 나뭇결이 드러나도록 비가공 처리되었다.

만대루는 한국 전통 건축의 목구조가 구성되는 원리를 가장 간결하고 원형原形적인 모습으로 보여준다. 기둥 열이 늘어서고 그 사이에 보가 종횡의 두 방향으로 걸린다. 대들보 위에는 경사 지붕의 중앙 정점을 받치기 위한 대공臺工이 올라가고 대공의 위쪽 끝에는 서까래를 받쳐주는 보가 한 번 더 걸린다. 이 보를 도리라고 부른다. 도리 위에는 경사 방향으로 서까

2 양동마을 심수정 **3** 종묘 악공청
한국 전통 건축에서 목구조의 결구되는 모습은 가리지 않고 노출시키는 것이 보통이다. 건물의 뼈대를 그대로 드러내며 간결한 목구조의 멋을 보여주고 있다.

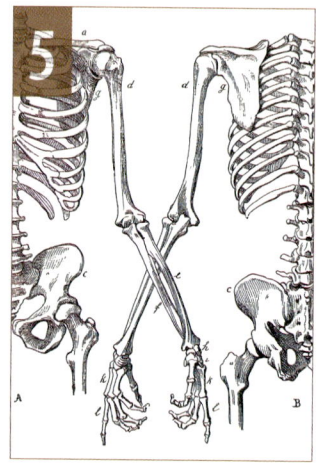

4 병산서원 만대루 **5** 비올레 르 뒤크,
〈인체 골격도〉, 1870년대

만대루는 목구조의 골격이 노출된 모습이
아름다운 건축물로 손꼽힌다. 간결함과
솔직함에서 나오는 이 아름다움은 사람에
비유하자면 살을 다 벗겨낸 골조미에
해당된다.

래가 올라가고 마지막으로 그 위에 지붕을 덮으면 하나의 건물이 완성된다. 사실 이것만으로도 하나의 건물은 거뜬히 만들어진다. 그 이상은 인간의 과욕임을 만대루는 보여주고 있다.

만대루는 하나의 건물에 요구되는 구조적 안정성, 경제성, 심미성이라는 세 가지 조건 사이의 최적치에 대한 모범 답안이다. 보통 이 세 가지 조건은 상쇄적 관계이다. 구조적 안정성을 높이기 위해서는 재료를 많이 써야 하고 그렇게 되면 경제성이 떨어진다거나, 경제성을 따지다 보면 건물에 멋을 내기가 어려워지는 등의 상관관계가 존재한다. 그러나 만대루는 위의 세 가지 조건이 반드시 상쇄적 관계만은 아님을 보여주는 사례이다. 꼭 필요한 부재만을 갖추고 구조물로 구성되는 원리에 충실함으로써 구조적 안정성과 경제성을 동시에 만족시킬 수 있는 접점을 제시한다.

물론 만대루에 쓰인 것보다 더 적은 부재만으로도 하나의 구조물을 세울 수는 있다. 그러나 구조적 안정성이나 품위를 생각해볼 때 그것만으로는 아직 건물의 수준에 이르렀다고 할 수 없다. 반대로 만대루보다 부재가 더 쓰이고 장식이 가해질 경우, 하나의 건물을 존재하게 하는 최소성의 한계를 넘어서게 된다. 이처럼 어떤 한 건축물이 구조적 안정성과 경제성이라는 상쇄적인 두 가지 조건 사이의 균형점을 제시한다면, 더 이상의 설명이 필요 없이 그대로 하나의 독립적인 건축적 가치가 된다. 이것이 바로 구조 미학이다. 만대루는 목구조 건물이 시작되는 최소한의 원형 단위이다. 건물이건 무엇이건 구별할 필요 없이, 가식적 표피와 군더더기를 다 떼어낸 후 하나의 사물을 구성하는 데 필요한 최소한의 원형 단위를 들여다볼 수 있다면 그 자체만으로도 미학적 가치를 가진다.

노출 골조미의 순수성

::

만대루가 보여주는 구조 미학의 가치는 아름다움의 조건에 대해 우리가 통상적으로 갖고 있는 상식을 뒤엎는다. 예를 들어 우리는 사람의 아름다움을 평가할 때 적당한 볼륨감과 뛰어난 화장술을 중요한 기준으로 삼는다. 물론 이 같은 기준이 반드시 나쁜 것만은 아니며 단지 한 문화 단위의 성향일 수 있다. 건강한 육체미나 눈에 적당한 즐거움을 주는 화장은 나쁜 것일 수 없다. 그러나 생각해보자. 우리는 건강한 육체미를 즐기기에 앞서 근육질을 잘 붙어 있게 하는 내면의 건강한 골조미도 함께 생각할 수 있어야 한다. 또한 진정한 아름다움의 최종 기준은 화장과 같은 다른 어떠한 도움도 배제된 자기 고유의 맨 얼굴이어야 한다는 건강한 상식도 반드시 필요하다.[6]

흔히 볼륨감과 화장이라는 물질적 미의 기준은 서양 문명이 들어온 이후에 심화된 것으로 여겨지지만 반드시 그런 것은 아니다. 서양에서도 화장기 없는 맨 얼굴을 여성의 아름다움을 판단하는 데 중요한 기준으로 삼는 경우가 얼마든지 있다. 문제는 우리가 서양 문화를 잘못 받아들여 그만큼 과장하고 겉치레를 중시하는 쪽으로 변했다는 점이다. 특히 떳떳하지 못한 야간 접대문화와 얼치기 대중문화가 독버섯처럼 크게 번지면서 우리는 야하고 진한 화장을 여성의 아름다움으로 착각하는 잘못된 심미안에 길들여졌다. 이것으로도 모자라 공장에서 찍어내는 기성품 과자처럼 너도나도 다 똑같은 눈 코 입으로 치장한 성형 미인이 되기 위해 열심이다. 도대체 우리의 정신 수준은 몇 점이란 말인가.

만대루는 우리의 병들고 퇴폐적인 가치관을 준엄히 꾸짖으며 자연스럽고 진솔한 아름다움을 대안적 교훈으로 제시하고 있다. 이것이 바로 고전의 가치요 역할이다. 이를테면 만대루를 보면서 화장 안 하고 성형 수술 안 받은 여자로만 출전 자격을 제한하는 미인 대회를 열어보면 어떨까

6 병산서원 만대루
간결하고 솔직하기 때문에 순결하게 느껴지기까지 하는 만대루는
주변의 자연 경치를 여과 없이 그대로 투명하게 통과시켜 보여줌으로써
자연과 가장 잘 어울리는 건물로 평가되기도 한다.

생각해본다. 그러한 미의 기준이 적용되는 사회라면 최소한 지금 우리의 사회처럼 병들지는 않았을 것 아닌가. 만대루는 단순히 오래된 건물을 넘어 지금 우리의 병든 상태를 꾸짖는 고전의 역할을 단단히 하고 있다.

  만대루가 볼륨감과 화장이라는 물질적 미에 반하는 노출 골조미를 갖는다는 점은 무량사 극락전이나 수타사 흥덕루와 비교해보면 보다 쉽게 알 수 있다. 무량사無量寺의 극락전은 화려한 다포식多包式 구조의 전형적인 예를 보여준다.[7] 다포식이란 기둥을 받치기 위해 소로나 첨차 같은 목조 부재로 짜이는 공포栱包가 기둥 위뿐만 아니라 기둥과 기둥 사이에도 더 들어가는 건축 방식을 말한다. 무량사 극락전을 보면 기둥과 기둥 사이에 5단짜리 공포가 세 줄 더 들어가 있으며 이러한 구성이 중층으로 반복된다. 그 결과 무량사 극락전은 극도로 화려하고 볼륨감 있는 모습이다.

  무량사 극락전의 다포식 구조는 목구조가 갖는 또 다른 아름다움 중 하나이다. 그렇지만 만대루와 비교했을 때 분명히 인위적이고 과다한 부재를 사용하는 경향을 보여준다. 이러한 두 건물을 놓고 장식을 통한 기품이라는 관점에서 보자면 무량사 극락전은 기름진 음식을 매일 먹으며 보석으로 꾸민 귀부인, 만대루는 산나물을 캐먹으며 무명옷을 입은 촌부村婦로 비유할 수 있겠다. 반면에 노출 골조미라는 관점에서 보자면 무량사 극락전은 비만에 걸린 육신이나 웨딩드레스로 한껏 치장한 결혼식장의 신부, 만대루는 절제된 생활을 통해 생명이 유지되는 데 꼭 필요한 만큼의 육신으로 살아가는 금욕주의자로 비유할 수 있을 것이다. 이렇게 보았을 때 한국 전통 건축의 목구조에서는 화려한 볼륨감과 간결한 절제미라는 상반되는 두 가지 건축적 아름다움을 동시에 발견할 수 있다.

  또한 만대루를 수타사의 흥덕루와 비교해보면 노출 골조미가 갖는 화장기 없는 아름다움이 무엇인지를 잘 알 수 있다.[8] 수타사 흥덕루 역시 만대루와 마찬가지로 건물을 구성하는 구조 골격을 숨김없이 드러낸

7 무량사 극락전
공포는 한국 전통 건축의 목구조가 갖는 또 다른 멋이다. 부재가 필요 이상으로 과다하게 쓰인 무량사 극락전을 만대루의 노출 골조미와 비교해보면 공포가 지닌 두 가지 상반된 아름다움을 모두 만날 수 있다.

8 수타사 흥덕루
부재는 과다하게 쓰이지 않았지만 단청을 입혔기 때문에 일종의 화장을 한 셈이 되어서 노출 골조미의 순수성을 상실하고 있다.

다. 만대루만큼 엄격하지는 않지만 꼭 필요한 부재의 한계를 지키기 위해 절제하는 모습이다. 이렇게 보았을 때 수타사 흥덕루는 무량사 극락전보다는 만대루에 가까운 건물로 분류할 수 있다. 그러나 이와 동시에 수타사 흥덕루는 만대루와 중요한 차이점을 한 가지 지니는데 그것은 흥덕루의 구조 골격에 단청丹靑을 입혔다는 점이다.

수타사 흥덕루의 구조 골격에는 연두색을 기조로 그다지 화려하지는 않지만 분명히 울긋불긋한 단청이 칠해져 있다. 이러한 분위기에 맞춰 보가 2개 층으로 구성되어 있고, 기둥과 보가 만나는 지점에 구름 모양의 문양이 새긴 보아지라는 목판을 끼워 넣는 등 초보적 수준의 장식 요소가 첨가되어 있다. 이것은 만대루에서 제시된 꼭 필요한 부재의 한계를 조금은 넘은 것으로 판단된다. 흥덕루의 단청은 만대루의 비가공 처리된 목재와 비교할 때, 이를테면 화장을 한 것과 같다. 물론 단청은 단순히 보기 좋으라고 하는 화장 이상의 상징적이고 종교적인 의미를 갖는 것이 사실이며 단청 역시 한국 전통 건축이 갖는 아름다움 중 하나임에 틀림없다. 단청 입힌 건물이라고 해서 반드시 순수하지 못한 것으로 단정 지을 수는 없다. 그러나 구조 골격에 단청을 입힌 경우, 사람의 눈은 구조의 구성 원리보다는 표피 장식인 단청에 먼저 이끌리기 쉽다. 예쁘게 화장을 한 여성의 얼굴이 사람의 눈길을 쉽게 끄는 것과 같은 이치이다. 흥덕루와 만대루를 비교했을 때 재료의 비가공 처리는 노출 골조미를 위한 또 하나의 조건임을 알 수 있다.

로지에식 순결주의

::

서양 건축에서도 만대루에 나타난 것과 같은 구조 미학을 탐구한 경우가 여러 번 있었다. 가장 대표적인 예로는 18세기 중반 마크 로지에Marc Antoine Laugier

가 이끈 순결주의 운동을 들 수 있다. 17세기 후반부터 18세기 중반에 이르는 시기에 유럽, 특히 프랑스에서는 종교계, 왕실, 귀족 계층 등의 지배층이 사치와 향락을 즐기며 타락해가고 있었다. 이 시기의 건축 양식을 보더라도 장식과 과시욕의 대명사인 바로크와 로코코 양식이 크게 유행하고 있었다. 우리가 흔히 상류층의 퇴폐적인 유흥 문화를 부정적으로 일컫는 '살롱'이라는 말이 나온 것도 이때였다. 귀족들의 살롱 실내는 값비싼 금은과 꽃문양으로 현란하게 장식되었다. 교회 역시 종교의 권위를 나타내기 위해 인위적 장식물로 둔탁하게 포장되었다.[9] 이에 반발하여 18세기 중반 순결주의 운동이 일어났고, 우리가 익히 알고 있는 장 자크 루소 Jean Jaques Rousseau의 '자연으로 돌아가라'는 구호 역시 18세기의 타락상에 대한 경고 가운데 하나였다.

　　　　　18세기 중반 로지에의 주도로 건축 분야에서 일어난 순결주의 운동은 종교계의 개혁 운동과 맞물려 일어난 운동이었다. 당시 종교계에서는 과시적 권위가 아닌 신을 받아들일 준비가 되어 있는 인간의 순결한 마음에서 종교의 참 의미를 찾으려는 이신교理神敎, Deism 운동이 일어나고 있었다. 이것이 건축계에도 큰 영향을 끼쳐 불필요한 장식을 배제한 간결함으로 교회 건물을 지으려는 순결주의 운동이 일어났다. 사실 로지에는 건축가가 아닌 성직자였다. 로지에는 인간의 욕심 때문에 교회가 종교의 본질에서 벗어난 불필요한 장식물로 가득 차게 되었음을 개탄했다. 과도한 장식물 때문에 교회는 일종의 비만증에 걸려 밝은 빛을 충분히 받아들이지 못하였으며 그 결과 교회 실내는 어두침침해질 수밖에 없었다.[10] 전통적으로 서양 교회 건축에서 신의 존재란 실내에 가득 차 넘치는 밝은 빛으로 상징되었음을 생각해볼 때, 위와 같은 18세기 중반의 상황은 분명히 새로운 개혁을 요구하고 있었다.

　　　　　로지에는 불필요한 장식물을 가득 달고 비만증에 걸려 있는 당시 교회 건물에 대한 대안으로 놀랍게도 원시 오두막 Primitive Hut을 제시하

9 아삼 형제, 장크트 요하네스 네포무크
Sankt Johannes Nepomuk 교회, 독일 뮌헨,
1733-1746년　**10** 카를로 루가로의 개축
작품, 파사우 성당 Passau Cathedral, 독일
파사우, 1668-?년

바로크와 로코코 건축은 수많은 장식으로
건물을 채움으로써 화려함의 극치를
추구했던 양식이다. 그 결과 교회 실내는
어둡고 둔탁해져 종교적 분위기와 점점
멀어져 갔다.

11 미첼 자이, 〈로지에의 원시 오두막〉, 1753년
로지에의 주장을 근거로 자이가 그린 그림으로, 만대루의
서양판에 해당하는 로지에의 원시 오두막은 자연으로 돌아가라는
루소의 가르침과 동일한 정신적 배경을 갖는다.

였다.[11] 로지에가 제시한 원시 오두막은 가공하지 않은 나무줄기를 사용한 기둥과 보만으로 구성되었다. 로지에는 원시 오두막을 통하여 인간이 탐욕스러운 장식이나 무거운 벽체를 벗어던지고 인류 문명이 시작되던 초창기의 순수한 마음으로 돌아가자는 극단적인 순결주의 주장을 폈다. 로지에의 원시 오두막은 이를테면 루소의 '자연으로 돌아가라'는 주장을 건축에 적용시킨 사례라 볼 수 있다. 자연 상태의 나무줄기라는 가장 기본적인 요소만 가지고 수도하는 마음으로 건물을 만들어보자는 계시적인 선언의 내용을 담고 있는 것이다. 이러한 내용은 노출 골조미라는 만대루의 건축적 가치와 일치한다.

로지에의 원시 오두막 이론은 18세기 유럽 건축의 유적 발굴 운동으로부터 영향을 받았다. 당시 유럽에서는 여행술과 고고학의 발달에 힘입어 고전 유적의 발굴 붐이 일고 있었다. 특히 이때까지 터키의 지배 아래 금단의 땅이었던 그리스가 해방되면서 그리스 헬레니즘 건축의 발굴은 당시 유럽 건축계의 큰 이슈였다. 오랜 기간 동안 베일에 가려 있던 그리스 건축이 발굴되면서 유럽 건축계는 큰 충격에 휩싸였다. 발굴된 그리스 건축이 그때까지 믿어오던 것보다 훨씬 거칠고 원시적인 모습이었기 때문이다. 물론 그리스 건축이 폐허 상태에서 발굴되었기 때문이기도 했지만 문제는 그보다 근본적인 데 있었다. 그때까지 많은 사람들이 그리스 건축은 매우 정교하고 화려했을 것으로 믿고 있었던 것이다. 이러한 믿음은 그리스 건축이 서양 건축의 뿌리이기 때문에 그것에 걸맞은 품위를 지니고 있을 거라는 일종의 환상에서 비롯된 것이었다. 그러나 막상 그리스 건축이 발굴되자 그 같은 믿음이 잘못되었다는 것이 밝혀졌고, 그리스 건축은 꼭 필요한 부재 이상의 낭비적 요소는 철저히 자제했으며 부재 자체의 처리도 가급적 자연 상태를 유지하려 했음이 밝혀졌다.[12] 그리스 신전은 막연히 상상해오던 것처럼 정교하지도 화려하지도 않았으며, 오히려 로지에의 원시 오두막에 더 가까운 모습을 하고 있었다. 자신들의 뿌리에 해당되는 그리스 건축의 이러한 모습은 로지에의 원시 오두막 이론에 타당성을 더하는 결과를 가져왔다.

발굴된 그리스 신전은 재료가 석재라는 차이만 있을 뿐 노출 골조미라는 관점에서 보았을 때 만대루와 강한 유사성을 보여준다. 그리스 신전에서 발견되는 노출 골조미는 원시주의적 순수성이라는 미학적 가치로 정의된다. 로지에의 원시 오두막은 건축가가 아닌 성직자가 제시한 일종의 이상적 기준이었기 때문에 내용 그대로 실제 건물이 지어지지는 않았다. 그러나 이 이론은 그리스 신전의 발굴에 의해 힘이 실리면서 18세기 중반 이후의 유럽 건축 전개 방향에 큰 영향을 끼쳤다. 특히 솔직성과 효율성을 중시하는 근대 기계 문명 시대의 서양 건축에 대한 정신적 밑바탕이 되었다. 그리고 지금도 일단의 서양 건축가들은 로지에의 강령을 쫓아 자신들 건축의 출발점에 해당되는 원형 단위를 탐구하는 구도적 경향을 보여주기도 한다. 대표적인 예가 드메트리 포르피리오스Demetri Porphyrios의 배터리 파크 시티 파빌리온Battery Park City Pavilion이나 아그레스트 앤 간델소냐Agrest & Gandelsonas의 하우스 온 새그 폰드House on Sag Pond 등으로, 이외에도 동일한 경향을 보여주는 예들이 많이 시도되고 있다. [13,14]

이와 같은 경향은 특히 1980년대 이후 현대 건축, 더 나아가 현대 문명이 과격한 형태 파괴, 전통 가치의 부정, 상업 대중성의 강화 등 혼란스러운 방향으로 흘러감에 따라 이에 대한 반발로 로지에식의 순결주의적 성격을 띠며 나타나고 있다. 그리고 이렇게 제시되는 원형 단위들은 만대루와 매우 유사한 모습으로 나타나고 있다. 로지에의 원시 오두막이 그러했고 포르피리오스의 파빌리온과 아그레스트의 하우스가 그러했듯이 만대루는 작금의 혼란스럽고 부패한 우리의 현실에 대한 아픈 꾸짖음으로 받아들여져야 한다. 우리는 이처럼 소중한 가치를 지닌 건축 모델을 로지에와 같은 비현실적인 가정의 형태가 아닌, 만대루라는 실제의 건축물로 갖고 있다. 이

12 르 로이, 〈미네르바의 신전Temple of Minerva 폐허〉, 18세기
오랫동안 잊혔던 그리스 유적은 그때까지 알려져 있던 것과는 달리 매우 간결한 구조로 이루어져 있었다. 서양 건축의 뿌리인 그리스 건축의 순결한 모습은 허식과 교만에 빠져 있던 당시 서양 건축에 큰 경종을 울리며 순결주의 운동을 촉발시켰다.

13 드메트리 포르피리오스, 배터리 파크 시티 파빌리온 Battery Park City Pavilion, 미국 뉴욕, 1990년
14 아그레스트 앤 간델소냐, 하우스 온 새그 폰드 House on Sag Pond, 미국 뉴욕, 1989-1990년

서양 건축의 순결주의 운동은 특히 문명이 혼란스러운 시기일수록 그에 대한 반발적 대안으로 등장하곤 했다. 현대 건축에서도 어지러운 문명 상황을 반영하듯 그리스 신전이나 농가 모델 등을 간결하게 처리하여 원형 단위를 제시하는 순결주의 운동이 유행했다.

는 자랑스럽게 여길 만한 것이다. 이밖에도 잘 찾아보면 지금의 우리 현실에 큰 교훈을 주는 고전 건축물들이 많이 있다. 문제는 우리가 그 가치를 잘 모르고 있다는 데 있을 것이다.

　　　　　만대루에 올라 앉아 있으면 마음마저 솔직해지고 사물이 자연스럽게 느껴진다. 이것은 진솔한 구조물이 가져다주는 편안함 같은 것이다. 우리는 이렇게 훌륭한 목구조를 전통 건축으로 가졌으며 무엇보다도 이러한 건물을 지어내는 훌륭한 목수를 선조로 두었다. 그러나 서양의 콘크리트 건축이 들어오면서 목구조는 경쟁력을 잃고 사라져갔다. 최근에 소득 수준이 높아지면서 목구조가 부활하고 있지만 그것은 우리 선조들의 목구조가 아닌 캐나다 통나무 주택이다. 한때 산에 나무가 풍족하지 않던 시절을 거치면서 우리에게 목재란 비싼 재료로 인식되어버렸다. 캐나다 통나무 주택의 유행도 결국 산림 자원이 풍부한 나라에서 원자재를 수입하면서 집도 함께 수입하는 양상으로 전개되고 있다. 그러나 우리나라는 국토의 70퍼센트가 산지이기 때문에 조림 사업을 잘하기만 하면 목재가 충분히 경쟁력 있는 건축 재료가 될 가능성이 있다. 목재가 귀하다는 얘기는 나무를 땔감으로 쓰던 시절 이야기이며 지난 40-50년간의 꾸준한 조림 사업 결과 우리도 이제 푸른 나무로 뒤덮인 산을 갖게 되었다. 국가적 차원에서 관리를 잘한다면 풍족하지는 않더라도 우리의 전통 목구조를 부활시킬 만큼의 목재는 자급자족할 수 있을 것이다. 특히 요즈음은 목재 가공 기술이 발달하여 화재나 부식 등과 같은 목재의 취약점이 거의 해결되고 있기 때문에 목구조의 부활이 그 어느 때보다 유리한 상황이다. 목구조라고 해서 꼭 만대루처럼 뼈대만 남아야 우수하고 아름다운 것은 아니다. 때로는 이 뼈대가 지붕과 함께 어울려 구조체가 아닌 구성 작품으로 감상되기도 한다.

4

구성 분할과
추상 입면

기둥과 보가 그리는
한 편의 추상화

한옥의 추상 입면

vs. ─────────

몬드리안의 추상화

한국 전통 건축의 목구조는 건물 벽체에 참으로 아름다운 한 편의 추상화를 그린다. 흰 회벽灰壁을 바탕으로 짙은 갈색 기둥과 보가 이리저리 그어지고 그 사이사이에 크고 작은 창이 마치 가족처럼 옹기종기 모여 있다. 건물 벽체는 한 장의 종이가 되고 그 위에 구성 분할이 가해진다. 여기에 지붕 처마의 그림자가 더해지면 이것은 더 이상 건물이 아니라 세상에서 가장 아름다운 한 편의 추상화가 된다.❶ 더욱이 그 추상화는 캔버스 위에서 힘들여 머리 짜내 그린 것이 아니라 사람 사는 모습에서 자연스럽게 생겨난 것이다. 추상화라면 사람들은 피트 몬드리안Piet Mondrian을 이야기하지만 그가 언제 때 사람인가. 1900년대 사람 아닌가. 한국 전통 건축의 추상 입면은 이미 수백 년 전에 삼천리 방방곡곡 마을마다 한옥과 향교, 서원과 사찰, 관아와 초가에 넘쳐흐르고 있었다. 게다가 몬드리안의 추상화가 수학자의 도움까지 받아가면서 정말로 힘들여 창조한 '추상적 추상화'라면, 한옥의 추상 입면은 누가 나서서 애쓴 것도 아닌데 일상생활의 흔적이 그대로 작품이 된 '리얼리즘적 추상화'이다. 이것은 기둥, 구조 미학에 이어 한국 전통 건축의 목구조가 갖는 세 번째 아름다움이다.

추상 입면의 회화성
::

한국 전통 건축의 추상 입면은 여러 방식으로 표현된다. 그중 하나는 앞에서 살펴보았던 구조 미학의 밑바탕인 건물 뼈대가 벽체에 투영되어 나타나는 구성 분할이다. 예를 들어 종묘 정전의 서문, 부석사의 범종각, 수덕사 대웅전 이렇게 세 건물의 측면을 비교해보자. 종묘宗廟 정전의 서문은 구조 골격이 모두 노출되어 추상 입면은 형성되지 않는다.❷ 그보다는 목구조가 구성되는 원리를 삼차원 상태로 적나라하게 보여주는 노출 골조미를 특징으로 갖는다. 이러한 점에서 이 건물은 부재 수가 좀 많기는 하지만 앞서 소개한 병산서원

1 도산서원 내 도산서당
한옥의 간결한 수평-수직 부재들은 창과 어우러져 흰 회벽 위에 한 폭의 추상화를 그려놓는다.

의 만대루와 같은 종류로 나뉠 수 있다. 부석사 범종각에서는 노출 골조미와 추상 입면의 구성 분할이 섞여 나타난다.❸ 범종각의 측면은 보를 기준으로 하여 위아래 두 부분으로 나뉜다. 아랫부분은 종묘의 경우와 같이 노출 골조미를 보여주는 반면, 윗부분은 구조 뼈대 사이에 벽체가 채워지면서 추상 입면의 구성 분할이 나타난다. 삼차원 골조에서 이차원 추상면으로의 진화라는 관점에서 보자면 부석사 범종각은 이를테면 그 중간 단계에 해당된다.

     수덕사 대웅전에서는 건물을 구성하는 구조 뼈대가 완전히 이차원 추상면의 상태로 표현된다.❹ 수덕사 대웅전의 측면에는 기둥과 대들보 이외에도 전문 용어로 말하자면 소로, 첨차, 종보, 대공, 화반동자, 도리, 뜬창방, 우미량 등과 같이 목구조를 구성하는 여러 부재들의 결구 방식이 노출되어 있다. 이러한 장면으로부터 일차적으로는 이 건물의 구조 방식을 알 수 있다. 예컨대 자신이 열한 개의 보로 이루어진 11량樑 구조임을 몸으로 직접 표현하여 밝히고 있는 것이다. 수덕사 대웅전의 아름다움은 여기에서 끝나지 않는다. 노출된 구조 부재는 노란 벽면을 구성 분할하는 선으로 읽히면서 그대로 한 편의 추상화가 된다. 이것은 건물의 벽체가 회화적 가치인 회화성繪畫性을 획득함을 의미한다. 이처럼 한국 전통 건축의 목구조는 삼차원 구조체를 이차원으로 투영하면서 회화성이라는 새로운 미학적 가치를 제시한다. 한국 전통 건축 가운데에는 이와 같은 장면을 보여주는 예가 많다. 봉정사 극락전도 그중 하나이다.❺ 봉정사 극락전의 노출 뼈대는 단청을 입혀서 좀더 화려하기는 하지만, 벽면 위에 이차원으로 투영되어 회화성을 표현하고 있다는 점에서는 수덕사 대웅전과 동일하다.

     서양 건축에서도 건물의 입면을 이차원으로 해석함으로써 회화성을 표현한 예가 많이 발견되는데 한국 전통 건축의 경우와는 다소 차이가 있다. 예를 들어 대표적인 서양 고전 건축으로 레온 바티스타 알베르티 Leon Battista Alberti의 건축물을 살펴보자. 알베르티의 루첼라이 궁 Palazzo Rucellai도

2 종묘 정전의 서문　3 부석사 범종각
목구조를 구성하는 삼차원의 뼈대는
그 자체가 하나의 아름다운 모습으로
감상될 수 있다.

4 수덕사 대웅전 **5** 봉정사 극락전
두 건물은 노출된 구조 부재의 모습을 하나의 회화적 장면으로 번안하고 있다.

수덕사 대웅전과 마찬가지로 기둥과 보가 입면 위에 그대로 노출된다.[6] 그 결과 루첼라이 궁의 입면 역시 선에 의해 구성 분할된 이차원 면으로 인식된다. 그러나 이 같은 유사점에도 불구하고 루첼라이 궁과 수덕사 대웅전은 중요한 차이점을 갖는다. 루첼라이 궁의 입면에서 평면 요소로 변화한 기둥과 보는 수덕사 대웅전과 달리 삼차원 구조체가 이차원으로 투영된 결과처럼 느껴지지 않는다. 그 이유는 우선 창이나 기타 장식 부속물 등과 같은 다른 요소들이 너무 많이 혼재되어 구조 부재의 역할이 분산되기 때문이며, 둘째 이유는 기둥과 보가 처음부터 '비례'라는 더 큰 일차적 가치를 위한 이차 보조 요소로 정의되었기 때문이다.

고전 건축은 자연이라는 대우주와 인체라는 소우주 속에 숨어 있는 질서를 비례를 이용하여 표현했다. 고전 건축가들은 이 표현을 통해 우주의 질서가 지상 위의 인간 세계로 번안되는 것이라 믿었다. 그리고 이것은 그대로 건축물이 지니는 가치가 되었다. 루첼라이 궁에서도 $\sqrt{2}$ 비례로 대표되는 몇 가지의 비례 체계에 의해 입면이 구성되었다. 보와 기둥이 노출된 궁극적인 이유도 비례 체계를 짜기 위한 것이다. 이에 따라 루첼라이 궁의 입면은 수덕사 대웅전에 비해 건축적 연관성이 적은 반면 처음부터 이차원 면의 비례 분할로 접근했다는 차이점을 갖는다.

이러한 차이는 알베르티의 산타 마리아 노벨라 교회Cheista di Santa Maria Novella 입면에서도 똑같이 느껴진다.[7] 이 건물의 주요 특징은 구성 분할이라는 회화성이다. 그러나 이 경우에도 수덕사 대웅전과는 다르다. 입면의 회화성은 삼차원 구조체가 투영된 결과가 아니라 처음부터 이차원으로 접근되었다. 구성 분할 역시 구조체를 구성하는 건축 부재가 선의 역할을 겸하면서 자연스럽게 나타난 것이 아니라 구조 방식과는 상관없는 기하 문양에 의하여 처음부터 작도된 것이었다. 그리고 다시 한 번 비례 체계는 작도 분할을 결정짓는 중요한 기준이 되었으며 이 경우에는 정사각형 비례가 쓰였다.

이와 같은 차이점은 두 문명권이 갖는 기본적 세계관의 차이에서 비롯된다. 서양의 경우 경험주의적 세계관이 형성되기 이전의 고전 문명 아래에서는 절대주의가 주도적 가치관이었다. 절대적인 가치가 먼저 정해지면 나머지는 이것을 표현하기 위한 수단으로 사용되었다. 이때 절대적 가치를 표현하는 엄격한 문법이 만들어졌으며 예술가들은 이 문법을 따라야 했다. 건축의 경우 알베르티의 예에서도 보았듯, 비례는 이러한 절대적 가치 중 하나였다. 이 경우 구조 방식은 비례를 표현하기 위한 보조 수단이 될 수밖에 없다. 따라서 수덕사 대웅전처럼 뼈대의 표현만으로 하나의 회화적 장면이 연출될 수는 없다. 물론 한국 전통 건축에서도 절대적 가치가 표현되지 않은 것은 아니지만 서양 고전과 같은 엄격한 문법이 강요되지는 않았다. 각 건물에 요구되는 내용과 장인의 솜씨에 따라 그때그때의 상황에 맞춰 자연스럽게 만들어졌다. 그렇기 때문에 구조 골격이 세워졌으면 벽체 위에 그냥 솔직하게 표현되면 그뿐이었고 그 결과가 지금 보는 것과 같은 수덕사 대웅전이나 봉정사 극락전의 모습이다.

추상 입면과 처마 곡선의 은근한 조화로움
::

수덕사 대웅전의 추상 입면은 그 자체만으로도 아름답지만 지붕 처마 곡선과 함께 어우러지면 더욱 아름답다.[8] 수덕사 대웅전의 지붕은 맞배지붕이기 때문에 앞서 살펴보았던 팔작지붕과 같은 화려한 멋은 분명히 적다. 그러나 추상 입면에 표현된 목구조 특유의 경쾌하고 가벼운 멋이 더해지면서 은근하고 편안한 멋을 준다. 이것은 팔작지붕과 비교하며 어느 것이 더 우수하다고 우열을 다툴 대상이 아니라 맞배지붕만의 고유한 매력임에 틀림없다.

수덕사 대웅전의 측면을 보면 11개의 보가 결구되어 있다. 이

6 레온 바티스타 알베르티, 루첼라이 궁 Palazzo Rucellai, 이탈리아 피렌체, 1455-1470년
비례에 집착한 서양 고전 건축의 경우, 구조 뼈대로부터 자연스럽게 구성 분할을
형성하는 것이 아니라 구성 분할을 먼저 결정하고 그에 맞추어 구조 부재를 결정했다.

7 레온 바티스타 알베르티, 산타 마리아 노벨라 교회Cheista di Santa Maria Novella, **이탈리아 피렌체, 1456-1470년**
삼차원 구조 뼈대가 이차원 면으로 투영되는 방식이 아닌, 이차원 면의 상태로 분할 작도되었다.

것은 적은 숫자가 아니다. 특히 병산서원의 만대루와 비교하면 더욱 그러하다. 그러나 수덕사 대웅전은 결코 무겁거나 지나치다는 느낌이 들지 않는다. 이것은 하나의 건물이 무겁고 가벼운 데에는 부재의 많고 적음만으로는 판단할 수 없는 또 다른 기준이 있음을 의미한다. 수덕사 대웅전에서는 그만의 독특한 경쾌함이 느껴진다. 첫째는 사뿐한 자태를 뽐내는 지붕 처마 곡선 덕분이고, 둘째는 군더더기 없이 솔직하게 표현된 노출 골조의 명쾌함 덕분이며, 셋째는 목구조 특유의 경량성 덕분이다.

수덕사 대웅전의 처마 곡선은 은근하며 섬세하다. 그러나 결코 우울하거나 나약하지 않다. 마치 수줍어 다소곳하면서도 자신의 욕망을 무언의 분위기로 전해오는 들뜬 소녀 같다. 이러한 분위기는 몸체의 목구조와 어울리면서 건물 전체의 경쾌함으로 발전한다. 단청을 안 입힌 나뭇결이 화장기 없는 중년 여인네 같다면 노출된 뼈대와 지붕이 어우러진 전체 모습은 조심조심 들떠 봄나들이 나서려는 처녀의 자태 같다. 수덕사 대웅전의 지붕 처마는 휜 듯 안 휜 듯 은근한 곡선을 그린다. 얇게 처리된 서까래와 기와가 섬세한 두 겹선을 그으면서 살짝 휜 곡선의 은근함이 더해진다. 이것은 봉정사 극락전의 지붕과 비교하면 확실히 알 수 있다.[9] 봉정사 극락전의 지붕은 같은 맞배지붕인데도 곡선의 기운은 느껴지지 않고 거의 일자로 내려오고 있다. 서까래와 기와의 두께도 수덕사 대웅전보다 더 두껍다. 이 때문에 봉정사 극락전은 강해 보이긴 하지만 수덕사 대웅전과 같은 은근한 부드러움은 느껴지지 않는다.

순우리말 가운데에는 수덕사 대웅전이 지닌 것과 같은 은근함을 표현하는 형용사가 많이 있다. 분명히 우리 선조들은 마음속으로 은근함을 아름다움의 덕목으로 받아들였음에 틀림없다. 예를 들어 조지훈은 <승무僧舞>에서 하이얀 고깔의 자태를 '고이 접어서 나빌레라'라 하였으며, 버선의 곡선을 보며 '돌아설 듯 날아가며 사뿐히 접어 올린'이라고 노래하였다.

8 수덕사 대웅전
수덕사 대웅전의 은근하면서도 경쾌한 부드러움은 가장 한국적인, 즉 한국인의 가장 보편적인 아름다움인 곡선미가 건축적으로 구현된 예이다.

⑨ 봉정사 극락전
지붕 처마와 목구조가 함께 어우러졌다고 해서 항상 은근한 곡선미가 나타나는 것은 아니다. 수덕사 대웅전과 비교해보았을 때 봉정사 극락전은 오히려 남성적 힘이 느껴진다.

김소월은 <진달래꽃>에서 한국 여인네의 진달래 꽃잎 같은 이별 몸짓을 '사뿐히 즈려밟다'라고 표현하였다. 정지용은 <향수>에서 은근한 곡선처럼 낮게 울려 퍼지는 황소의 울음을 '해설피 금빛 게으른'이라고 노래하였다. 이외에도 찾아보면 많으리라. 지금은 국어사전에도 안 나오는 이런 아름다운 순우리말들이 은근한 곡선의 부드러움이라는 한국의 보편적 정서를 노래한 적이 있었다. 그러나 이내 일본말, 서양말에 밀려 자취도 없이 사라져 버렸다. 이와 똑같이 수덕사 대웅전의 처마 곡선도 이제는 졸린 신화로만 이해될 뿐이다.

서양 현대 건축에서는 수덕사 대웅전과 같이 구조 방식의 노출로부터 건물의 전체적인 조형성을 결정하려는 경향이 꾸준히 시도되고 있다. 특히 최근에는 기계 문명 시대의 발달한 구조 공학 기술을 이용하려는 경향이 두드러지고 있다. 이러한 서양 건축의 경향 역시 앞선 주제들과 마찬가지로 한국 전통 건축과의 유사점과 차이점을 동시에 드러낸다. 예를 들어 산티아고 칼라트라바Santiago Calatrava의 리옹 공항 청사Lyon Airport Station를 보자.[10] 트러스truss 공법이라는 구조 방식이 노출되면서 건물 전체에 아름다운 곡선미를 드러내고 있고, 노출된 구조 방식은 하나의 조형적 이미지로 받아들여지면서 회화성을 표현하고 있다. 칼라트라바는 이 건축물의 힌트를 인체로부터 찾아냈다. 이는 구조 방식의 추상 입면화를 통해 여인의 자태를 연상시킨다는 점에서 수덕사 대웅전의 경우와 유사하다.

그러나 칼라트라바는 인체의 역동적 움직임으로부터 자신의 건축 경향에 대한 모델을 찾는다는 점에서 수덕사 대웅전과 차이점을 보인다. 이것은 의인화에 대한 기본적 시각의 차이에서 비롯된다. 수덕사 대웅전의 의인화는 여인의 은근한 자태를 연상시키는 고도의 은유작용으로 해석된다. 이에 반해 칼라트라바의 리옹 공항 청사의 의인화는 인체의 이동과 같은 역동성에 대한 직설화법으로 제시된다. 실제로 칼라트라바는 뜀뛰기하는 동작의 궤적이나 체조하는 모습 등과 같은 인체의 동적인 움직임을 관찰한

후 이를 건물의 이미지로 활용하고 있다.[11] 이러한 차이는 서양 문화가 동적인 특징을, 반면에 한국 문화가 정적인 특징을 갖는 것으로 대비되는 이분법의 연장선상에 놓인다. 물론 이러한 이분법적 편 가르기가 반드시 옳은 것은 아니다. 특히 서양 문화를 무조건 동적인 것으로, 한국 문화를 무조건 정적인 것으로 단정 지어버릴 경우 자칫 양 문화에 담긴 다양하고 오묘한 멋을 놓쳐버리는 결과를 낳을 수도 있다. 서양에도 수덕사 대웅전의 은근함을 닮은 <모나리자Mona Lisa>와 같은 예술 작품이 얼마든지 있으며, 반대로 한국에도 고구려 벽화와 같이 웅비하는 기상을 표현한 역동적인 예가 얼마든지 있다. 그러나 크게 보아 서양 문화와 한국 문화를 특징짓는 위와 같은 이분법적 구별은 상당 부분 맞는 것 또한 사실이다. 수덕사 대웅전과 리옹 공항 청사 사이에서 발견되는 차이는 이 같은 이분법적 구별의 한 종류로 이해될 수 있다. 이러한 동서양 간의 구별은 여러 예술 분야 사이에 연계되어 해석될 수 있는데, 예를 들어 음악의 경우 양악은 동적인 박자를, 국악은 정적인 호흡을 각각 기본 배경으로 갖는 것으로 언급되며 이러한 구별은 바로 앞의 두 건물의 경우와 일치한다.

한옥에 담긴 휴머니즘적 추상
::

한국 전통 건축의 추상 입면 立面-정면이나 측면에서 수평으로 본 모양 가운데 백미는 흰 회벽을 바탕으로 하는 한옥이나 서원, 향교 건물의 입면이다. 사찰 전각의 입면은 다포식과 같은 복잡한 목구조 방식이 표현되기 때문에 구성 분할을 담당하는 부재들이 다소 복잡하여 추상의 느낌이 약화된다. 이 경우 특히 구조적 특성이 강하게 나타난다. 수덕사 대웅전과 봉정사 극락전에서 보았듯이 그 나름대로의 건축적 아름다움을 지니기는 하지만 추상이라는 관점에서

10 산티아고 칼라트라바, 리옹 공항 청사, 프랑스 리옹, 1989-1994년 11 산티아고 칼라트라바, 〈인체 스케치〉
체조나 춤과 같은 인체의 역동적 동작으로부터 균형감과 긴장감이라는 구조 미학의 기본 개념을 찾아내어 건축물로 구현해 보이고 있다.

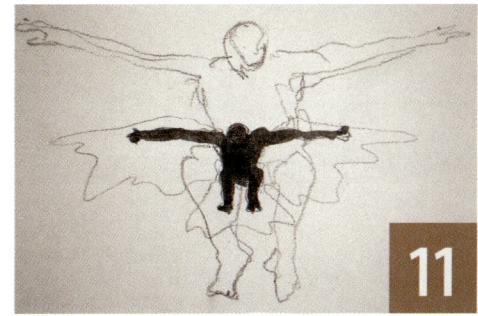

보았을 때는 순도가 떨어지는 것 또한 사실이다. 반면에 한옥의 입면은 정갈하고 담백하여 추상의 진수를 보여준다.🖻 흰색과 갈색 그리고 선만으로 구성되는 한옥의 입면은 목구조가 이 정도로 순결할 수 있다는 사실을 잘 보여주며 백의민족白衣民族이라는 말과 참으로 잘 어울린다.

한옥의 입면에 그려지는 추상은 온기가 배제된 차가운 기하학적 추상이 아니다. 집안에서 일어나는 훈훈한 가족살이 이야기를 들려주는 휴머니즘적 추상이며 살림살이 이야기를 읽어낼 수 있는 리얼리즘적 추상이다. 한옥의 입면은 회벽과 목재 이외에는 다른 어떤 것도 절제한다. 문도 꼭 필요한 만큼만 나 있다. 인색할 정도로 정갈한 한옥의 입면은 그러나 사실은 우리네 생활살이를 모두 담고 있는 이야기보따리이다. 소박하고 검소하지만 천천히 뜯어보면 우리네 생활만큼 다양하고 변화무쌍하다. 때로는 덩그러니 문 하나만을 갖지만 그 사이로 한두 개의 선이 아무렇게나 슥슥 지나가면서 지루하지 않은 절묘한 변화감을 느끼게 한다.🖪 또는 큰 문 하나와 작은 문 하나가 마치 어미가 새끼를 끼고 있는 모습으로 나 있기도 하다.🖪 두 개의 문이 살가운 부부의 연을 과시하며 다정하게 나 있는 경우도 있다.🖪 또한 긴 문과 옆으로 누운 문이 마치 사이좋은 홀쭉이와 뚱뚱이의 파트너를 연상시키며 조화와 협력의 모습으로 나 있고, 때로는 여러 개의 문이 방안에서 식구들이 뒹굴며 노는 모습처럼 자유로우면서도 균형 있게 배치돼 있기도 하다.🖪 그런가 하면 행랑채에서 볼 수 있듯 똑같은 문이 급하게 반복되기도 한다.

이처럼 한옥의 추상 입면은 두 가지 색과 몇 개의 선만 가지고도 이 모든 이야기를 다 담아내고 있으니 일종의 요술이요, 마술처럼 느껴지기도 한다. 한옥을 감상할 때는 무엇보다도 이 같은 추상 입면의 매력을 즐길 수 있어야 한다. 이러한 예는 거의 모든 한옥에서 나타난다. 그 가운데에서 소호헌, 독락당 계정, 양동마을의 관가정과 향단, 도산서원의 농연정사

12 병산서원 입교당
한옥의 입면은 추상이 순결하면서도 포근한 양면적 가치를
동시에 지닐 수 있다는 사실을 보여준다.

13 의성향교 동재 14 도산서원 농연정사 15 양동마을 관가정
16 도산서원 농연정사
한옥의 추상 입면은 일상의 흔적으로부터 자연스럽게 형성되기
때문에 그 속에는 생활 속의 가족살이 이야기가 숨어 있다.

와 도산서당, 의성향교의 동재, 소수서원의 일신재, 병산서원의 입교당 등을 꼽아볼 수 있다. 사찰도 한옥의 성격이 강한 요사채에서는 이러한 장면을 감상할 수 있다. 장곡사의 설선당, 개심사의 심검당, 용문사의 요사채, 마곡사의 매화당, 고운사의 낙서헌 등을 그 예로 꼽을 수 있다.[17]

몬드리안도 절제된 추상 속에 오히려 더 많은 이야기를 담아낼 수 있다는 추상의 비밀을 알았으리라.[18] 그리고 자신의 그림 속에 그 비밀을 표현하고 싶었을 것이다. 몬드리안의 구성 시리즈는 20세기 서양의 현대 미술이 추구했던 가치 중 하나인 추상의 완성판으로 추앙받고 있다. 그런 몬드리안이 수백 년 전에 지어진 한옥의 입면을 보면 뭐라 할지 궁금하다. 게다가 몬드리안의 추상 구성은 치밀한 계산 위에 재고 따져서 정교하게 작도한 기하 추상인 반면, 한옥의 추상은 살면서 편한대로 집 짓고 창 내다 보니 자연스럽게 형성된 생활의 흔적이다. 이 점이 바로 한옥의 추상 입면이 갖는 미스터리의 비밀이기도 하다. 이 내용은 '대칭과 비대칭' 편에서 소개하고자 한다.

서양 현대 건축에서는 한옥의 추상 입면을 닮은 예가 많이 발견된다. 서양 사람들은 이것을 몬드리안의 추상화를 그대로 옮겨놓은 것이라고 얘기한다. 리비오 바키니Livio Vacchini의 로소네Losone 중학교 체육관이 그 좋은 예이다.[19] 구조 골격과 창만으로 입면이 구성 분할되면서 말 그대로 몬드리안의 추상화를, 혹은 한옥의 입면을 옮겨놓은 듯한 장면을 보여준다. 뿐만 아니라 최근 서양의 현대 건축에서는 입면을 구성 분할할 때 한옥의 입면에 나타난 비대칭의 모습을 닮으려는 경향이 하나의 큰 흐름을 형성하고 있다. 한옥의 추상 입면은 지금까지 소개한 구성 분할에 덧붙여 비대칭이라는 또 하나의 건축적 매력을 갖는데 이 내용 역시 '대칭과 비대칭' 편에서 다룰 것이다. 이상과 같이 한국 전통 건축은 목구조를 건물의 기본 구성 체계로 갖기 때문에 대부분의 중요한 건축적 특징이 나무라는 재료를 다루는 과정

17 마곡사 매화당
사찰도 민가형 건물로 지어진 전각에서는 한옥 특유의 추상
입면이 동일하게 관찰된다.

18 피트 몬드리안, 〈적색, 황색, 청색을 이용한 구성 Composition with Red, Yellow and Blue〉, 1927년
20세기 추상 미술의 결정판으로 꼽히는 몬드리안의 구성 시리즈는 한옥의 추상 입면과 강한
유사성을 보인다. 실제로 20세기 추상 미술이 형성되는 데 동북아시아의 회화와 건축에 나타나는
전통 공간은 결정적 영향을 끼쳤다.

19 리비오 바키니, 로소네^{Losone} **중학교 체육관, 이탈리아 로소네, 1973년**
구조 부재가 나무 대신 철골이나 콘크리트라는 사실을 제외하고는 한옥의 추상 입면과
강한 유사성을 보여준다.

에서 나왔다. 그러나 이것이 전부는 아니다. 한국 전통 건축에서는 돌을 다루는 솜씨도 뛰어나다. 나무의 매력은 돌과 함께 감상할 때 완성된다.

5 돌과 담

소박한 돌쌓기의 질서와 짜임새

거친돌 막쌓기

vs.

콜라주

한국 전통 건축에서 돌의 매력은 담과 기단에 있다. 이것은 돌이 건물을 구성하는 건축 부재보다는 건물을 감싸는 주변 요소로 주로 쓰였음을 의미한다. 또한 돌에 대한 재료적 초점이 표면 가공 등과 같은 조각적 솜씨보다는 쌓는 방법에 맞추어졌음을 의미한다. 한국 전통 건축은 목구조를 기본으로 했기 때문에 건물 자체에서 돌의 쓰임새는 그리 많지 않다. 그러나 전통 건축에서도 담과 기단 등 건물 주변을 구성하는 여러 종류의 석물에서 훌륭한 돌 건축의 예를 볼 수 있다.

콜라주적 돌쌓기의 멋
::

한국 전통 건축에서 돌의 매력은 비정형성이다. 인공적 가공을 억제하면서 가급적 자연에서 캐낸 상태 그대로 쓴다. 가공이 필요한 경우라면 불규칙적으로 쌓는다. 쌓기마저 규칙적으로 해야 할 경우에는 돌의 모양과 쌓는 방법을 다양화하여 변화를 주었다. "돌을 떡 주무르듯 하여" 다보탑을 만들었던 우리 선조가 솜씨가 없어 돌을 자연 그대로 썼을 리 만무하다. 사람 손길이 가기 전의 자연 상태대로 쌓는 것이 더 아름다운 바에야 굳이 손댈 이유가 없다고 느꼈기 때문일 것이다.

한국 전통 건축에서 돌의 또 다른 매력은 적당한 크기이다. 돌은 사람 몸의 크기를 넘는 법이 거의 없으며, 사람 몸의 크기를 넘을 경우에는 작은 돌이 함께 쓰였다. 이것은 돌 부재의 크기를 가늠하는 기준을 사람 몸 크기로 삼는다는 의미이다. 바로 휴먼 스케일 human scale 의 의지를 엿볼 수 있는 부분이다. 돌은 나무와 달라서 재료 자체가 단단하고 크기와 모양을 원하는 대로 조절할 수 있는 특징이 있다. 그래서 거석트石 구조가 가능한데, 돌을 규칙적이고 정형적으로, 큰 크기로 사용하다 보면 인간은 자연을 능가

하거나 정복했다는 착각에 빠지게 되는 수가 생긴다. 이러한 착각이 인간을 얼마나 교만하게 만드는지 우리 선조들은 일찍이 알았던 것 같다.

　　　　　돌이 가진 매력을 가장 잘 보여주는 예는 갑사甲寺 대웅전의 기단이다.❶ 그 모습을 자세히 들여다보면 길이 3미터 정도의 큰 돌부터 주먹만 한 작은 돌까지, 크고 작은 여러 모양의 돌들이 극히 불규칙적인 방식으로 쌓여 있다. 모양과 크기 어느 것 하나 같은 것이 없다. 돌을 쌓은 줄도 가지런히 일직선으로 돼 있는 곳이 한 군데도 없다. 큰 돌 사이사이에는 틈이 나 있으며 이 틈은 조약돌로 성의껏 채워져 있다. 마치 삼라만상을 축약한 듯한 다양함과 변화의 멋이 느껴진다. 그러나 갑사 대웅전 기단의 다양함과 변화는 결코 무질서로 흐르지 않는다. 소박하고 엉성한 것처럼 보이지만 범할 수 없는 짜임새를 느낄 수 있다. 이를 느낄 수 있다면 한국 전통 건축의 또 다른 멋 한 가지를 알게 되는 셈이다. 도구를 사용하여 자르고 재서 정교하게 쌓은 돌의 모습에서는 찾아볼 수 없는 조화로운 구성미. 이러한 구성미는 곧 또 하나의 질서로 발전한다. 이 세상의 질서는 반드시 정형적이고 가지런한 데에서 얻어지는 것은 아니다. 너무도 안 어울릴 것 같은 수많은 조각들이 모여 절묘한 상호 균형을 만들어내는 숨은 질서라는 것도 있다. 도구를 사용하여 잘 정리된 모습에서 얻은 질서는 너무 당연하며 따라서 별 감동을 주지 못한다. 반면에 도구 없이 자연 상태에서 얻은 질서는 그만큼 큰 역설적 강조의 힘을 갖는다.

　　　　　이는 앞에서 이야기한 비가공의 매력과 동일하다. 가공 상태보다 비가공 상태에서 더 큰 숨은 질서를 느낄 수 있다는 점이 한국 전통 건축에서 돌이 갖는 가장 큰 매력이다. '거친돌 막쌓기'로 불리는 이런 방식은 한국 전통 건축의 기단과 석축에서 많이 찾아볼 수 있는데, 부석사 천왕문의 기단이나 봉정사의 석축, 봉정사 대웅전의 기단 등이 대표적이다.❷

　　　　　한국 전통 기단의 돌쌓기가 갖는 숨은 질서의 의미는 콜라

1 갑사 대웅전 기단
크고 작은 돌들이 불규칙적으로 어우러져 있다. 제멋대로 쌓인 것처럼 보이지만 불규칙 속의 질서가 강하게 느껴진다.

주collage라는 서양 현대 예술 운동의 조형관과 매우 유사하다. 콜라주는 정형적인 질서를 이상적 목표로 추구해왔던 서양 전통 예술에 대한 반기로 시작되었다. 여기서 서양 전통 예술이란 일차적으로는 고전주의를 지칭하지만, 20세기 현대 예술 운동 가운데 예술성을 객관적 평가의 대상으로 정의하려는 추상 계열의 경향 역시 이에 속한다. 정형적인 질서를 추구하는 서양 전통 예술은 선험적 절대 가치를 표현하는 것을 목표로 했다. 그리고 그 선험적 절대 가치는 동일 요소의 반복이나 총체적 질서 등과 같은 객관적 법칙에 의해 표현되었다. 예를 들어 헬레니즘 고전주의를 대표하는 그리스 신전은 신화라는 선험적 절대 가치를 기둥의 반복에 의한 건축 법칙으로 표현하였다. 혹은 서양 전통 미술에 나타나는 수많은 성화聖畵나 역사화 등도 이와 동일한 내용으로 이해할 수 있다. 또한 20세기 건축 운동 가운데 동일한 크기의 창이 반복되는 산업화 건물도 대부분 여기에 속한다.[3] 이 건물들은 산업 생산성이라는 20세기 기계 문명의 선험적 절대 가치를 표현한다.

콜라주는 위와 같은 정형적인 질서란 현실성이 결여된 예술의 횡포라 여기고 이를 반대했다. 그리고 그 대안으로 현실과 닮은 무질서하고 비정형적인 예술 세계를 지향했다. 서양 전통 예술은 현실을 개선한다는 이상적 명분 아래 정형적인 예술 세계를 추구해왔지만 현실은 항상 몇 개의 법칙으로는 설명될 수 없는 수많은 무질서한 현상으로 가득 차 있다. 현실 세계를 유지하는 것은 각각 다른 다양한 객체들의 상호 견제력이 만들어내는 숨은 질서이지, 선험적으로 가정하여 강요할 절대적 가치가 아닌 것이다. 이렇게 경험주의적 현실관을 배경으로 하는 콜라주는 관습적 절대 가치를 강요하는 모든 예술 운동에 반대하며, 20세기 서양 예술의 여러 분야에서 다양한 예술 운동 형태로 폭넓게 나타났다. 그중에는 갑사 대웅전의 기단과 유사한 모습을 보여주는 예도 발견된다.[4] 뿐만 아니라 우리의 생활 속 전통 보자기에서도 서양 회화의 콜라주와 닮은 모습도 찾아볼 수 있다.[5]

2 봉정사 대웅전 기단
비가공 상태의 돌이 그대로 건축 부재로 쓰인 방식은
한국 전통 건축의 특징 중 하나이다.

3 미스 반 데어 로에, 레이크 쇼어 드라이브 860/880번지 아파트
860/880 Lake Shore Drive, 미국 시카고, 1948-1951년
대량 생산 체제의 표준화된 부재로 구성되는 현대식 건물은
절대적 질서의 대표적인 예이다.

서양 건축물 중에도 콜라주적 조형관을 추구한 예는 무수히 많다. 특히 사베리오 부시리 비치Saverio Busiri Vici의 로마 조니오 가街 복합 건물 Edificio Pluriusi in Viale Jonio은 갑사 대웅전 기단과 유사한 모습을 보여준다.[6] 비치의 복합 건물은 현실 세계의 이미지를 상징하는 크고 작은 조각들의 조합에 의해 구성되어 있다. 갑사 대웅전 기단의 변화무쌍한 돌쌓기가 현실의 삼라만상을 닮았듯이, 비치의 복합 건물을 구성하는 수많은 조형 조각들의 불규칙한 조합 역시 서양식의 현실 이미지를 표현하고 있다. 두 건축물은 시간과 장소를 초월해 현실을 읽는 방식에서 동의어적 의미를 갖는다.

그러나 서양의 콜라주는 폐쇄적인 고전 전통에 대한 반발로 일어난 예술 운동이었다. 일반적으로 말해 서양의 전통 고전주의는 현대 예술가들에게 경직된 절대주의적 가치를 강요하는 부정적 대상으로 인식돼왔다. 이에 반해 우리의 고전은 갑사나 봉정사의 대웅전 기단에서 보았듯이 서양 현대 예술이 고전에 반대하여 새롭게 추구한 가치를 이미 수백 년 전부터 간직하고 있었다. 흔히 막다른 골목에 다다른 서양 문명에 대한 해답을 동양 문화 속에서 찾을 수 있다는 이야기를 많이 한다. 서양의 전통 고전주의에 대한 대안으로 시도된 현대 예술과 유사한 선례가 우리의 전통 속에 존재한다는 사실은 무엇을 의미할까. 우리는 이미 수백 년 앞서 서양 예술이 처할 한계를 예견했다는 의미가 아닐까.

한편, 종묘 정전의 기단은 위의 두 대웅전과는 또 다른 멋을 보여준다.[7] 정전의 기단은 훨씬 가지런히 정리된 모습이다. 돌 하나하나는 네모반듯하게 다듬어졌으며 돌을 쌓은 줄이 일직선으로 가지런히 나 있다. 아마도 왕궁 시설인 까닭에 정돈된 질서가 필요했을 것이다. 왕궁 건물에 산사山寺의 불전과 같은 자유로움이 허락되지 않은 것은 당연할 수 있다. 그러나 정형적인 질서를 추구하는 가운데에서도 여전히 극단적인 정형성을 피하고 비정형적인 변화를 함께 표현하려는 노력이 엿보인다. 이러한 노력은 돌

4 존 래섬, 〈불에 그을린 사물로 채워진 서랍Drawer with Charred Material〉, 1960년
다듬지 않은 돌을 막쌓기한 한국 전통 건축의 기단과 유사한 구성 원리를 발견할 수 있다.

5 한국 전통 보자기
한국 전통 예술에서는 석축이나 보자기같이 생활 주변에 콜라주의 구성 원리를 보여주는 예들이 많이 발견된다.

6 사베리오 부시리 비치, 로마 조니오 가 복합 건물Edificio Pluriusi in Viale Jonio, 이탈리아 로마, 1972년
상대주의적 질서를 추구하는 경향의 건축물로, 콜라주 구성을 도입했다.

7 종묘 정전 기단
기본적으로 바르게 쌓아올린 형태이지만, 동일 크기의 부재가 획일적으로 반복되는 것은
피하면서 최소한의 다양성을 확보하고 있다.

의 크기와 비례가 모두 다르게 처리된 데에서 확실하게 드러난다. 정전의 기단은 마치 사각형의 전시장처럼 정사각형부터 기다란 장방형에 이르기까지 다양한 종류의 사각형 돌을 쌓아 만들었다. 이런 돌쌓기 방법을, 돌 하나하나를 다듬되 불규칙하게 쌓는다는 의미에서 '다듬돌 완자쌓기'라고 부르기도 한다. 규칙적인 듯하면서도 동시에 불규칙의 감흥이 느껴지는 이러한 절묘한 균형감은 한국 전통 건축의 멋 가운데 하나이다. 이 같은 완급의 리듬감은 기단 위 기둥이 반복되면서 생겨나는 경직된 분위기에 한 줄기 숨통을 터준다. 이것은 이를테면 비정형의 파격을 자제한, 은근한 콜라주쯤으로 이해할 수 있다.

자연석을 활용한 지역주의 건축
::

서양 현대 건축에서도 거친 자연석을 이용하여 불규칙한 돌쌓기를 시도한 예는 많다. 이러한 경향은 자연석을 쉽게 구할 수 있는 산악 지방의 지역주의Regionalism 건축에서 주로 나타난다. 예를 들어 캘리포니아나 애리조나 같은 미국의 남서부 지방, 스페인의 카탈로니아 지방, 스위스의 티치노 지방, 지중해 연안 등이 대표적이다. 이 지역에서는 같은 서양 건축이면서도 콘크리트나 철골 같은 산업 재료를 이용한 획일적인 경향에 반대하여 향토색 짙은 토속 건축을 많이 시도해왔다. 각 지방에서 출토되는 자연석은 토속 건축을 구성하는 중요한 재료이다. 그러나 같은 자연석을 이용한 돌쌓기라도, 한국 전통 건축과 서양의 지역주의 건축 사이에는 다소 차이가 있다.

서양의 지역주의 건축에서는 가공이 안 된 거친 상태의 자연석을 사용하기는 하지만, 돌쌓기에서 갑사 대웅전이나 종묘 정전의 기단과 같은 절묘한 조화와 리듬감을 보여주지는 않는다. 그보다는 콘크리트로 벽체를 만든 후 타일 붙이듯 가지런히 자연석 조각을 붙이는 방식이 주로 쓰인다. 예를 들어 그리스 건축가 미첼 포티아디스Michel Photiadis가 아테네 근교의 지중해 연안에 설계한 포르토 라프티 하우스House in Porto Rafti를 보자.8 이 건물에서는 불규칙한 형태가 그대로 유지된 자연석이 벽면 전체를 덮고 있다. 그러나 이렇게 불규칙한 형태의 돌을 사용했는데도 정형적 질서가 느껴진다. 혹은 비정형적 질서라고 하더라도 갑사 대웅전이나 종묘 정전의 기단과 같은 은근한 균형감이 결여된 채 획일적 비정형성만이 느껴진다. 이것은 일종의 불일치 혹은 자기모순일 수 있다. 이런 장면은 대부분의 서양 지역주의 건축에서 관찰된다. 이러한 차이는 세상을 바라보는 두 문명권의 시각 차이에서 비롯된다.

서양 지역주의 건축에 나타나는 위와 같은 자기모순은, 불규칙한 형태를 정형적 반복에 대한 직설적 반대의 개념으로 해석했기 때문이다. 이것은 반대를 반대로 푸는 서양식 특유의 직설적 세계관으로부터 비롯된다. 재료만 콘크리트나 철골에서 자연석으로 바뀌었을 뿐, 바뀐 재료를 운용하는 방식은 여전히 정형성을 주도적 개념으로 삼고 있다. 재료가 바뀌면 이것을 운용하여 건물을 만들어가는 개념도 따라서 바뀌어야 하는데, 서양의 지역주의 건축은 이를 결여한 것이다. 이렇게 보았을 때 포르토 라프티 하우스는 자연석을 이용한 또 다른 정형적 질서의 예에 그친다. 그에 반해 한국 전통 건축에서는 비정형적 질서를 정형적 질서에 대한 반대의 개념으로 보지 않는다. 이 자체를 처음부터 하나의 독립적 가치로 받아들인다. 그렇기 때문에 한국 전통 건축에서는 비정형적 질서를 만들어내는 다양한 방법에 대한 고민이 가능했고, 그 결과 갑사 대웅전이나 종묘 정전의 기단과 같은 은근한 멋을 낼 수 있었다. 이것은 반대를 은유적 긍정으로 해석하는 한국 특유의 세계관에서 비롯된다.

이러한 가운데에서도 에두아르도 수토 드 무라Eduardo Souto de

Moura의 봄 제수스 하우스Bom Jesus House는 갑사 대웅전이나 종묘 정전의 기단과 매우 닮은 모습이다.[9] 봄 제수스 하우스의 벽체는 비교적 정형성을 강하게 드러내는 비슷한 모양과 크기의 자연석이 거의 일직선을 유지하며 차곡차곡 쌓여 있지만 이 같은 정형적 질서에만 그치지 않고, 은근한 비정형성을 함께 추구하고 있다. 이는 두 가지 면에서 관찰된다. 한 가지는 정형적으로 다듬어진 돌덩어리의 표면이나 경계선에 최소한의 비가공 흔적을 남기는 처리법이다. 이러한 비가공성은 다듬다가 중단한 것 같은 돌의 형태에서 느껴진다. 다른 한 가지는 이렇게 처리된 큰 돌덩어리를 조금씩 어긋나게 쌓음으로써 돌 사이사이에 일부러 조금씩 틈을 남긴 후, 그 틈을 작은 돌조각들로 채우는 처리법이다. 이같이 독특한 돌쌓기를 보여주는 봄 제수스 하우스는 자연석을 사용하는 지역주의 건축 중에서도 특별히 우수한 작품으로 평가받는다. 그러나 사실 이것은 갑사 대웅전 기단과 종묘 정전 기단의 돌쌓기를 합친 모습과 매우 유사함을 알 수 있다.

동서양의 돌 다루는 손맛
::

한국 전통 건축의 담은 돌을 다루는 다양한 기술을 보여준다. 종묘의 담에는 이런 예가 여러 종류 관찰된다. 종묘 이곳저곳의 담에서 돌 쌓는 방식은 또래들이 올망졸망 모인 듯 편안한 질서를 보여준다.[10] 혹은 직각으로 만나는 두 장의 담이 서로 완전히 다른 방식으로 쌓여 있기도 하고, 때로는 작은 벽돌 크기의 돌이 색깔을 달리하면서 촘촘히 반복되어 모자이크 문양을 연상시키기도 한다.[11] 또한 담의 아래쪽에서 위쪽으로 올라가면서 층쌓기하듯 돌 쌓는 방법이 달라지기도 한다. 예를 들어 맨 아래쪽은 잘 다듬어진 기다란 장방형 돌이 두 줄 놓이고 그 위로 크고 둥근 호박돌이 네 줄 쌓이며 마

8 미첼 포티아디스, 포르토 라프티 하우스 House in Porto Rafti, 그리스 아테네, 1987년

불규칙한 형태의 자연석을 사용했으나 정형적 질서가 느껴진다. 획일적 비정형성이라는 일종의 자기모순은 두 문명의 세계관의 차이에서 비롯된다.

9 에두아르도 수토 드 무라, 봄 제수스 하우스 Bom Jesus House, 포르투갈 브라가, 1994년

서양 지역주의 건축 가운데서도 우수한 작품으로 평가받는 이 건물의 벽체는 갑사 대웅전이나 종묘 정전 기단의 돌쌓기와 유사한 모습을 보여준다.

지막으로 작은 정사각형 돌이 가지런하게 네 줄 반복되면서 한 장의 담이 완성되기도 한다. 이러한 층쌓기는 마곡사나 옥산서원의 담에서 훨씬 더 자극적인 장면으로 나타난다. 옥산서원玉山書院의 담은 맨 아래쪽에 크고 검은 잡석이 막 쌓여 있으며, 그 위로 둥근 호박돌의 바른층쌓기가 올라가고, 마지막으로 진흙 벽에 기와를 끼워넣은 토담 벽으로 끝난다.⑫ 벽의 아래쪽은 튼튼하게, 그 반대로 위쪽은 가볍고 경쾌하게 처리되었다. 중력에 충실하려는 과학적 정신이 반영된 결과이다.

   돌을 주재료로 사용하는 서양 전통 건축에서는 돌 다루는 경향이 다양하게 나타난다. 이 경향은 특히 르네상스에서 매너리즘을 거쳐 바로크에 이르는 일련의 고전 건축에서 절정에 달한다. 서양 건축사에서는 그리스에서 로마 건축에 이르는 시기와 르네상스에서 바로크에 이르는 시기, 이렇게 두 번에 걸쳐 유독 고전 건축이 융성했다. 돌을 주재료로 사용하는 고전 건축이 융성했다는 것은 돌 다루는 경향도 함께 융성했음을 의미한다. 그중 전자인 고대기는 주로 고전 건축의 기본 법칙이 완성되던 시기였고, 개인 예술가로서의 건축가란 직업도 없던 때여서 돌 다루는 경향은 비교적 차분하고 획일화된 편이었다. 이에 반해 후자인 15-17세기의 근세기에는 고대기의 고전 건축이 재현되는 동시에 돌을 다루는 경향도 훨씬 화려하고 기교적인 경향을 나타냈다. 특히 이 시기에는 건축가라는 직업 예술가군이 형성되면서 그 같은 경향이 더 심하게 나타났다. 뿐만 아니라 브라만테, 라파엘로, 로마노, 미켈란젤로, 팔라디오, 산소비노, 베르니니, 보로미니, 구아리니 등 기라성 같은 천재들이 유난히 많이 등장했던 때이기도 하다.

   이러한 배경에서 서양 고전 건축의 돌 다루는 경향은 주로 조각 솜씨와 같이 천재들의 현란한 손재주를 과시하는 방향으로 나아갔다. 부재로 볼 때 돌 다루는 솜씨는 주로 기둥에 집중되었으며, 세계에서 가장 다양한 종류의 돌을 생산하는 이탈리아에서는 돌이 지닌 고유한 특성 또한

10, 11 종묘 정전 담 12 옥산서원 담
한국 전통 건축의 담은 돌을 쌓는 다양한 기술을 보여준다. 주먹 크기의 정사각형 돌이 가지런히 쌓이기도 하고 인접하는 두 장의 담이 서로 다른 모습으로 쌓이기도 한다. 또한 크기가 큰 돌들이 담의 아랫부분에 쓰이면서 시각적으로 안정감을 주기도 한다.

중요한 요소로 간주되었다. 예를 들어 서양 예술사에서 가장 위대한 조각가 가운데 한 사람인 미켈란젤로Michelangelo Buonarroti는 라우렌티안 도서관Laurentian Library에서 신이 내린 소질을 바탕으로 사람의 살갗같이 탄력 있고 매끄럽게 돌 표면을 조각해내는 솜씨를 과시했으며, 이런 효과를 증대하기 위해 검은 색 대리석을 즐겨 사용하기도 했다.13 브라만테는 지금까지도 건축가라면 한 번쯤 사용해보고 싶어하는 밀라노산 청 대리석을 즐겨 사용했다. 베네치아 지방에서는 특히 현란한 색과 문양의 대리석이 많이 쓰였는데, 팔라디오 Andrea Palladio의 카피타나토 로지아Loggia del Capitanato는 이러한 경향을 잘 보여준다.14 또한 팔라디오는 검은 현무암을 거칠게 처리하여 다다풍의 기둥으로 조각해내기도 했다. 로마노는 테 궁Te Palace에서 화강석의 표면을 정으로 쪼아 거칠게 만드는 방법을 통해 또 다른 다다풍의 기둥을 조각하였다.

    이처럼 서양 건축에서 돌 다루는 경향은 천재들의 타고난 솜씨를 겨루는 경연장이었다. 다른 한편으로 낭만주의 사조의 경우에는 돌을 자연에의 순응을 표현하는 매개로 이해하기도 했다. 그렇지만 대체적으로 서양 건축에서의 돌이란 자연과 겨루고픈 인간의 욕망을 표출하는 매개 역할을 하였다. 이 때문에 건축가의 현란한 천재성을 보여주는 걸작이 많이 창조되었다. 이것은 서양 건축만이 갖는 가장 큰 매력임에 틀림없다. 이에 반해 한국 전통 건축에서 돌 다루는 경향은 갑사 대웅전이나 종묘 정전의 기단에서 보듯, 마치 옷을 깁거나 먹음직스러운 떡을 쌓는 것과 같이 정성스런 손맛을 추구하는 방향으로 나타났다. 돌 다루는 경향에 나타난 두 문화권 사이의 차이점은 재미있는 비교의 대상이기도 하다. 이상과 같이 한국 전통 건축을 구성하는 다섯 가지 요소에 대해 살펴보았다. 이 요소들은 주로 건물 자체에 한정된다. 마지막 여섯 번째 요소는 건물 밖에서 건물에 이르는 전이 과정을 담당하는 문이다.

13 미켈란젤로, 라우렌티안 도서관 Laurentian Library, 이탈리아 피렌체, 1524년
14 안드레아 팔라디오, 카피타나토 로지아 Loggia del Capitanato, 이탈리아 비첸차, 1571년

미켈란젤로는 사람의 피부같이 탄력 있는 모습으로 돌기둥을 조각해냈고, 팔라디오는 북부 이탈리아의 현란한 대리석을 이용하여 거석의 위용을 자랑했다.

6
문과 상징

때론 위엄 있게
때론 자유롭게

은유의 사찰 산문
vs. ─────
직설의 고딕 성당

한국 전통 건축은 문의 종류가 많다. 문을 지칭하는 명칭만도 솟을대문, 사주문, 일주문, 해탈문, 천왕문, 원통문, 봉황문 등 다양하다. 또 각 건물마다 달라지는 문의 이름까지 합치면 그 수는 그야말로 무궁무진하다. 근정전의 앞문인 근정문, 인정전의 앞문인 인정문, 병산서원의 대문인 복례문, 도산서원의 중문인 진도문 등 쓰이는 곳과 목적한 바에 따라 덕담으로 가득 찬 명칭을 갖는다. 문의 크기나 위치에 따라 대문과 중문으로 나뉘며 형태나 진입 방식도 다양하다. 기둥과 지붕만으로 이루어진 일반적인 형태부터 제대로 된 건물 형태의 문까지 여러 종류이며 누각의 밑을 통과하면 그것이 곧 문의 역할을 하기도 한다. 뿐만 아니라 문이 반드시 사람의 손으로 세운 구조물일 필요도 없다. 돌을 박으면 그것이 문이 되고 나무 옆에 담을 세우면 그 나무가 문이 된다. 담벼락 한 군데를 슬쩍 뚫어놓아도 그것 또한 문이다. 이처럼 한국 전통 건축의 문은 엄격한 위엄이 필요할 때는 한없이 엄격하지만, 반대로 사람들 마음끼리 동의만 이루어지면 그 어떤 것이나 문이 되었다.

사찰로 가는 세 개의 문
::

사찰은 일주문, 천왕문, 해탈문의 세 가지 산문山門을 기본으로 갖는다. 그중 일주문一柱門은 사찰의 가장 바깥 경계를 표시하는 문이다.[1] 일주문은 사찰의 영역 표식을 담당하던 부도浮圖에서 유래한 것으로 알려져 있다. 부도는 불승佛僧, 불탑佛塔, 불찰佛刹의 세 가지 뜻을 가졌다. 불승은 우리가 흔히 부도의 의미로 알고 있는 사리를 보관하는 기능이다. 때로는 정식 탑을 대신하기도 했는데 이것이 불탑이며, 사찰의 영역 표시 기능을 하는 경우가 불찰이다. 이 가운데 불찰의 기능을 더 적극적으로 표시하기 위해 단주까柱를 세워 경내의 영역을 구분했는데 이를 찰주刹柱, 찰간刹竿, 번주幡柱 등으로 불렀다. 이

1 신륵사 일주문
사찰의 첫 번째 문인 일주문은 사찰의 가장 바깥 경계를 표시하는 상징적 기능을 갖는다.

것이 절의 규모가 커지고 절 전체의 건축적 구성이 짜이면서 문의 형태를 띠게 된 것이 일주문이다. 그 후 고려시대에 들어와 산지 가람伽藍이 조성되기 시작하면서 사찰의 영역이 넓어지고 진입로가 길어짐에 따라 천왕문과 해탈문이 더해지는 등 문의 종류가 다양해졌다. 그와 함께 산문은 사찰의 경계 기능을 갖는 동시에 사찰의 격을 표현하는 매개체가 되었다.

혹은 일주문은 평지 가람의 남대문에서 유래한 것으로 보기도 한다. 평지 가람이란 통일신라시대까지 도성 근처의 평지에 세웠던 사찰 조영 방식을 말한다. 도성 근처다 보니 자연히 사람들의 출입이 빈번해 담과 문을 세워 경계 표시를 확실히 하게 되었다. 이때 가장 바깥쪽 문을 남대문이라 불렀으며 회랑 내 불전의 전유 공간으로 진입하는 마지막 지점에 중문을 놓았다. 이후 고려시대에 들어와 산지 가람이 조영되기 시작하면서 남대문은 일주문으로, 그리고 중문은 해탈문으로 각각 바뀌게 되었다.

위의 두 가지 설명은 모두 타당성이 있다. 그중에서도 기둥만으로 이루어진 일주문의 형태를 이해하는 데는 첫 번째 설명이 더 유용해 보인다. 일주문은 기둥과 지붕만으로 이루어지기 때문에 구조체가 노출되게 마련이고 따라서 구조 미학의 아름다움을 과시한다. 두 개의 기둥만으로 복잡한 공포 구조와 지붕을 받치고 서 있는 역삼각형의 일주문은 헤라클레스 같은 기운 센 역사力士를 연상시킨다. 특히 일주문은 전각보다 높이가 낮기 때문에 비교적 눈높이에 가까운 곳에서 목구조가 결구되는 장면을 관찰할 수 있다. 한 가지 아쉬운 점은 일주문은 두 개의 기둥만으로 이루어지기 때문에 최소한 네 개 이상의 기둥으로 구성되는 불전의 목구조와 같은 종합적인 멋을 느끼기는 어렵다는 점이다. 그러나 일주문은 불전의 축소판처럼 갖출 것은 다 갖추었으며 자그마한 덩치에 팔작지붕을 얹고 꼬마 대장 같은 위엄으로 사찰의 경계를 표시한다.[2]

일주문은 기둥과 지붕만으로 이루어진다는 구성 형식을 기본으로 하지만 각 사찰의 실제 일주문들은 같은 것이 하나도 없을 정도로 모두 조금씩 다르다. 구룡사龜龍寺의 경우처럼 불교적 의미를 강조하기 위해 윤회를 의미하는 원통문圓通門으로 불리기도 하며 용문사龍門寺처럼 일주문이 두 개가 있을 수도 있다.❸ 일주문이 찰주로부터 비롯된 것으로 본다면 솟대와 같은 기능을 갖게 되며, 따라서 한옥 솟을대문의 형태를 띠는 것이 보통이다. 그러나 평지형 가람의 일주문은 좌우가 일자로 지붕 높이에 맞춰지는 평대문 형태로 만들어지기도 한다. 이러한 경우는 주로 궁궐이나 한옥의 특성이 혼재되어 나타나는 한양 인근의 수도권 평지 사찰에서 관찰되는데 용주사龍珠寺의 일주문이 그 대표적인 예이다.

천왕문은 사천왕상四天王像을 담는 문이다. 사천왕상 대신 금강역사金剛力士가 들어갈 경우 금강문이 된다. 이 문은 그 안에 조각상을 담아야 하기 때문에 일주문과는 달리 공간을 갖는 건물이며 평대문의 형태를 띠는 것이 보통이다. 부리부리한 눈을 부릅뜬 사천왕상의 무서운 얼굴을 보며 사찰 경내에 들어왔음을 실감나게 하는 것이 이 천왕문이다. 사천왕상의 부리부리한 눈을 보면서 자꾸만 잘못한 일이 떠오르며 왠지 죄책감이 드는 곳이기도 하다. 이쯤 되면 천왕문을 만든 종교적 목적이 달성된 듯싶다. 부석사 천왕문은 낮은 둔덕 위에 세워지면서 혓바닥을 내민 것 같은 계단이 길게 뻗어나온 독특한 모습을 보여준다.❹ 마치 사람을 혓바닥으로 돌돌 말아 사찰 경내로 빨아올리려는 듯한 강한 흡인력이 느껴진다. 혹은 사천왕상이 알라딘의 요술램프에서 나온 거인이 되어 양탄자를 깔아 놓은 것처럼 느껴지기도 한다.

해탈문은 말 그대로 해탈의 경지에 다다른 마음을 가지고 불전 영역으로 들어오라는 의미이다. 천왕문 속의 사천왕상을 보면서 반쯤 씻긴 마음은 해탈문을 지나면서 불이不二의 상태에 이른다. 불이란 진리가 둘이 아니고 하나이듯, 너와 내가 다르지 않고 하나라는 불교의 가르침을 가리킨

2

3

圓通門

2 용문사 일주문
일주문은 두 개의 기둥만으로 이루어지기 때문에
온전한 목구조물의 멋을 느낄 수는 없으나
문에 해당하는 나름대로의 특징을 갖는다.

3 구룡사 원통문
구룡사의 일주문은 윤회를 상징하는 의미에서
원통문이라 불린다.

4 부석사 천왕문
마치 혓바닥을 내민 듯한 계단의 모습이 독특하다. 마치 사람을
돌돌 말아 경내로 빨아들일 것 같은 느낌이다.

다. 이 때문에 해탈문은 불이문이라는 이름을 갖기도 한다. 해탈문은 사찰 경내로 들어오는 마지막 문이기 때문에 해탈문 앞에 서면 문 속으로 불전의 모습이 보이기 시작하면서 종교심에 마음이 설레기 시작한다.**5** 산지 가람의 경우 경사지에 문을 내기가 여의치 않을 때면 누각의 기둥 사이를 진입하는 누하진입樓下進入 방식이 해탈문을 겸하기도 한다. 이때 사람이 통과하는 공간의 높이가 충분치 않은 경우 자연히 머리를 숙이게 된다. 앞쪽으로 대웅전을 바라보며 머리를 숙이고 진입하다 보면 절로 합장을 한 셈이 된다.**6** 이처럼 한국 전통 건축의 문은 여러 종류의 절묘한 심리적 기능을 갖는다. 부처님의 모습 같은 직설적 상징물은 전혀 없는 그저 문이지만 이름과 개념적 해석을 통해 종교적 기능을 갖는 것이다.

　　　　　한국 사찰 산문의 은유적 특징에 반해 서양 종교 건축물의 출입문은 훨씬 직설적인 상징성을 지닌다. 기독교 건축의 대명사인 고딕 성당은 포털portal이라고 불리는 거대한 정문을 갖는다. 대출입문을 뜻하는 포털은 보통 5, 6겹의 커다란 아치가 겹치면서 매우 둔탁하고 웅장한 모습을 보여준다. 이때 아치를 받치는 벽체와 5, 6겹의 아치 곡면은 상징 조각물의 바탕면 역할을 한다. 예를 들어 랭스 대성당Reims Cathedral은 포털의 바탕면 위에 크고 작은 수많은 조각상이 새겨져 있다.**7** 이 조각상들은 모두 그리스도와 성모 마리아를 중심으로 성경에 나오는 내용을 옮겨놓은 것이다. 그 내용을 몇 가지 살펴보면 그리스도가 책형 받는 모습과 부활한 모습, 성모 마리아가 엘리자베스를 방문한 장면 등이다. 이외에도 그리스도의 존재를 알렸던 성인과 순례자의 모습도 새겨져 있다.

　　　　　조각물을 이용하여 출입문에 성경 내용을 표현하는 이러한 기법은 비단 포털에 한정되지 않고 성당 몸체 전체에 걸쳐 광범위하게 시도되었다. 더 넓게 보면 이러한 처리는 기독교 가운데서도 종교의 권위와 원리에 충실한 가톨릭 계열의 교회 건물에서 두드러지게 나타났다. 앞에서 예를

5 청룡사 해탈문
불전 앞으로 나아가기 위한 마지막 문이다. 대웅전 앞에서 부처를 맞이하기 전에 마음을 완전히 비우라는 의미를 담고 있다.

6 구룡사 누각
해탈문을 대신하는 누하진입 방식은 문의 종류를 떠나서 그 자체만으로 독특한 건축적 체험을 제공한다.

7 랭스 대성당 출입구, 프랑스 랭스, 1241년
고딕 성당의 정문은 성경의 내용을 번안한 조각물들로 가득 채워져 있다. 종교의 교리를 직접적으로 강조하는 직설적 상징성의 대표적인 예이다.

8 아삼 형제, 장크트 요하네스 네포무크
Sankt Johannes Nepomuk, **독일 뮌헨, 1733-1746년**
출입문 위에 이 교회의 봉헌 대상자인 성인 요하네스의 기적을 설명하는 조각물이 있다.

든 랭스 대성당의 기법은 중세 성당 전반에 걸쳐 동일하게 반복되었다. 또한 이러한 경향은 신교 혁명 이후 역逆 종교혁명Counter-Reformation에 의해 가톨릭으로 회귀한 17-18세기 바로크 건축에서 다시금 뚜렷하게 나타났다. 르네상스를 거치면서 교회 건물의 봉헌 대상자 이름이 곧 교회의 이름이 되었기 때문에, 바로크 건축에서 출입문에 세우는 상징 조각물은 그러한 봉헌 대상자의 행적을 기리거나 모습을 새기는 경우가 많았다. 예를 들어 아삼Asam 형제의 장크트 요하네스 네포무크Sankt Johannes Nepomuk 교회에서는 출입문을 중심으로 건물 벽체와 지붕에 걸쳐 성인 요하네스의 모습 및 네포무크에서 행한 행적 등을 보여주는 조각상을 새겼다.[8]

　　　　서양 현대 건축의 최고봉 르 코르뷔지에Le Corbusier는 산책로 출입구라는 자신만의 독특한 진입 방식을 창조해냈는데 그 내용이 사찰 산문의 건축적 구성과 유사하다. 문 하나만으로 구성되는 서양식 진입 방식을 개선하기 위하여 경사로ramp를 따라 일정한 거리를 걸어서 건물 안으로 들어가는 새로운 방식이다. 그는 이 같은 경사로를 산책로라고 불렀다. 예를 들어 르 코르뷔지에의 하버드 대학교 시각 예술 센터Visual Arts Center at the Harvard University를 보자.[9] 이 건물의 출입구는 긴 경사로를 따라 나무를 지나고 건물 옆을 지나 안으로 진입하도록 설계되었다. 이 구성은 일주문에서 천왕문을 거쳐 해탈문에 이르는 긴 거리를 진입 공간으로 갖는 사찰의 산문 진입 방식과 기본 개념을 공유한다. 다만 르 코르뷔지에의 건물에서는 이러한 진입 방식이 산책로라는 인공적인 구조물로 통합된다는 차이가 있다.

　　　　르 코르뷔지에는 동양 건축으로부터 힌트를 얻어 이러한 방식을 창조했다. 그가 접했던 동양 문화는 주로 회교권과 인도 그리고 일본이다. 르 코르뷔지에는 20세기 서양 건축을 대표하는 사람으로 손꼽히는 건축가로, 한계에 달한 서양 전통 건축을 넘어 새로운 20세기 건축 방식을 창출해냈다는 업적으로 높은 평가를 받았다. 그런데 그 내용의 상당 부분이 동

9 르 코르뷔지에, 하버드 대학교 시각 예술 센터 Visual Arts Center at the Harvard University, 미국 케임브리지, 1962년
르 코르뷔지에가 설계한 산책로 방식의 출입구는 여러 단계의 산문을 거치는 사찰의 진입 방식과 그 기본 개념이 유사하다.

양 문화로부터 영감을 얻어 창조된 것이다.

상징의 문, 솟을대문과 홍살문
::

양반집이나 서원, 향교의 정문인 솟을대문은 말 그대로 하늘을 향해 솟아오르며 대문으로서의 자기 과시를 확실하게 하고 있다. 솟을대문은 나지막한 행랑채 벽이나 담이 계속되다가 중간에 불뚝 솟아오른다. 이 극적인 변화로 인해 실제로는 그리 높지 않더라도 유난히 높아 보인다. 이를테면 수평선과 수직선의 절묘한 대비 기법인 셈이다. 평화로운 수평선을 뚫고 파격을 가하는 솟을대문은 눈에 잘 띄면서 적절한 위용을 갖추어야 한다는 문의 상징적 기능을 만족시킨다.[10] 그러면서도 결코 과하지 않아 사람 몸 크기에 적절한 높이와 폭을 가지고 불필요한 장식물도 삼가면서 전체적으로 담백한 한옥이나 서원의 분위기와 잘 어울린다. 잘해야 문에 태극 문양을 그리거나 봄이면 흰 한지에 '입춘대길'이라는 글씨를 써붙여 집주인의 서예 솜씨를 뽐내는 정도가 전부였다.[11]

솟을대문은 민속 신앙의 솟대에서 유래한 것으로 보인다. 솟대는 볍씨를 매달아 풍년을 빌거나 과거 급제자를 기념하여 마을 어귀에 높이 세우던 장대였으니, 앞에서 설명한 문의 기능을 마을 전체의 문으로서 가졌던 셈이다. 솟을대문 가운데서도 문의 위용을 보다 강조하고 싶을 때는 문을 세 짝으로 만들고 가운데 문을 한 번 더 솟아오르게 만드는 솟을삼문三門을 만들기도 했다.[12] 이것이 돈암서원의 사당 앞 정문처럼 건물 속에서 쓰일 경우 내삼문內三門이라고 불렀다. 셋 중 가운데를 강조하는 이 기법은 중앙 집중의 효과를 증대시키며 결국 유입성誘入性이라는 문의 중요한 기능을 높인다.

10 병산서원 복례문 **11** 양동마을 관가정
민속 신앙의 솟대에서 유래한 한옥의 솟을대문은 담 한가운데로 우뚝 솟아 눈에 잘 띈다. 그러나 인간을 위압하는 과용을 부리지 않고 사람 몸 크기에 적절한 높이로 장식도 많이 절제했다.

12 독락당
세 짝의 문을 만들면서 중앙의 것은 위로 돌출시킨 형식인 솟을삼문이다.

13 마르티노 롱기, 세인트 빈센초와 아나스타시오 Ss. Vincenzo e Anastasio, **이탈리아 킴비아노, 1740년**
문의 중앙을 강조하는 기법은 사람을 끌어들이는 유입성을 높이는 효과를 지닌다.

이 같은 중앙 집중 기법은 서양 건축의 경우 바로크 시대에 즐겨 사용하던 방식이다. 예를 들어 베르나르도 비토네Bernardo Vittone의 세인트 빈센초와 아나스타시오Ss. Vincenzo e Anastasio란 건물을 보면 바로크의 전형적인 중앙 집중식 출입문 처리 기법이 잘 나타나 있다.13 이 건물에서는 중앙 출입구를 향하여 기둥의 개수가 점점 늘어나고, 건물 본체도 중앙 출입구 위쪽이 양 측면에 비해 한 층 더 올라가 있다. 또한 장식물이나 조각상도 중앙 출입구 쪽에 집중되어 있다. 바로크 교회에서는 양 측면에 대비해 중앙 출입구를 집중적으로 강조하는 솟을삼문의 방식을 통해 성聖의 세계인 교회 공간으로의 유입 효과를 극대화했다. 이 방식은 종교적 열정을 중시하는 가톨릭이 역종교혁명을 성공시킨 이래 종교적 집중을 높이기 위한 목적으로 대부분의 바로크 시대 교회 건물에서 시도되었다.

한국 전통 건축의 문에도 인위적인 상징물을 쓰는 경우가 있다. 왕릉의 홍살문이 대표적인 경우이다.14 홍살문은 왕릉 영역의 시작을 알린다는 점에서 사찰의 일주문에 해당한다. 높이는 일주문이나 솟을대문보다 높지만 붉은 기둥 두 개만으로 이루어지는 매우 단순한 구성이다. 이때 두 개의 단주丹柱 사이 꼭대기 부분에 열두 개의 살대가 더해지며 그 중앙에는 태극 문양이 붙는다. 살대는 법도의 곧고 바름을 상징하는 동시에 나라와 왕의 위엄을 상징한다. 또한 열두 개의 막대기로 구성되면서 열두 간지干支를 상징하기도 한다. 살대의 중앙에는 천지의 운행 원리를 압축적으로 담고 있는 태극 문양을 붙여 인간사 열두 간지의 순환을 다스리는 천하일天下一인 왕의 권위를 상징적으로 표현했다. 살대는 가늘고 짧은 막대로 만들어지기 때문에 매우 간소하다. 그러면서도 열두 개가 반복될 경우 강한 시각적 효과를 갖는다. 살대는 용연서원龍淵書院의 경우처럼 서원의 정문 앞에 세워지기도 했다. 이때는 학문의 뜻이 법도의 곧고 바름을 구현하는 데 있다는 자기 암시의 상징 기능을 갖는다. 서원처럼 왕과 나라의 권위를 상징하지 않을 경우

14 융릉 홍살문
홍살문은 두 개의 단주 사이 꼭대기 부분에 열두 개의 살대를 더하여 나라와 왕의 권위를 상징적으로 나타낸다.

15 도산서원 진도문
선형적인 디테일의 살대는 법도의 곧고 바름을 상징적으로 구현하는 동시에 노출 골조미의 멋 또한 드러낸다.

살대는 열두 개가 아닌 열 개가 쓰이기도 했다.

서원의 정문 앞에 홍살문을 세우듯 살대는 종종 솟을대문이나 서원의 내문 등에 쓰였다. 예를 들어 도산서원陶山書院의 전교당 영역으로 들어가는 내문인 진도문에는 약간의 장식 문양과 함께 살대가 쓰였다.[15] 이때 살대와 문의 지붕을 받치는 서까래 등은 모두 가늘고 긴 목재 부재로, 서로 잘 어울리며 문 전체에 선형적 분위기를 만들어준다. 지붕을 받치는 구조 부재가 노출되고 살대 사이로 그 너머의 공간이 보이는 등 노출 골조미도 느껴진다. 이 골조미는 자잘한 선형 부재들이 만드는 것이기 때문에 전각과 같은 구조 미학보다는 섬세한 디테일의 멋을 느낄 수 있다. 특히 장식 문양과 어우러지면서 목구조가 갖는 공예적인 멋이 잘 드러난다.

서양의 경우 아르누보Art Nouveau와 하이테크High-Tech 건축이라는 현대 건축 사조에서 금속 재료를 섬세한 공예적 분위기로 처리한 출입문을 많이 찾아볼 수 있다. 프랑스의 아르누보 건축가 엑토르 기마르Hector Guimard의 파리 지하철 아베세 광장Place des Abbesses 역 출입구와 영국의 하이테크 건축가 마이클 홉킨스Michael Hopkins의 브레이큰 하우스Bracken House가 그 예이다.[16, 17] 기마르는 1900년 파리 세계 박람회에 맞춰 개장한 파리 지하철역의 출입구를 도맡아 설계했다. 그는 당시 첨단 건축 재료에 속하는 철물을 이용하여 대중에게 친숙한 모습의 지하철 역사驛舍를 설계하려 했다. 그래서 생각해낸 아이디어가 철물을 가늘고 긴 선형 부재로 만든 후 장식 처리를 하여 노출시키는 것이었다.

아르누보라는 양식으로 불리는 이 기법은 도산서원 진도문의 기본 개념과 강한 유사점을 갖는다. 아직도 파리 시민들의 사랑을 받으며 이용되고 있는 기마르의 지하철 역사는 진도문과 매우 닮은 모습을 보여준다. 이로부터 우리는 아르누보적인 조형관이 시간과 장소를 초월하여 세계 곳곳에서 공통적으로 존재해왔음을 알 수 있다. 이러한 유사성은 홉킨스

16 엑토르 기마르, 파리 지하철 아베세 광장Place des Abbesses 역 출입구, 프랑스 파리, 1900년 17 마이클 홉킨스, 브레이큰 하우스Bracken House, 영국 런던, 1987-1992년

서양 건축에서는 금속 부재를 이용하여 한국의 살대와 같은 섬세한 공예미를 구현한 예가 많다. 19세기 말의 아르누보 건축과 20세기 후반의 하이테크 건축이 대표적이다.

의 브레이큰 하우스에서 보듯이 1980년대 이후 서구 여러 나라에서 유행하고 있는 하이테크 건축에서 다시 한 번 확인된다. 하이테크 건축은 기계 산업 문명이 완성점에 달한 후기 산업 사회에 맞는 첨단적이면서도 친근한 공학의 이미지를 건축으로 표현하려는 경향이다. 하이테크 건축에서는 세장細長한 철물 부재의 접합 방식을 노출시켜 공학적 아름다움을 얻어내려는 공예적 구조관이 중요한 부분을 차지하는데, 이는 진도문을 축조한 건축관과 유사하다고 볼 수 있다.

자유분방한 멋의 중문
::

중문은 한국 전통 건축만이 갖는 매력 중 하나이다. 중문은 건물의 내부에 있는 문으로, 사찰의 해탈문이나 서원의 여러 내문 등도 모두 중문이다. 그 규모나 중요성은 대문과 대등하게 처리되기도 한다. 반대로 작은 부속문을 지칭하는 경우도 많다. 한옥의 사랑채와 안채, 서원의 고직사와 전사청 등과 같은, 채와 채 사이를 오가는 작은 쪽문이 그 대표적인 경우이다.[18] 혹은 담의 측면이나 후면에 내는 작은 쪽문도 같은 예이다. 작은 부속문으로서의 중문은 크기도 작고 형식도 자유롭다. 중요도 면에서도 큰 관심을 못 끌기 때문에 위치나 처리 방식 등에서 자유분방함이 보인다. 바로 이러한 점 때문에 제대로 형식을 갖춘 대문에서는 느낄 수 없는 다양한 재미를 주기도 한다. 중문은 자연발생적으로 생긴 것 같은 소탈함을 보여주기도 한다. 옛날 양반집에서 바깥양반이 밤에 안채로 몰래 드는 비밀 통로도 바로 이 중문이었다. 지름길을 내기 위해 담을 허물고 굵은 각목을 얽어놓으면 그것이 중문이었다.[19] 그보다 더한 경우 각목을 얽지도 않고 담만 허물어 구멍을 내면 그것이 중문이 되기도 했다.[20]

18 도산서원 고직사 19 옥산서원
20 도산서원 내 도산서당 21 독락당

건물의 내부에 위치하는 중문은 한국 전통 건축이 갖는 특징을 잘 보여준다. 크기, 위치, 형식, 기능 등에서 자유로운 다양성을 보여주며, 생활 속에서 한국적 해학을 드러내기도 했다.

담에 중문을 내는 위치도 대문과 달리 자유로웠다. 직각으로 꺾이는 모서리도 좋고 집과 맞닿는 끝 부분도 좋다. 옆이 휑하니 뚫려 있어서 특별히 문을 낼 필요는 없지만 애써 격식을 갖춰야 하는 경우에도 중문이 덜 부담스러웠다.[21] 심지어 종묘처럼 엄숙한 규범이 요구되는 곳일지라도 전혀 있을 것 같지 않은 곳에 있는 것이 중문이었다. 중문은 한국적 해학이 물씬 풍겨나는 한국 전통 건축만의 독특한 요소이며 절묘한 양념과 같았다. 중문을 통해 이 공간 저 공간 사이를 몰래 옮겨다니는 재미를 느낄 수 있다면 한국 전통 건축의 또 다른 매력 하나를 알게 되는 셈이다.

　　　　이상과 같이 한국 전통 건축에서 건물을 구성하는 여섯 가지 요소에 대해 살펴보았다. 그런데 한국 전통 건축의 큰 특징 가운데 하나는 건물이 단독으로 존재하지 않고 여러 채가 어우러져 영역을 형성한다는 데 있다. 궁궐, 사찰, 서원, 향교, 한옥 모두 여러 채가 어우러져 하나의 독특한 공간과 영역을 형성한다. 이 때문에 한국 전통 건축은 단일 건물을 구성하는 요소만 가지고서는 참맛을 알기가 어렵다. 건물과 건물이 조합되는 원리를 이해해야 한국 전통 건축의 참맛을 느낄 수 있는 것이다.

2부

건축의 구성 원리

7
남향과
방위

해와 땅의
기운을 읽다

따뜻한 자연의 빛

vs. ─────────

미니멀리즘의 백색 빛

한국 전통 건축에서는 집터를 닦을 때 방위를 제일 먼저 살폈다. 남향이 햇빛을 잘 받기 때문에 집은 가급적 남쪽을 향해야 한다는 아주 단순한 원리가 한국 전통 건축을 대표하는 제1 신조였다. 그러나 이것이 절대적인 철칙은 아니었다. 남향이 지켜지지 않을 때도 있었으니 그것은 자연 지세가 남향을 허락하지 않을 때였다. 남향이란 것도 결국은 자연 지세를 읽는 방법일 뿐이다. 한국 전통 건축이 좇았던 최상위의 철칙은 자연에 순응하는 것이었다.

햇빛과 남향의 상징성

한국 전통 건축에는 자연에 순응하는 방법을 연구해온 학문이 있었으니 바로 풍수지리이다. 이것은 땅과 하늘을 구성하는 자연 요소를 자연철학, 지리, 천문, 건축 등 여러 관점에서 종합적으로 읽어 가장 좋은 물리적 환경을 찾아내려는 고도의 종합 학문이다. 방위는 여러 자연 요소 가운데서도 매우 중요한 위치를 차지했다. 남향은 한국 전통 건축에서 다루는 방위의 개념을 가장 집약적으로 보여준다. 남향은 햇빛을 잘 받는다는 물리적 조건 하나만으로도 건물에 많은 혜택을 주며 한국인의 집 개념에 큰 영향을 끼쳤다. 겨울날 남창으로 들어오는 기분 좋은 햇볕을 한 번이라도 경험해본 사람이라면 남향의 위력을 실감할 것이다. 한겨울일지라도 실내에서 난방 없이 생활할 수 있는 온도를 제공하는 힘은 낮에 들어오는 따뜻한 햇빛이었다.[1] 햇빛은 우수한 에너지원인 동시에 높은 살균력을 지니는 등 열 환경적으로 뛰어난 물리적 기능을 갖고 있다. 그러나 이것이 전부는 아니다. 햇빛의 물리적 기능은 심리적 기능으로 발전한다. 말로는 설명할 수 없지만, 특히 나이가 들수록 집 안 깊숙이 햇빛이 들어와야만 뭔가 마음이 든든해지고 편안한 느낌이 드는 것은 한국 사람이

1 양동마을 향단
남향을 주택 구성의 첫째 조건으로 삼았던 한옥에서는 겨울이면 방 안 깊숙이 따사로운 햇빛을 즐길 수 있었다.

라면 어쩔 수 없는 현상 같다. 물론 요즘은 햇빛 속의 무슨무슨 요소가 인체에 유익하게 작용하여 이 같은 심리적 기능을 유발한다는 과학적 설명이 등장하고 있지만 꼭 그러한 설명이 있어야 아는 것은 아니다. 이미 수백 년 경험적으로 햇빛의 위력을 느껴온 터 아닌가. 햇빛을 받고 있으면 누군가가, 혹시 하늘이라도 나를 생각해주고 있다는 편안한 자신감이 생긴다. 남향의 햇빛을 받으며 차 한잔 마시는 인생의 즐거움은 나이 들수록 새록새록 커져간다. 이처럼 남향은 생활과 인생을 풍요롭고 윤택하게 하는 중요한 요소이다. 한편 한국 사람들에게 햇빛은 편안한 가정의 이미지와 동의어로 인식되기도 한다. 일상성의 가치를 강조하는 광고 장면에서 햇살은 중요한 역할을 한다. 게다가 조금만 신경 쓰면 햇빛은 무료로 무한대로 이용할 수 있으니 이것은 자연이 인간에게 내린 큰 혜택임이 틀림없다.[2]

햇빛은 겨울이면 이렇게 더 많이 받고 더 가까이 하고 싶은 반면, 여름이면 피하고 싶은 대상이다. 한국 전통 주택에는 햇빛을 조절하는 장치가 있다. 바로 처마, 문, 창호 등이다. 이 요소들은 처음부터 햇빛을 조절할 목적만으로 만들어지지는 않았다. 그보다는 집을 구성하는 가장 기본적이고 당연한 요소였는데 그 속에 햇빛을 조절하는 기능까지 함께 가지게 된 셈이다. 한국 전통 주택이 그만큼 과학적임을 보여주는 동시에 우리 선조들이 햇빛을 얼마나 소중하게 다루었는지 알 수 있는 부분이다.

태양은 여름이면 높이 떠서 땅 위에 거의 직각으로 햇빛을 쏘지만 반대로 겨울에는 낮게 떠서 비스듬히 햇살을 비춘다. 따라서 이 두 각도의 중간 지점에 차양을 내면 여름 햇빛은 차단하고 겨울 햇살은 받아들일 수 있다. 처마가 바로 이러한 역할을 한다.[3] 또한 한국 전통 주택에서는 많은 경우 출입문이 창문을 겸한다. 따라서 창문이 벽체의 중간쯤에서 끝나는 것이 아니라 바닥까지 내려가게 된다. 이것은 그만큼 방안으로 들어오는 햇빛의 양이 많아짐을 의미한다. 그러나 창이 크기 때문에 실내가 들여다보여

2 병산서원 입교당
남향의 햇빛은 우수한 열 환경 기능뿐만 아니라 사람들에게
자신감과 편안함을 주는 심리적 기능도 함께 갖는다.

3 도산서원 농연정사
적절한 각도의 처마는 여름이면 더운 햇빛을 차단하고 겨울이면 따뜻한 햇빛을 받아들이는 차양의 역할을 한다.

4 양동마을 향단
한옥의 창은 출입문을 겸해 크기가 클 뿐 아니라 창호지가 발라져 있어 방 안으로 들어오는 햇빛의 양을 극대화한다.

프라이버시를 침해당할 염려가 있다. 이것을 막아주는 것이 창호지이다.[4] 창호지는 반투명 재질이기 때문에 시선은 차단하는 반면 햇빛은 통과시킨다. 창호지를 통해 들어온 햇빛이 충만히 넘쳐흐르는 방안에서 편안한 분위기를 느낄 수 있다면 한국 전통 건축이 가진 또 하나의 멋을 알게 되는 셈이다.

서양 건축에서의 빛

서양 건축은 한국 전통 건축만큼 남향을 중시하지 않았다. 자연의 혜택을 누리기보다는 인간의 의지와 기술로 빛을 해결하겠다는 현실적 자신감 때문일 것이다. 서양의 관점에서 건축은 어차피 땅 위에 인간만의 새로운 질서를 만들어내는 것이었다. 그렇다면 굳이 자연의 조건에 얽매일 필요성을 못 느꼈을 것이다. 그보다는 인간의 존재 의지를 표현할 요소를 더 중시했다. 낭만주의 사조 이전까지 서양 건축에서의 자연은 그 속에 안기는 대상이라기보다는 인간의 손으로 개조해야 하는 대상이었다. 그렇다고 햇빛을 일부러 피했을 리는 없다. 다만 그들이 어디에서나 일광욕을 즐기는 데서도 알 수 있듯이 햇빛을 취하는 방식이 직설적이라는 점에서 차이가 있다. 특히 산업혁명 이후 기계 문명이 시작되면서 건물 실내의 열 환경은 기계의 힘으로 다스릴 수 있는 대상이지 햇빛으로 해결할 성질이 아닌 것으로 여겨졌다. 서양 건축에서의 햇빛은 겨울날 은근한 따사로움을 느끼듯 피부로 느끼는 대상은 아니었다. 그보다는 인간의 조형 솜씨를 뽐내는 보조 요소로서 시각적으로 즐기는 대상이었다. 서양 건축에서의 햇빛은 자연환경 요소라기보다는 조형 요소를 의미하는 것으로 받아들여졌다.

서양 건축의 역사는 빛의 역사라고 해도 좋을 만큼 빛은 매 문명사조마다 중요한 탐구의 대상이었다. 특히 기독교 건축이 시작되면서 빛은 신의 존재를 증명해주는 요소로서 중요하게 다루어졌다.[5] 특히 비잔틴 건축, 고딕 건축, 바로크 건축 등 기독교를 기본 정신세계로 삼은 서양 건축 사조에서 이러한 현상이 두드러졌다. 예를 들어 서양 전통 건축을 대표하는 로마 교황청 실내를 보자.[6] 이 실내의 중앙 제단부에는 바로크 건축을 대표하는 천재 건축가 지안 로렌초 베르니니의 작품인 닫집이 조각되어 있다. 그 위의 둥근 천장에서 떨어지는 빛은 이 닫집에 초점을 맞추면서 종교심을 승화시키는 역할을 한다. 서양 건축에서의 빛은 온전히 받아들여 몸을 덥히는 요소가 아니라 꺾고 반사시켜 현란한 시각 작용을 유발하는 조형 요소이다. 실내를 구성하는 조각 장식이 기교적으로 흐를수록 빛을 다루는 경향도 기교적으로 흘렀다. 빛이 실내로 들어와 조각 장식과 한데 엉키면서 더 이상 자연의 고마운 훈기가 아니라 인간의 손으로 다루어지는 조형 요소로 변하는 것이다.[7]

빛을 조형 요소로 받아들이려는 자세는 서양 현대 건축에서도 동일하게 나타난다. 예를 들어 레온 볼하게Leon Wohlhage의 르네 신테니스 스쿨Renee-Sintenis-School을 보자.[8] 이 건물의 실내 스케치에는 빛을 받아들이는 조형관이 잘 표현되어 있다. 볼하게의 스케치에서 빛은 꺾이고 조작되어 실내에 가변적인 띠무늬를 만든다. 띠무늬는 시간에 따라 빛의 방향과 강도 등이 바뀌면서 함께 변화한다. 빛은 실내에 끊임없이 변하는 표정을 만들어주는 역할을 한다. 이것은 인간의 손으로 만들어지는 어떠한 매개도 해줄 수 없는 빛만이 할 수 있는 역할이다. 볼하게에게 빛은 가장 유동적이며 기교적인 조형 요소인 것이다.

동양 건축의 처마가 갖는 태양 차단 기능은 서양 현대 건축에 받아들여져 선 브레이커sun-breaker라는 차양으로 변모하였다. 이것을 가장 먼저 발명한 사람은 르 코르뷔지에이며 그를 추종한 많은 현대 건축가들도 선 브레이커를 사용하였다. 르 코르뷔지에의 영향을 강하게 받은 해리 자이

5 베르나르도 비토네, 산투아리오 델라 비지타치오네 디 마리아 Santuario della Visitazione di Maria, 이탈리아 카리냐노, 1738년 6 지안 로렌초 베르니니, 로마 교황청 실내의 닫집 Baldacchino at St. Peter's, 이탈리아 로마, 1624년

서양 건축의 빛은 실내의 분위기를 조성하는 장식 요소로 받아들여졌다. 교회의 천장에 쓰인 돔은 빛 작용을 통해 실내에 신비스러운 분위기를 형성함으로써 종교적 목적을 달성하게 된다.

7 도미니쿠스 짐머만, 비스 교회Die Wies Church, 오스트리아 스타인하우젠, 1746-1754년
서양 건축의 경우 바로크 시대에 오면 실내를 구성하는 조각 장식과 함께 빛을 다루는 경향도 기교적으로 흘러갔다.

8 레온 볼하게, 〈르네 신테니스 스쿨Renee-Sintenis-School의 스케치〉, 독일 베를린 라이니켄도르프, 1987-1994년
빛을 인간의 몸을 데우는 훈기가 아닌 인간의 손으로 다루는 기교의 대상으로 여기는 경향은 서양 현대 건축에서도 동일하게 나타났다.

들러Harry Seidler의 웨이버리 시민 회관Waverley Civic Center은 선 브레이커의 모습을 잘 보여준다.❾ 콘크리트 위에 흰색 페인트를 바른 선 브레이커가 태양의 각도에 맞춰 입면에 대해 사선 방향으로 부착되어 있고, 이에 따라 사선과 수직의 두 방향으로 음영이 만들어지면서 건물 전체에 강한 인상을 드러낸다. 이 건물에 나타난 처마와 차양의 관계에서 알 수 있듯이 동양적 햇빛의 개념은 서양 건축에 받아들여지면서 직설적 시각 요소로 변화했다.

동양적 햇빛의 개념을 좀 더 직접적으로 받아들이는 서양 건축의 경향도 있다. 예를 들어 존 파우슨John Pawson의 노이엔도르프 빌라Neuendorf Villa라는 건물을 보자.❿ 이 건물은 빛으로 가득 찬 동양적 실내 분위기를 백색의 미니멀리즘풍으로 번안해낸 작품이다. 1990년대 들어 서양에서는 동양적 분위기의 미니멀리즘 경향이 크게 유행했다. 미니멀리즘을 구성하는 기본 개념은 여러 가지가 있다. 그중에서도 침묵과 정적으로 이해되는 동양적 개념의 빛을 가장 단순한 실내 윤곽에 담아내려는 시도가 중요한 내용을 이룬다. 모든 것이 생략된 흰 벽체만으로 이루어진 빈 공간 속에 빛을 가득 채운 모습은 틀림없이 한옥의 실내 모습을 현대적으로 번안해낸 것이라고 이해해도 무방하다.

그러나 이러한 외양상의 유사점에도 불구하고 여전히 차이는 존재한다. 미니멀리즘의 빛은 동양적 개념의 체험적 따뜻함을 잃어버린 대신, 사물을 구성하는 최소성의 경계를 결정하는 차갑고 냉정한 매개로 변해 있다.⓫ 미니멀리즘의 빛은 온도로 환산되어 온몸으로 받아들이는 존재적 체험의 대상이 아니라 머릿속 개념적 해석의 대상으로 변질되어 있다. 미니멀리즘의 빛은 여전히 빛일 뿐 동양적 의미의 햇빛으로 발전하지 못하는 것이다.

9 해리 자이들러, 웨이버리 시민 회관 Waverley Civic Center, 호주 멜버른, 1982-1984년
자이들러의 선 브레이커는 한국 전통 건축의 처마가 갖는 태양 차단 기능과 유사하다.

10 존 파우슨, 노이엔도르프 빌라Neuendorf Villa, 스페인 말로카, 1991년 **11** 캄포 바에차, 베일라 드 산 안토니오 학교 증축School Addition, Velilla de San Antonio, 스페인 마드리드, 1991년
미니멀리즘은 무채색의 백색 빛을 방 안 가득히 채우는 것만으로 하나의 공간을 정의해낸다. 그러나 빛은 여전히 체온의 느낌이 아닌 개념적 해석의 대상으로 존재한다.

중정형 구조와 상징 요소로서의 방위

남향은 한국 전통 건축에서 단순히 물리적 의미 이상의 존재적 의미를 갖는 방위적 요소이다. 이것은 동서남북의 방위에 좌청룡左靑龍·우백호右白虎·남주작南朱雀·북현무北玄武라는 상징적 의미를 부여한 데서도 잘 알 수 있다. 이처럼 물리적 방향 이상의 의미를 갖는 한국 전통 건축의 방위는 자연의 구성 원리를 닮으려는 데 그 궁극적 목적이 있고, 이를 법칙화한 것이 풍수지리이다.

한국 전통 건축에서는 가운데에 중정中庭이라는 마당을 중심으로 네 면에 건물이 둘러싸는 구성 방식이 가장 많이 쓰였다. 이러한 구성의 기본 개념은 건물이 놓이는 터의 자연 조건을 잘 활용하여 자연의 기운을 유리하게 돌리려는 데 있었다. 예를 들어 일정 면적의 건물 터에서 땅의 기운이 몰리는 지점을 혈穴이라 부르며 이곳에 가장 중요한 건물을 위치시켰다. 사찰의 대웅전과 서원·향교의 대성전이 이 자리에 놓였다. 혈 앞의 명당 위치에는 마당이 나며 나머지 건축물들은 중요도에 따라 주변의 지세에 맞추어 배치되었다. ⑫ 명당 앞의 안산案山에는 문이나 누각이, 혈 뒤의 주산主山에는 사찰의 강당이나 서원·향교의 사당이 자리 잡았고, 명당 좌우의 조산祖山에는 사찰의 기타 전각이나 승방, 서원·향교의 동재東齋와 서재西齋가 각각 위치했다. 중정을 중심으로 동서남북의 네 면을 구성하는 건물들에는 앞에서 말한 사신도四神圖가 대응되었다. 대웅전과 대성전에는 북현무가, 문루에는 남주작이, 좌승방과 동재에는 좌청룡이, 우승방과 서재에는 우백호가 각각 대응되었다. 이는 방위에 따라 나타나는 자연 지세의 기운이 각 동물의 특성을 닮았다고 믿은 데서 유래한다.

중정형 배치는 개방형 건물인 남쪽의 문루를 통해 따뜻한 햇빛과 활발한 자연의 기운을 받아들이고 나머지 닫힌 세 면으로는 받아들인 기운이 빠져나가지 않고 보관되게 하기 위한 것이었다. ⑬ 이로써 중정 구조는 건물을 둘러싸는 주위 산지의 형국과 닮은 구조를 띠게 되는데, 이것이 곧 명당의 의미이다. 그 결과 본래 있던 자연 지세 속의 명당과 이를 닮은 인공 조영에 의한 명당이라는 두 겹의 명당 구조가 형성된다. 이것은 서로 상충하지 않고 하나로 일치한다. 자연의 풍수로 형성되는 지형상의 축이 그대로 건물 사이의 조합을 결정하는 건축적인 축이 되는 것이다. [14]

중정형 구조는 사찰과 서원·향교뿐 아니라 한옥과 궁궐에도 동일하게 나타난다. 한국 전통 건축의 거의 모든 주요 건물에서 동일하게 나타나는 중정형 구성은 자연을 읽고 자연을 닮아 자연의 기운으로부터 혜택을 입음으로써 그곳에 사는 사람들을 복되게 하려는 의도에서 나왔다. 이때 자연의 기운으로부터 얻는 혜택이란 다름 아니라 겨울에는 햇빛을 잘 받고 여름에는 햇빛을 막고 통풍이 잘 되게 함을 의미한다. 이렇게 인간을 복되게 하는 자연환경 요소는 앞서 햇빛에 관해 설명한 것과 같이 심리적 기능을 통해 존재적 의미로 발전하게 된다. 자연의 지세에 맞추어 건물을 구성했더니 겨울에 따뜻하고 여름에 시원하며 따라서 자연히 질병도 적고 건강이 유지되어 하는 일도 잘 되었을 것이다. [15, 16] 이것은 단순히 물리적으로 자연환경을 잘 이용하는 수준을 넘어서서 인간 중심의 논리적 사고가 발달하지 않은 당시로서는 하나의 신앙 단계로까지 발전하며 존재적 의미를 획득했을 것이다. 이 과정에서 방위는 존재적 의미를 획득하는 상징 요소가 된다. 단순히 물리적 방향을 가리키는 데서 출발한 방위가 궁극적으로 자연의 기운을 번안하여 인간적 언어로 제시하기 위한 개념적 기준으로 작용하며 존재적 의미를 획득하게 된 것이다.

자연 지세를 닮음으로써 자연의 기운으로부터 복된 혜택을 입는다는 믿음은 오늘날의 시각으로 보면 비과학적일 수도 있다. 수맥과 같이 일부 과학적으로 입증되는 내용이 있기는 하지만 지금과 같은 과학 문명 시대에 풍수지리는 확실히 논리적으로 증명되지 않는 재래적 가치관으로 비

🅁 장곡사 하대웅전 주변 전경 🅂 병산서원 입교당 앞 중정
풍수지리는 혈과 명당을 중심으로 동서남북의 네 방위에 건물을
배치시키는 중정형 공간을 탄생시켰다.

14 안성향교 전경
자연 조건을 잘 활용하여 자연의 기운을 건물에 유리하게 돌리려는 목적에서 시작된 풍수지리는 지형상의 축과 건물의 축이 서로 상충되지 않고 자연스럽게 하나가 되는 결과로 나타났다.

칠 수밖에 없다. 이러한 판단은 물론 지극히 건강하고 상식적이며 당연한 시각이다. 전통 문명의 비합리적인 요소에 대한 비판적 시각 위에서 새로운 문화가 발전할 수 있기 때문이다.

그러나 이것이 전부는 아니다. 특히 문화를 이해하는 데에는 지금의 관점뿐 아니라 당시의 관점에서 이해하려는 자세가 필요하다. 현재의 과학적 사고관을 기준으로 풍수지리가 비과학적이라 단정 지어버린다면 우리가 풍수지리로부터 얻어낼 수 있는 것은 별로 없을 것이다. 과거의 비합리적인 현상을 무조건 숭배하는 것도 나쁘지만 필요 없는 것으로 단정 짓고 더 이상 관심을 갖지 않는 것도 바람직하지 않다. 풍수지리를 당시의 관점에서 바라보게 되면 한국 전통 건축을 이해하는 폭이 넓어지고 더 많은 재미를 느낄 수 있다. 당시 풍수지리가 사람들 사이에 작용했던 심리적 기능도 그런 내용 가운데 하나이다. 예를 들어 웬만큼 안 좋은 일이 있어도 풍수가 좋기 때문에 이겨낼 수 있다는 심리 효과 같은 것이 당시 사람들 사이에는 존재했을 것이다. 더욱이 이 믿음을 반드시 비과학적인 것으로 매도할 수만은 없다. 실제로 자연과 내통하는 능력이 지금보다 훨씬 발달했던 당시에는 설화 등으로만 전해 내려오는 비과학적인 기적들이 상당 부분 실재한 일일 수도 있다. 각 문명마다 신화와 전설이 그토록 많이 전해 내려오는 것을 보아도 그렇다. 기계 문명 이후 그러한 능력을 잃어버린 지금의 관점에서 보았을 때 이런 현상이 터무니없는 것일 수 있는 것이다.

한편 서양 건축에서도 방위를 중요한 개념적 기준으로 삼은 예가 있다. 서양 건축사상 가장 위대한 건축가 가운데 한 사람으로 꼽히는 안드레아 팔라디오Andrea Palladio의 걸작 빌라 로톤다Villa Rotonda가 그 좋은 예이다. **17** 이 건물은 동서남북의 방위에 맞추어 건물 네 면의 방향이 결정되었다. 그러나 한국의 풍수지리에서 보는 것과 같이 동서남북의 기운을 달리 구별하지는 않았다. 그 대신 건물을 완전 대칭으로 구성하여 동서남북의 네 방

15 양동마을 관가정 16 옥산서원 전경
자연의 섭리에 맞춘 풍수지리적 구성은 당시 사람들에게 기복
신앙의 역할을 하기도 했다.

위를 건물 중심의 한 지점으로 끌어모은다. 그리고 한가운데를 둥근 천장으로 덮었다. 이로써 네 방위가 모이는 중심 지점에 인간이 서고자 하는 인간 중심적 방위 사상을 보여준다. 서양 전통 건축에서 둥근 천장이란 하늘의 이미지를 인간의 손을 통해 지상의 세계로 번안한 건축 어휘에 해당되기 때문이다. 이러한 방위관은 인간을 자연에 포함되는 부분 요소로 보는 것이 아니라 그 반대로 자연을 인간의 관점에서 해석하고 재구성하려는 서양식 자연관으로 보는 것이다. 우리의 관점에서 보았을 때 빌라 로톤다의 자연관은 풍수지리와 같은 오묘한 이치가 결여된 삭막한 것일 수도 있다. 그러나 서양식 자연관에서 본 빌라 로톤다는 네 방위의 한가운데 인간의 존재를 우뚝 과시한 걸작으로 평가된다.

서양 현대 건축에서도 동양적 의미의 방위 개념을 차용한 예들이 발견된다. 루이스 칸Louis Kahn의 브린모어 대학 기숙사Dormitory at Bryn Mawr College에서는 방위가 미니멀리즘 공간에 존재적 의미를 확정 짓는 역할을 한다.[18] 칸은 완전한 미니멀리즘 건축가는 아니지만 미니멀리즘적 건축관을 일정 부분 공유하면서 미니멀리즘 형성에 중요한 영향을 끼친 건축가였다. 칸은 브린모어 대학 기숙사에서 완결적 물리체인 콘크리트를 사용하여 미니멀리즘적인 분위기의 공간을 만든 후에 빛 작용을 통해 방위를 암시했다. 이러한 처리를 통하여 칸의 건물에서는 미니멀리즘 공간이 단순한 물리적 용기에서 벗어나 존재적 의미를 획득하게 된다. 예를 들어 동쪽으로 열린 콘크리트 공간으로 빛이 들어오면서 그 반대편인 서쪽의 어두운 부분과 대비 구도가 형성되고, 그 속에 들어 있는 사람은 그 공간으로부터 존재적 현실성을 느끼게 되는 것이다.

존 헤이덕John Hejduk의 북동남서 하우스North East South West House는 색채 요소를 통하여 인간의 존재 문제에 대한 건축적 고민을 표출한 작품이다.[19] 이 건물에서 헤이덕은 십자축의 네 팔에 각각 하나의 건물을 배당했

17 안드레아 팔라디오, 빌라 로톤다 Villa Rotonda, 이탈리아 비첸차, 1560년대
동서남북의 방위를 건물 배치의 중요한 기준으로 삼은 예이다. 특히 네 방위가 모이는 중심점에 인간의 존재를 세우려는 인간 중심적 방위 사상을 드러내고 있다.

18 루이스 칸, 브린모어 대학 기숙사
Dormitory at Bryn Mawr College, 미국
펜실베이니아 브린모어, 1960-1964년
사면이 막힌 실내의 한 구석을 뚫어 빛을 끌어들임으로써 방위의 존재를 암시하는 기법을 사용한다.

19 존 헤이덕, 북동남서 하우스 North East South West House, 1974-1979년
동서남북의 네 방위에 색채를 할당하여 인간 존재에 대한 고민을 건축적으로 표현하고 있다.

다. 그 결과 대지는 네 개의 영역으로 나뉘고, 이 네 개의 영역에는 녹색·붉은색·보라색·청색이 각각 배정되면서 동서남북의 네 방위를 상징하게 된다. 또한 십자축에 건물이 더해지면서 전체 구도는 바람개비 같은 회전성을 갖는 나선형 구도로 발전한다. 네 방위에 나선형의 회전성을 더하면서 건물은 최종적으로 태양이 뜨고 지는 자연의 순환 원리를 상징한다. 간단한 기하 조작에서 출발한 헤이덕의 건물은 방위 개념을 통한 상징화 과정을 거쳐 인간의 존재 문제에 대한 형이상학적 고민을 표현하게 됐다.

    이상 살펴본 바와 같이 한국 전통 건축의 건물 군집 방식은 자연의 지세를 닮음으로써 인간을 복되게 하려는 이상적이면서도 지극히 현세적인 자연관이 바탕이 되었다. 이런 자연관은 지금 시점에서 보면 비과학적인 측면을 갖는 것도 사실이다. 그러나 한국 전통 건축의 배치 방식은 이에 그치지 않는다. 인간의 육체를 척도로 하는 지극히 과학적인 기준에 따라 건물을 배치하기도 했다.

8
인체와
척도

인간을 중심에 두는 배려
휴먼 스케일

한국 전통 중정

vs. ─────────

팔라초와 광장

한국 전통 건축물은 비교적 아담하다. 경복궁 근정전이나 무량사 극락전 혹은 마곡사 대웅보전과 같이 중층의 웅장한 건물도 있지만 드문 경우이다. 한국 전통 건물 대부분은 위압감 없이 친근하게 느껴지는 규모이다. 혹자는 건물의 크기가 문화 수준이나 국력의 크기와 비례한다고 말한다. 그리고 대형 전통 건물이 없다는 사실을 지적하며 한반도를 지배했던 나라가 그만큼 약소국이었을 거라는 자조적인 추정을 하기도 한다. 이렇게 말하는 사람들이 흔히 비교하는 대상은 베이징의 자금성이다. 자금성과 천안문 광장을 한 번이라도 보고 온 사람들은 그 규모의 방대함에 기가 질려 경복궁이나 광화문은 장난감 같다느니 자금성 한 귀퉁이의 후궁용 별채만도 못하다느니 하며 탄식을 한다. 그리고 그 끝에 반드시 따라나오는 이야기가 조선이야 중국의 속국이었으니 그런 차이가 나는 것도 당연하지 않겠느냐는 것이다.

건물의 규모와 건축적 가치의 상관관계
:

그러나 이런 사고는 두 가지 측면에서 잘못되었다. 한 가지는 우리도 세계 어디에 내놓아도 크기 면에서 뒤지지 않는 대형 건축물을 가졌던 때가 있었다는 사실이다. 한국 전통 건축에서 대형 구조물의 대명사로 불리는 황룡사皇龍寺의 경우 금당이 약 44미터(126동위척東魏尺), 9층탑이 약 100미터 높이로 세워졌던 것으로 추정된다.❶ 6세기 때 지어진 건물이 이 정도 규모라면 세계적인 기록이다. 황룡사 9층탑과 같이 100여 미터까지 올라갔던 서양의 고딕 성당들은 12-13세기 건축물이다.

다른 한 가지는 건물이 커야만 건축적 가치도 반드시 커지는 것은 아니라는 사실이다. 큰 건물은 큰 건물대로, 작은 건물은 또 작은 건물대로 각각의 건축적 의미를 갖는다. 우리는 이것을 가려서 볼 수 있어야 한다. 물론 건물의 크기가 국력과 비례한다는 가정이 아주 틀린 얘기는 아니다. 역사적으로 볼 때 왕권에 의해서건 종교적 열정에 의해서건 한 민족이나 문명 단위의 에너지가 집결되었던 시기에 대형 건축물의 축조가 뒤따른 것은 사실이다. 고대 문명의 피라미드를 비롯하여 로마의 콜로세움, 콘스탄티노플의 성 소피아 성당, 중세 서유럽의 고딕 성당, 바티칸 교황청, 파리의 에펠 탑, 맨해튼의 마천루 등은 모두 위와 같은 사실을 증명하는 예이다.[2]

그러나 이런 주장이 늘 맞는 것은 아니다. 예를 들어 서양 문명의 뿌리로서 가장 이상적인 문명으로 추앙받는 그리스 헬레니즘의 건축에는 인간을 위압하는 대형 건축물이 없다. 그 어느 때보다도 찬란한 문화를 꽃피웠던 15세기 이탈리아 르네상스 건축도 마찬가지이다. 이 두 문명은 국력이 넘쳐흘렀음에도 대형 건축물을 지을 필요성을 느끼지 못했다. 바꿔 이야기하면 대형 구조물 같은 인위적 과장 없이도 질서와 평화가 유지되고 국민들의 에너지를 집결하여 문화를 꽃피울 수 있었다는 의미이다. 원래 대형 건축물이란 네로 황제, 진시황, 교황들, 나폴레옹, 히틀러, 스탈린 등등이 그러했듯이 초월적 힘의 과시를 통하여 질서를 유지하려는 비상한 수단으로 동원된 경우가 많았다. 이렇게 보았을 때 대형 건축물의 축조 없이도 평화와 안녕이 유지되는 문명이야말로 한 수 위라 할 수 있다.

그렇다고 대형 건축물이 무조건 나쁘다는 것은 물론 아니다. 대형 건축물이 갖는 나름대로의 매력은 부정할 수 없는 사실이다. 대형 건축물을 짓고 싶어도 능력이 안 되어 못 짓는 나라와 민족이 얼마나 많은가. 더욱이 건물이 반드시 커야만 좋은 것은 아니라는 논리도 우리가 대형 전통 건축물을 갖고 있지 않기 때문에 주장하는 논리일 수도 있다. 만약 우리가 대형 전통 건축물을 가지고 있었더라면 틀림없이 '세계를 호령했을 조상님들의 웅장한 기상'이라 말하면서 그에 맞는 또 다른 논리를 만들어냈을 것이다. 결론은 큰 건축물이건 작은 건축물이건 규모에 상관없이 모두 각각의

1 황룡사 9층탑 추정 복원도(김동현 안) **2** 구스타브 에펠, 에펠 탑, 프랑스 파리, 1889년
수직선 경쟁을 즐겼던 서양 건축뿐 아니라 한국 전통 건축에서도 황룡사와 같이
규모 면에서 웅장한 크기를 자랑하는 예를 찾아볼 수 있다.

고유한 특징과 멋을 갖는다는 점이다. 그리고 한국 전통 건축은 규모는 그리 크지 않지만 그 속에 나름의 깊은 뜻을 담고 있다는 것이다.

인체에서 파생된 휴먼 스케일의 비밀

대형 건축물 없이도 뛰어난 문명을 꽃피웠던 그리스와 르네상스의 공통점은 인본주의를 바탕으로 삼았다는 점이다. 이 시기에는 사람의 행복이 모든 학문과 기술의 목표였듯이 건물의 사용과 규모 등도 모두 인체를 기준으로 결정되었다. 한국 전통 건축 또한 이와 동일한 특징을 갖는다. 한국의 전통 건물들이 아담하고 편안하게 느껴지는 이유는 사람들이 건물 앞에 섰을 때 그 크기를 인체의 크기로 환원하여 가늠할 수 있기 때문이다. 크기의 차이에서 오는 이질감이 적기 때문에 그만큼 건물이 친숙하게 느껴지는 것이다. 건물의 크기가 어느 규모 이상을 넘어가면 자 같은 도구의 도움 없이 인체 크기의 배수로 환원하여 가늠하는 것이 불가능해진다. 이럴 때 사람들은 건물로부터 위압감을 느끼게 되며 결국 건물이 다른 세계에 속한 것처럼 낯설게 느끼게 된다.

이처럼 건물의 크기인 스케일이 인체 크기의 배수로 환원될 수 있는 규모를 휴먼 스케일human scale이라고 한다. 휴먼 스케일은 건물이 무조건 작다고만 되는 것은 아니다. 건물을 구성하는 여러 요소들이 인체의 크기와 적절한 조화를 이루며 각각의 사용 기능을 암시할 때 휴먼 스케일이 얻어진다. 건물을 사용하는 과정에서 인체에 대한 끊임없는 연상 작용이 일어날 때 사람들은 체험적 휴먼 스케일의 느낌을 갖게 된다.

한옥의 문이 좋은 예이다. 한옥의 문은 필요 이상으로 크지 않으면서 다양한 크기를 갖는다. 가장 큰 문은 사람 키 정도의 문이며 몸통

3 양동마을 향단 **4** 양동마을 관가정
자기 몸의 크기를 끊임없이 연상하게 하는 휴먼 스케일의 한옥 문.

크기의 정사각형 문도 자주 쓰였다.3.4 때로는 머리를 숙이고 들어가야 하는 문도 있으며 문지방이 높아 넘듯이 드나들어야 하는 문도 있다. 심지어 높이가 낮은데다 문지방까지 높은 문도 있다. 이 경우에는 몸을 오그려서 드나들어야 했다. 출입문치고는 작은 편에 속하는 이런 문은 흔히 한옥을 비과학적이고 불편한 건물로 인식하게 만든 요인 가운데 하나였다. 그러나 아무려면 우리 조상이 그 정도 불편한 것도 몰랐을까. 그것이 정말로 문제라면 문을 조금 크게 만들었으면 될 일이다. 이는 우리 조상들이 이런 크기의 문을 불편하게 느끼지 않았음을 의미한다. 나아가 문을 그렇게 만든 특별한 이유가 있다는 이야기이다.

문을 드나들면서 몸을 오그리고 수그릴 때마다 사람들은 자기 육체에 대해서 한번 더 생각하게 된다. 이렇게 함으로써 겸손해지기도 하고 머리를 부딪치지 않기 위해서 주의하다 보면 체조 효과를 얻기도 한다. 무엇보다도 내 몸의 크기가 이 정도구나 하는 자아 각성을 하루에도 열 번씩은 하게 된다. 이것은 곧 자신의 분수를 알게 만드는 훌륭한 스승의 역할로 나타난다. 현대 문명에서는 편한 것이 좋은 것이라는 기능 제일주의가 보편적 가치로 통용된다. 문도 크고 드나들기 편하게 만든다. 그러다 보니 몸을 적게 움직이고 비만이 늘어 따로 시간 내고 돈을 내서 헬스클럽을 다닌다. 그러나 한옥의 문은 이를테면 요즘 세상에서 헬스클럽이 하는 기능을 대신했던 것이다.

툇마루 또한 한국 전통 건물만이 갖는 휴먼 스케일의 뛰어난 예이다. 툇마루는 보통 사람의 무릎 높이이다. 무릎은 '슬하膝下'라든가 '무릎을 맞대고' 혹은 '무릎을 꿇다' 등의 표현에서 알 수 있듯이 인체 가운데에서도 특별한 의미를 지닌 부위이다. 무릎을 굽히면 더 이상 서 있지 않은 상태가 되는 것처럼, 무릎은 사람이 서 있는지 아닌지를 결정하는 기준이 된다. 툇마루는 무릎을 굽히고 걸터앉으면 딱 알맞은 높이이다. 그러면서도

5 양동마을 관가정
툇마루는 휴먼 스케일을 생생히 체험할 수 있는 곳이다. 툇마루를 오르내리고 걸터앉는 행위 모두 인체의 무릎을 중심으로 일어난다.

서 있는 상태와 유사한 눈높이를 유지하게 한다. 툇마루를 오르내리면서 사람들은 무릎이라는 자신의 신체에 대한 연상 작용을 하루에도 여러 번 일으키게 된다. 이처럼 툇마루는 사용자가 무릎에 특별한 신경을 쓰게 만드는 동시에 서 있는 상태의 느낌도 함께 갖게 함으로써 신체에 대한 이중의 연상 작용을 일으킨다.[5]

　　　　　　이것이 휴먼 스케일의 비밀이며 장점이다. 서양에서 휴먼 스케일은 휴머니즘을 기본 사조로 삼은 고전주의 건축물에서 주로 사용했다. 실제로 서양 고전 건축에서는 인체의 비례 체계를 모방한 척도가 쓰였다. 한국 전통 건축에서는 인체의 척도를 문이나 툇마루의 경우처럼 체험적 대상으로 보았다면, 서양 건축에서는 문법적 규칙으로 만들어 통용했다. 예를 들어 고전 건축의 완성을 이룩했던 그리스인들은 네 개의 손가락 폭이 모여 손바닥 길이가 되고 다시 네 개의 손바닥 길이가 모여 하나의 발바닥 길이가 되고 여섯 개의 발바닥 길이가 모여 신장이 된다는 인체 비례 체계를 찾아냈다. 뿐만 아니라 그리스 시대에는 핑거finger-손가락 폭, 팜palm-손바닥 길이, 풋foot-발바닥 길이, 큐빗cubit-팔뚝 길이 등과 같이 인체 각 부위의 길이를 지칭하는 단어를 도량형 단위로 쓰기도 했다.[6]

　　　　　　인체를 모방하여 창조된 그리스 신전에서는 기둥을 비롯한 각 부재의 크기에 인체의 비례 체계가 적용되었다. 인체에서는 손가락 폭이 비례 체계를 형성하는 출발점이듯 그리스 신전에서는 기둥의 반지름이 그런 역할을 했다. 기둥의 반지름만 정해지면 신전의 모든 부재의 크기는 몇 미터 하는 식의 숫자가 아닌 기둥 반지름의 배수로 표시되었다. 남성의 몸을 본떠 만들었다는 도리스 양식Doric order에서는 기둥과 기둥 사이의 간격이 기둥 반지름의 네 배로, 기둥의 높이는 열네 배로 정해졌다. 그리고 여성의 몸을 본떠 만든 이오니아 양식Ionic order에서는 이보다 좀 더 세장한 여섯 배와 열여덟 배의 척도가 쓰였다.[7] 이와 같은 휴먼 스케일의 법칙은 고전 건축이 대표적

6 알브레히트 뒤러, 〈인체 D^Man D〉, 1528년
인체의 비례를 모방한 척도를 사용했던 고대 그리스 건축과 마찬가지로, 뒤러의 인체 비례도 역시 휴먼 스케일을 기본 척도로 사용하고 있다.

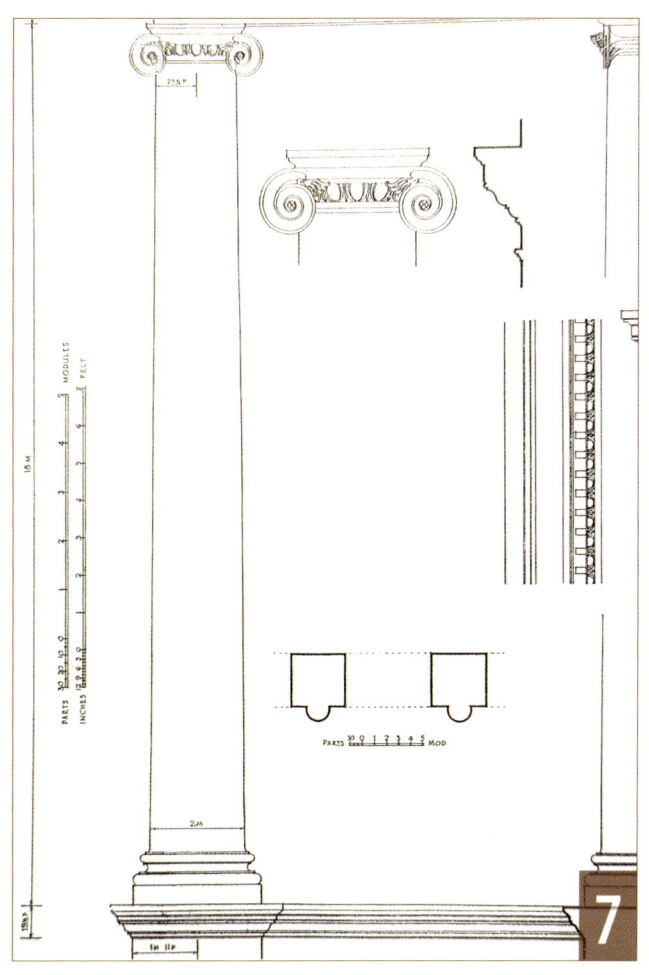

7 마르셀루스의 극장 The Theatre of Marcellus에 쓰인 〈로마 이오니아 양식 비례도〉
고전 건축의 기본이 되는 이오니아 양식은 인체의 비례를 모방한 휴먼 스케일로
구성되었다.

8 로브 크리에, 딕스 하우스 Dickes House**, 룩셈부르크, 1974년**
건축의 근원적 가치를 추구하는 일부 현대 건축가들은 고전 비례 체계를 사용하여 건물을 설계하기도 한다.

인 건축 양식이던 18세기까지 비교적 엄격하게 지켜지며 쓰였다. 요즘에도 고전 건축의 권위를 따르는 일부 서양 건축가들은 숫자 대신 휴먼 스케일 척도를 사용하기도 한다.[8]

체험적 휴먼 스케일의 묘미, 중정

한국 전통 건축에서 휴먼 스케일의 정수는 앞서 소개했던 중정형 마당에서 찾을 수 있다. 예를 들어 장곡사 하대웅전의 중정을 보자.[9] 한국 전통 건축에서 쉽게 볼 수 있는 이러한 중정 속에 사실은 큰 비밀이 숨겨져 있다. 네 면으로 건물이 둘러싼 아늑한 중정은 많은 사찰을 비롯하여 서원, 향교, 한옥 등을 구성하는 대표적 배치 방법이다.

그런데 한국 전통 건축의 중정은 대부분 그 크기가 일정한 범위 안에 들어가는 공통점을 보인다. 중정의 크기를 측정하는 기준에는 네 가지가 있다. 첫째는 건물 사이의 거리로, 한국의 중정은 대부분 20-25미터 정도의 크기를 갖는다. 둘째는 마당 폭과 건물 높이 사이의 비례로, 대부분 2-3 정도의 수치를 갖는다. 셋째는 마당의 한쪽 끝에 서서 반대편 건물 지붕 꼭대기를 바라보는 시선의 각도인 앙각으로, 대부분 18-27도 정도로 나타난다. 마지막으로 중정의 네 면을 막는 건물들 사이 모서리의 벌어진 각도는 대부분 20-25도 정도를 유지한다.

위와 같은 수치는 휴먼 스케일의 관점에서 보았을 때 중요한 의미를 갖는다. 1970년대 이후 서양 건축에서는 환경심리학 Environmental Psychology이라는 새로운 학문이 크게 유행했다. 환경심리학은 인간이 주변 조형 환경을 인지하는 방식과 내용을 수치나 공식 등으로 환산하여 과학적으로 증명하려는 학문이다. 그런데 환경심리학의 연구 결과, 네 면이 폐쇄된 공간 속에서 사람이 가장 편안하게 느끼는 경우의 수치가 바로 한국의 중정에 나타나는 수치와 일치한다.

20-25미터라는 건물 간의 거리는 상대방의 얼굴 표정을 읽으며 육성으로 대화할 수 있으면서도 너무 가깝지 않아 개인의 프라이버시를 보호할 수 있는 크기이다.[10] 마당 폭과 건물 높이 사이의 비례가 2.5 정도일 때 사람은 중정으로부터 가장 편안한 폐쇄감을 느낀다.[11] 편안한 폐쇄감이라 함은 건물이 네 면으로 둘러싸면서 자신을 보호하고 있다고 느끼면서도 답답하게 느껴지지 않는 경우를 말한다. 이 수치가 2.5보다 커지면 마당 폭이 커짐을 의미하며 이렇게 되면 중정의 짜임새가 느슨해지면서 건물에 둘러싸여 있다는 느낌을 가질 수 없다. 반대의 경우에는 건물이 사람을 압박하는 것 같은 답답함을 느끼게 된다.

또 앙각이 15-18도일 때 사람은 인체 공학적으로 목 근육에 긴장을 가장 적게 느끼면서 사물을 바라볼 수 있게 된다. 군대에서 차려 자세를 할 때 자연스럽게 앞을 바라보라고 하는데 이 시선 각도로 제시되는 수치가 바로 15도이다. 한국 전통 중정의 경우는 대웅전이나 대성전 같은 중요한 건물을 바라보아야 하기 때문에 이 수치보다는 조금 큰 앙각을 갖는다.[12] 그러나 이 경우에도 가능한 한 보는 사람을 편안하게 하려는 의도를 가졌음을 알 수 있다. 그리고 건물 사이 모서리의 벌어진 각도가 20-25일 때 사람은 중정 속에서 개방성과 폐쇄성 사이의 적절한 균형 상태를 느낀다. 이보다 더 벌어지면 건물에 둘러싸여 있다는 느낌이 깨지고, 반대의 경우에는 바깥 상황이 궁금해지는 등 답답함을 느끼게 된다.[13]

이상 살펴본 바와 같이 한국 전통 건축의 중정은 크기를 결정할 때 그 안에 머무는 사람의 편안한 심리 상태를 최우선적으로 고려하였다. 이는 인체가 생리적으로 인지할 수 있는 범위 내에서 중정의 크기를 결정하였음을 의미한다. 이러한 섬세한 배려야말로 휴먼 스케일의 참다운 의미이다. 서양 고전 건축의 휴먼 스케일은 위에서 설명한 바와 같이 어려운 법칙 위에서 운용되기 때문에 이러한 법칙을 모르는 사람은 그 의미를 전혀 파악할 수 없게 된다. 이것은 그만큼 지성적 해석이 요구되는 서양 건축만의 특징적 현상이기도 하다. 이에 반해 한국 전통 건축의 휴먼 스케일은 고도의 해석 없이도 누구나 편안한 상태로 느낄 수 있는 체험의 가치를 갖는다. 중정의 아담한 규모 속에 숨어 있는 깊은 뜻을 느낄 수 있다면 한국 전통 건축의 또 다른 멋 한 가지를 알게 되는 것이다. 이처럼 한국 전통 건축은 규모의 크고 작음으로는 설명될 수 없는 또 다른 차원의 중요한 가치를 갖는다.

환경심리학은 20세기 기계 문명 시대에 이르러 많은 건축물들이 초휴먼 스케일로 커지면서 대두된 인간성 상실의 문제를 치유할 목적으로 시작된 학문이다. 기계 문명에 의해 시작된 20세기 서양 건축은 인간의 기술 의지를 동인動因으로 삼아 기록 경쟁이라도 하듯 수없이 많은 대형 건물들을 축조해왔다. 기계 문명에 의해 지어진 대형 건물들은 그 높이가 수백 미터에 달하며 전통 건축의 대형 건물들과는 비교도 안 될만큼 규모가 커졌다. 20세기의 대형 건물이 물론 부와 기술을 상징하는 긍정적인 측면이 있는 것도 사실이다. 그러나 사람을 둘러싼 주변 조형 환경의 규모가 휴먼 스케일을 넘어서기 시작하면서 현대 도시에서는 소위 문명병이라고 불리는 많은 문제점이 발생하기 시작했다. 전통 건축에서는 대형 건물이라고 해봤자 도시 중심부에 하나 정도가 서는 것이 고작이었다. 그러나 현대 도시에서는 주위가 온통 사람을 위압하는 수십 층짜리 건물들로 둘러싸이게 되었으며 그 결과 교통난, 환경오염, 주택난, 슬럼화 등과 같은 문명병을 앓기 시작했다. 더욱 큰 문제는 이러한 물리적 타락뿐 아니라 사람들이 인간성 상실이라는 마음의 병을 앓게 되었다는 것이다. 이런 문제를 인식하면서 대두된 환경심리학은 바로 사람에게 적합한 휴먼 스케일의 조형 환경 규모를 찾아냄으로써 이와 같은 문제점들을 치유하려는 목적에서 시작되었다. 그런데 놀랍게

9 장곡사 하대웅전 10 도산서원 전교당 11 개심사 대웅보전 12 병산서원 입교당 13 안성향교 대성전
한국 전통 건축의 중정은 사람이 공간 속에서 아늑함을 느끼고 주변 환경을 편안하게 받아들일 수 있는 척도로 축조되었다.

도 환경심리학에서 찾아낸 내용은 고스란히 우리의 전통 중정 속에 이미 다 구현되어 있었던 것이다.

사찰의 중정은 산지형 사찰에서 특히 많이 나타난다. 개심사 대웅전, 갑사 대웅전, 마곡사 선원, 고운사 극락전 등에서 그 예를 찾아볼 수 있다. 산지형 사찰에서 중정형 공간이 특히 많이 나타나는 이유에 대해서는 여러 가지 설명이 제시된다. 사찰에서는 종교 의식상 일정 부분 폐쇄된 공간이 필요한데, 평지 가람에서는 그 공간이 회랑에 의해 형성되었다가 산지로 옮겨오면서 풍수지리의 영향 아래 지형에 맞춰 자연스럽게 건물들이 그 자리를 대신하게 되었을 것으로 추정된다. 산지 사찰의 중정은 변형되어 나타나기도 한다. 봉정사 대웅전 앞 중정은 네 면 가운데 한쪽이 트였다.[14] 무량사 영산전 앞 중정은 영산전을 제외한 세 면이 트인 대신 석축을 이용하여 정사각형으로 중정의 윤곽을 구획했다.[15] 반면에 마곡사 대웅보전이나 무량사 극락전 등은 평지 가람이기도 하려니와 건물 자체가 중층 구조이기 때문에 그 크기에 맞춰 큰 광장이 형성되어 있다.

한옥의 경우는 보통 안채 앞마당이 중정 형태로 만들어진다. 한옥은 사찰이나 서원, 향교보다 건물 전체의 규모도 작고 유교적 덕목상 네 면이 모두 막혀 있기 때문에 폐쇄도가 심하고 훨씬 짜임새 있는 중정을 갖는다. 그러나 많은 경우 안채의 중정은 안주인의 살림 작업 공간으로 쓰이기 때문에 한옥에 나타나는 중정도 무작정 좁지만은 않다. 적지 않은 한옥 중정의 네 면이 막혀 있다는 점을 제외하면, 나머지 항목에서는 환경심리학에서 편안한 폐쇄 공간으로 찾아낸 수치와 일치하는 크기를 갖는다.[16]

중정형 공간은 세계 모든 나라 건축에서 찾아볼 수 있을 정도로 흔한 공간 유형이다. 서양 건축의 경우에도 여러 종류의 중정형 공간이 있으며 모두 나름대로 아름다운 건축미를 갖추고 있다. 그러나 의외로 환경심리학에서 제시하는 기준을 만족시키는 예는 드물다. 이탈리아에서 우리

14 봉정사 대웅전　**15** 무량사 영산전

한국 전통 중정이 항상 네 면 모두 건물로 둘러싸인 것은 아니다. 전각 한 채만으로도
정사각형 마당의 분위기를 살리기도 했다.

의 한옥에 해당되는 건물은 팔라초^{palazzo}나 카사^{casa}이다. 특히 팔라초는 한옥과 매우 흡사한 중정을 건물 중앙에 갖추고 있다. 그러나 팔라초의 중정은 규모 면에서는 휴먼 스케일을 지키고 있으나 마당 폭과 건물 높이 사이의 비례가 지나치게 작아 마치 우물 속에 들어온 것 같은 답답함이 느껴진다.[17] 한국의 전통 중정과 달리 규모와 공간의 느낌 모두 완벽한 휴먼 스케일의 단계에는 이르지 못한 것으로 판단된다.

서양의 고도古都에 남아 있는 광장도 대표적인 중정형 공간 가운데 하나이다. 서양 전통 건축에서 광장은 가장 아름다운 작품이며 흥미진진한 건축적 장면으로 가득 차 있는 매력적 장소임에 틀림없다. 한국인의 관점에서 보았을 때 개인적으로 서양 건축에서 가장 부러운 것은 맨해튼의 마천루나 바티칸 교황청이 아니라 바로 광장이라는 생각이 들 정도이다. 그러나 서양의 광장은 규모가 이미 휴먼 스케일의 범위를 넘어섰기 때문에 한국의 중정에서 느껴지는 아늑한 폐쇄감은 느끼기 어렵다.[18] 간혹 규모가 작은 광장에서는 한국의 중정과 비슷한 느낌이 느껴지긴 하지만 그렇더라도 여전히 건물 간 거리, 마당 폭과 건물 높이 사이의 비례, 앙각, 모서리의 벌어진 각도 등과 같은 여러 측면에서 종합적으로 휴먼 스케일을 만족시키지는 못한다.

이상 살펴본 바와 같이 한국 전통 건축은 휴먼 스케일을 기본적인 척도 개념으로 갖는 특징을 보여준다. 물론 서양 건축도 휴먼 스케일을 추구한 유구한 역사가 있다. 그러나 한국 전통 건축에는 체험적 휴먼 스케일이라는, 서양과 구별되는 우리만의 독특한 특징이 있다. 이러한 사실은 한 문명 단위의 건축적 가치란 규모의 크고 작음으로 결정될 수 없음을 잘 보여주고 있다. 한국 전통 건축에서의 체험적 휴먼 스케일은 실제로 여정의 개념으로서 다양한 체험 거리를 제공하는 또 하나의 독특한 특징으로 발전한다.

16 임청각 사랑채 17 프란체스코 디 조르지오 마르티니, 코뮨 팔라초Palazzo del Commune, 이탈리아 제시, 1492-1497년
한옥의 안마당은 안주인의 생활공간으로서 적절한 규모를 유지하며 아늑함과 편의성을 동시에 확보했다. 이에 반해 팔라초는 지나친 폐쇄성으로 강한 긴장감이 느껴진다.

18 메르카토 광장 Piazza del Mercato**, 이탈리아 루카**
광장도 중정형 공간의 또 다른 예일 수 있으나
휴먼 스케일로부터는 멀리 벗어난 공간이다.

9
길과 여정

건축적 스토리
속을 걷다

사찰 진입 공간
vs.
교회의 제단으로 가는 길

한국 전통 건축에서 공간이나 장소는 한 채의 건물만으로 구성되지 않는다. 여러 채의 건물끼리 어울리는 경우가 대부분이다. 이렇게 형성되는 공간 혹은 장소는 연속적으로 이어지는 건축적 스토리를 갖는 수가 많다. 여기서 건축적 스토리라 함은 다양한 건축적 경험을 제공해주는 장치로 구성된 짜임새를 말한다. 굽이굽이 구곡九曲의 자연 속에 놓이면 그러한 자연환경을 스토리의 소재로 쓰고, 사람의 손길이 많이 간 인공 조영물은 또 그것대로 다양하게 이어지는 건축적 스토리를 가졌다. 문을 지나 마당을 만나고 건물이 있다가 다시 마당이 나오는 등 마치 소설처럼 인연과 사건이 연속으로 이어지면서 하나의 큰 건축적 스토리가 만들어졌다. 왜 그랬을까.

어차피 자연도 하나의 연속되는 스토리요, 인생은 더 말할 필요도 없이 끝없는 인연의 연속이다. 따라서 자연과 인생을 닮아야 하는 건축 또한 그러한 것은 당연한 일이다. 한국 전통 건축은 단순히 보는 것보다는 연속되는 스토리 속을 걸어다니면서 상상하고 체험해야 참맛을 느낄 수 있다. 한국 전통 건축 속에는 길이 있고 여정이 있다. 길과 여정을 읽고 그 속에 나만의 체험적 스토리를 감정 이입할 수 있다면 한국 전통 건축의 또 다른 멋을 알게 된다. 한국 전통 건축에서 길과 여정은 사찰의 진입 공간처럼 은근히 암시되기도 하고 궁궐이나 왕릉의 땅바닥에 깔아놓은 돌길처럼 직설적으로 표현되기도 한다.

부처님 앞으로 나아가는 길

사찰의 길과 여정은 일주문에서 시작해서 대웅전까지 이어지는 진입 공간에 설치된 일련의 건축적 장치에 잘 나타나 있다. 이 공간 속에는 종교적 긴장감을 유발하는 건축적 여정이 연달아 나온다. 그 과정에서 긴장감은 종교적 상승감으로 이어진다. 그러나 이러한 종교적 상승감은 결코 강압적이거나 직설적이지 않다. 일직선적으로 긴장감이 높아만 가지도 않는다. 자연스럽게, 자연과 인공이 하나가 되듯, 긴장과 이완이 교대로 나타나며 부처님 앞으로 인도한다. 모든 사찰은 길고 짧음의 차이는 있을지언정 나름대로의 진입 공간 스토리를 갖는다. 그중에서도 산지 사찰이나 대찰大刹의 경우에는 특히 다양하고 강한 설득력을 갖는 스토리를 보여준다.

사찰 진입 공간의 건축적 스토리는 산문과 소품이라는 두 가지 내용으로 구성된다. 일련의 산문에서 건축적 스토리는 종교적 상승감을 자아내는 직설적 상징성으로 나타난다. 속세와의 경계인 일주문을 지나면 성역으로 들어온다는 작은 긴장감이 시작된다. 옷매무새는 괜찮은지 신경이 쓰이며 행동을 함부로 하면 안 된다는 생각이 드는 등 속으로 조용히 도덕률을 세우게 된다. 그러나 아직 긴장감은 그리 크지 않다. 주변에 계곡이 흐르기도 하고 송림이 우거져 있기도 하는 등 친숙한 자연의 모습은 첫 번째 긴장감을 상당히 누그러뜨린다. 두 번째 문인 천왕문을 지나면서 긴장감은 높아진다. 잡귀를 발로 밟고 눈을 부라리고 있는 사천왕상을 보면서 괜히 무엇인가 잘못한 것 같은 느낌이 자꾸 들며 앞으로는 그러지 말아야겠다는 다짐을 하게 된다. 천왕문을 지날 때면 마치 매 맞는 듯한 긴장감이 들며 속세의 고뇌를 잊게 된다.❶

마지막으로 해탈문 앞에 서면 숨 막힐 듯한 긴장감이 전해 온다. 그러나 이것은 결코 기분 나쁜 강압의 긴장감이 아니다. 종교적 상승감의 절정을 눈앞에 둔 기대의 긴장감이다. 해탈문 너머로 불전의 처마가 살짝 보이기도 하고 문 대신 누각이 서 있는 경우라면 사물四物도 살짝 눈에 들어온다. 이 지점에서 느끼는 건축적 스토리의 가장 큰 매력은 인간의 여러 감각을 종합적으로 자극한다는 점이다. 문 너머로 보이는 불전의 처마나 사물, 그리고 그 앞을 오가는 스님들의 모습은 시각적 요소이다. 때로는 그윽한 향냄

1 칠장사 사천왕문
속세의 경계를 넘어 일주문을 지나고 자연을 벗하면서 천왕문으로 접근한다.

2 봉정사 만세루
대웅전 앞에 서기 직전인 해탈문을 지날 때면 건축적 긴장감은 절정에 달한다. 해탈문에 해당하는 누각 아래로 대웅전이 눈에 들어온다.

새가 세속적 욕망에 마비된 후각을 씻어주기도 한다. 풍경風磬 소리와 풍경諷經 - 부처 앞에 독경하는 일 소리는 욕에 찌든 청각을 세청洗淸한다. 이 모든 자극들은 종교적 상승감으로 집결되며 대웅전 앞에 서는 순간 절정에 이른다. ❷ 일주문에서 시작된 긴 종교적 여정이 완성되는 첫 번째 순간이다. 이제 부처님을 뵈어도 좋을 만큼 마음이 깨끗해진 상태에서 불전으로 들어가 참배와 참선이라는 두 번째 종교적 여정을 갖는다.

     산문만으로 구성되는 건축적 여정은 이처럼 긴장의 연속적 상승으로 이어진다. 그러나 사찰의 진입 공간에는 이것만 있는 것은 아니다. 건축적 여정을 엮어내는 길 사이사이에는 긴장의 높낮이를 조절하는 소품적 장치들이 놓인다. 이러한 소품적 장치들은 자연 요소가 그대로 쓰이기도 하고 때로는 인공 요소가 설치되기도 한다. 물이 나오면 물을 그대로 놔두어 수경水鏡 요소로 활용한다. 물을 건너면 그것은 다리가 된다. 물을 보며 다리를 지나다 보면 긴장감은 자연과 일부가 되는 나들이 기분으로 누그러진다. 그러다가 다시 당간지주라든가 부도, 탑 등과 같은 여러 가지 공예적이고 조각적 장치가 나오면서 종교적 가르침이 새롭게 시작된다.

     당간지주와 부도는 사찰마다 모양도 모두 달라 다양하다. 특히 부도는 하나보다는 군집해 있기 때문에 때때로 큰스님들의 가르침이 금방이라도 튀어나올 듯 엄숙한 분위기를 자아내기도 한다. ❸ 부도가 부담스럽다 싶으면 민간 신도들이 정성 들여 쌓은 돌탑군이 나타나 친근한 모습으로 길 안내를 해주며 불교 이야기를 들려준다. ❹ 당간지주는 돌이나 철로 만들었다. 그 때문에 고찰들이 난리통에 불에 타 사라진 와중에도 지금까지 남아 백제나 신라 시대의 유구한 불교 이야기를 전해주고 있다. ❺ 고찰의 전각들이 임진왜란 이후에 중건된 경우가 대부분인 가운데 당간지주는 확실히 사찰에서 가장 오래된 유구임에 틀림없다. 시인 박희진의 시구대로, 하늘로 솟은 당간지주에서는 '신라의 고청古靑빛 이끼의 선향禪香'을 맡을 수 있다.

3 청룡사 부도군 4 무량사 진입 공간의 돌탑 5 부석사 당간지주
여정의 지루함을 덜어주고 종교적 메시지를 전달하는 사찰의
소품들. 나무나 돌 등의 자연 요소와 함께 산문 사이를 지나면서
즐길 수 있는 공예적 장치이다.

사찰의 진입 공간에 나타난 건축적 여정은 긴장감을 적절히 조절함으로써 지루하지 않고 강압적이지 않으면서도 종교적 기대감을 극대화하는 뛰어난 처리이다. 세계 어느 나라를 막론하고 종교 공간에는 속세를 떠나 성역으로 들어온다는 느낌을 주는 건축적 장치가 마련돼 있다. 한국 전통 건축의 종교적 장치는 종교 세계에 대한 은유적 암시와 긴장감의 완급 조절을 통하여 종교적 권위를 더욱 확실하게 다짐하는 특징을 갖는다. 신비한 자연 세계와 어우러진 종교적 심연은 은근하지만 그렇기 때문에 더 큰 불심을 담아낼 수 있는 역설적 권위를 갖는다. 크게 마음을 연 사람은 그 크기만큼 불심을 담아준다. 그러나 마음이 편협한 사람일지라도 결코 꾸짖거나 내쫓음 없이 꼭 그 크기만큼 마음속에 불심을 담아가게 만든다. 한국 전통 건축의 종교적 장치는 참배하는 사람의 불심의 수준이나 상태에 맞게끔 느끼게 하고 담아가게 한다. 불심이 부족한 사람일지라도 어색함이나 거부감 없이 자신의 마음 상태만큼 느끼고 오게 만드는 것이 한국 전통 건축에 담긴 길과 여정의 속뜻이다. 한국 전통 건축에서의 여정은 곧 감상자의 인생 여정이 되는 것이다.[6]

교회 제단으로 향하는 행렬

서양의 기독교 건축에서도 종교심을 유발하는 장치가 많이 있다. 이 가운데에는 한국 전통 건축의 여정과 유사한 개념의 행렬procession이 있다. 행렬이란 교회 안에서 신부가 사제단을 이끌고 신도들 사이를 걸어가는 가톨릭의 종교 의식을 일컫는다. 행렬은 제단과 설교단을 초점으로 삼아 진행된다. 교회는 이러한 종교 의식에 맞춰 초점을 향하여 종교적 긴장감을 상승시키는 일련의 건축적 구성을 갖는다. 속세에서 출발하여 종교적 절정에 이르는 초점

6 구룡사 누각
한국 전통 사찰의 길과 여정은 참배하는 사람의 마음 상태만큼 느끼고 담아가게 한다.

을 향하여 서양 건축도 나름대로 한 편의 건축적 여정을 갖는다. 이러한 건축적 여정은 고딕 성당과 바로크 시대의 교회에 가장 잘 나타나 있다.

서양 교회의 건축적 여정은 멀리서 건물을 바라보며 접근하면서 시작된다. 여정의 대상을 처음부터 명확히 정하여 눈으로 그 위치를 확인하면서 출발한다. 마지막 순간까지 대웅전의 모습을 감추어두고 암시와 연상에 의해 그 존재를 상상하게 만드는 한국 전통 건축과는 완전히 다른 개념이다. 교회 앞에 서면 웅장한 출입문으로부터 첫 번째 본격적인 여정이 시작된다. 이것은 일주문에서 건축적 여정이 시작되는 한국 전통 건축과 같은 개념일 수 있다.

'문과 상징' 편에서 소개했듯이 고딕 성당은 대출입문을, 바로크 교회는 중앙이 특히 강조된 출입문을 갖는다. 성당의 대출입문에는 성경의 내용을 전하는 조각상들이 많이 새겨져 있다. 바로크 교회의 출입문에도 이와 유사하게 건물의 봉헌 대상과 관련된 조각상들이 새겨져 있다. 이런 요소들은 사찰 진입 공간의 부도나 탑과 같은 기능을 갖는다고 볼 수 있다. 하지만 서양 교회의 출입문은 모두 강한 유입성을 가지면서 성역으로의 진입을 직설적으로 강요한다. 혹은 요란하게 환영하는 것으로 이해될 수도 있다. 이 점에서는 있는 듯 없는 듯 '살짜기 옵서예'라며 사람을 맞는 한국 전통 건축의 산문과 차이가 있다.

교회에서는 출입문을 지나면 전실이 나타난다. 이곳은 성역으로 들어가기 직전에 마음을 추스르는 준비 공간이다. 사찰에서 문을 지나면 또 하나의 문이 나오면서 종교적 긴장감을 높여가는 것과 같은 처리이다. 전실을 통과하면 최종 목적지인 제단이 보이면서 교회 본당의 실내가 시작된다. 이곳에서는 긴 거리의 군중석을 거쳐 제단으로 나아가게 된다. 이때 군중석 사이사이에는 종교적 상승감을 유발하는 건축적 장치가 마련되어 있다. 실내의 양옆 벽으로 채플이 놓이면서 조각상이나 석관 등을 통해 봉헌

된 성인聖人들의 행적을 전한다. 이를테면 이것 역시 사찰의 부도나 탑과 같은 기능을 갖는다고 해석할 수 있다.[7] 벽 높은 곳에서 떨어지는 빛은 신의 존재를 상징하며 종교적 열기를 상승시킨다. 천장을 받치고 있는 기둥은 리듬감을 통해 초점을 향한 행렬의 속도를 가속하는 기능을 갖는다.[8] 영국의 성당은 군중석 중간을 구획하는 횡벽橫壁을 세워 초점을 향한 시선을 조절하기도 한다.[9] 횡벽의 시선 조절 기능은 사찰에서 산문 사이에 설치된 소품과 같은 기능을 하는 것으로 해석될 수 있지만 이러한 경우가 많지는 않다. 대부분의 서양 교회에서 군중석을 통과하여 초점으로 향하는 움직임은 점차 종교적 상승감을 얻으며 빨라지는 경우가 보통이다.

　　　　이러한 과정을 거치면서 군중석을 통과한 여정은 제단이라는 초점에 이르면서 절정에 달한다. 비잔틴 시대나 바로크 시대 교회에서는 특히 제단 윗부분을 둥근 천장으로 처리하여 하늘로부터 빛을 끌어들임으로써 제단에 강한 초점을 형성했다. 더욱이 제단은 십자가형 건물의 심장부에 위치하는 직설적 상징성을 통해 종교적 절정감을 배가시킨다. 이와 같은 행렬 의식을 중요시 여기는 가톨릭의 교회는 행렬을 장엄하게 연출하기 위하여 긴 직사각형 형태의 공간을 갖는다. 기독교가 안정기에 접어들며 본격적으로 전파되기 시작하던 3-4세기에는 직사각형 건물 양옆으로 팔을 내밀어 십자가 형태의 건물을 만들기 시작했다. 팔에 해당하는 부분은 순교자의 무덤을 두기 위한 실용적 목적과 동시에 상징적 목적도 함께 지녔다. 건물을 십자가 형태로 만들면 종교심도 배가할 것이라는 생각에서였다. 제단은 이러한 십자가 형태의 교차점인 심장부에 위치한다. 이처럼 제단에는 종교적 절정감을 극대화시키기 위한 여러 장치가 집중적으로 쓰이면서 제단은 건축적 여정의 종착지로서의 역할을 분명히 한다.[10]

　　　　이처럼 서양 교회의 건축적 여정은 한국 전통 건축의 그것과 매우 다르다. 한국 전통 건축처럼 숨겼다 보였다 하는 은근함 대신 목표물

7 생드니 성당Saint-Denis Cathedral, 프랑스 생드니, 1231-?년
고딕 성당의 행렬은 기둥열이 제공하는 리듬감에 의해 속도가 조절된다. 기둥 사이의 채플 등은 사찰 산문 사이에 설치된 공예적 장치와 그 성격이 유사하다.

8 아미앵 성당Amiens Cathedral, 프랑스 아미앵, 1220-1288년
9 웰스 성당Wells Cathedral, 영국 웰스, 1190-?년
출입문에서 시작된 기독교적 여정은 군중석 사이의 긴 통로를 지나 제단이나 설교단을 초점으로 삼아 진행된다.

10 지안 로렌초 베르니니, 로마 교황청 실내의 닫집, 이탈리아 로마, 1624년
행렬의 종착점인 제단 위에 돔이 축조되면서 하늘에서 빛이 떨어지도록 설계되었다.

을 확실하게 설정하여 강조한다. 한국 전통 건축처럼 때로는 큰소리로, 때로는 무언으로 종교를 이야기하는 대신 마치 통성기도 하듯 일관되게 큰 목소리로 종교를 권유한다. 한국 전통 건축에서처럼 조였다 놓았다 하는 완급조절 없이 처음부터 한 가지 목표를 제시하고 그 목표를 확실하게 이루기 위한 직설적인 노력을 보여준다. 서양 교회의 건축적 여정에서는 긴장감의 연속적 상승에 의해 종교적 강도가 일직선으로 높아지는 역동감을 경험할 수 있다. 동양과 서양의 문화적 특성을 구별하는 정靜과 동動의 개념이 이 주제에서도 다시 한 번 확인된다.

궁궐과 왕릉에 깔린 돌길의 상징성

사찰의 진입 공간에 도입된 길과 여정은 종교심을 조절하기 위하여 은유적으로 처리되었다. 그러므로 사찰에서의 길과 여정이라는 개념은 직접 체험을 해야 하는 대상이 된다. 직접 사찰의 산문을 걸으며 목적지를 향하여 전개되는 여정을 느껴보는 것은 한국 전통 건축의 참 맛을 이해하는 데 매우 중요한 경험이 될 것이다. 이에 반해 궁궐과 왕릉의 바닥에 깔아놓은 돌길은 보다 직접적으로 길과 여정의 개념을 표현한다. 궁궐과 왕릉의 돌길은 일차적으로는 왕과 왕실의 권위를 상징하고 이차적으로는 삶과 죽음의 여정을 상징한다. 왕의 이승 세계와 저승 세계를 각각 대표하는 궁궐과 왕릉에는 동일한 형태의 돌길이 깔려 있는데, 이 두 돌길은 그 대표성에 합당한 상징성을 갖는다.

궁궐의 돌길은 살아 있는 왕의 권위를 상징한다. 중문에서 정전으로 이어지는 돌길은 경복궁, 창덕궁, 창경궁, 덕수궁 등의 모든 궁궐에 공통적으로 나타난다. 궁궐의 돌길은 정일품, 정이품 같은 품직을 새겨넣어

신하를 상징하는 품석品石을 좌우로 거느리고 정전까지 곧게 쭉 뻗어 있다. 이러한 돌길은 세 겹으로 이루어지는데, 중앙부가 양측부보다 높이 솟아 왕만 지나갈 수 있었다.⑪ 이처럼 궁궐의 돌길은 직선의 이미지를 이용하여 왕의 여정이 막힘없이 순탄하기를 상징적으로 기원하는 것으로 해석된다. 곧은 길은 탄탄대로의 이미지를 표현하면서 궁극적으로는 성공, 권위, 안정을 상징한다. 정적이 감도는 큰 마당은 세상을 상징하며 이 속을 일직선으로 가르고 지나가는 검은 돌길은 만조백관滿朝百官을 거느리며 세상의 질서를 통치하는 왕의 권위를 상징한다.⑫

이러한 직선의 이미지는 종묘의 돌길에 이르면 다소의 변화가 나타난다.⑬ 종묘는 선대왕들의 위패를 모시고 당대의 왕이 제사를 지내는 곳이다. 따라서 삶의 영역과 죽음의 영역 사이의 중간 단계에 해당한다. 종묘사직의 권위를 상징하기 위하여 여전히 일직선의 곧은 돌길이 놓였지만 살아 있는 왕이 정사를 펼치는 곳은 아니기 때문에 품석은 생략된다. 길 자체도 세 겹이 아닌 외겹으로 이루어진다. 돌 색깔이 유난히 어두운 이유는 제사의 의미를 강조하기 위한 것으로 보인다. 이처럼 종묘의 돌길은 삶과 죽음 사이의 경계적 여정을 상징한다.

마지막으로 왕릉의 돌길은 저승 세계로 가는 왕의 여정을 상징한다. 예를 들어 영릉英陵의 진입 공간에 있는 돌길을 보자.⑭ 넓은 평지에 송림을 끼고 홍살문을 지나 정자각까지 이르는 돌길은 완만한 곡선을 그리며 휘어져나간다. 궁궐에서는 상상할 수 없는 장면이다. 영릉의 돌길은 주변의 자연환경과 지세에 맞춰 굽이지며 사람을 쭉 끌고 들어가는 매력이 있다. 자연으로 돌아가는 망자亡者의 여정이기 때문에 인간적 교만을 상징하는 직선보다는 자연의 일부로 귀속되는 곡선으로 처리한 것으로 보인다. 특히 능 자체가 둥근 반원의 곡선 형태이기 때문에 곡선 길이 더 잘 어울리기도 하다. 이처럼 왕릉의 돌길은 곡선의 이미지를 이용하여 왕이 살아왔던 지나간

11, 12 창경궁 명정전 앞 광장

궁궐에서는 바닥의 포장에서 길과 여정의 모티프가 표현된다. 중앙에 높이 솟은 돌길과 좌우에 일렬로 도열한 품석은 왕의 권위를 상징한다.

13 종묘 정전의 전경
제사를 지내는 공간의 의미를 살려 검은색 돌로 포장했으며 품석도 세우지 않았다.

삶의 여정을 상징하고 있다. 그리고 지나간 삶의 여정은 곧 망자의 여정과 동의어로 해석할 수 있다. 왕이 저 세상으로 가는 이곳 영릉의 곡선 길은 권력의 긴장감을 불러일으키며 직선으로 뻗어 있던 궁궐의 길이 모두 덧없음을 상징하듯 편안한 여정을 따라 유유히 흐르고 있다.[15]

융건릉隆健陵을 지키는 능사陵寺였던 용주사에는 영릉의 영향이 흘러들어 사찰로서는 보기 드물게 곡선 길의 모습이 섞여 나타나고 있다.[16] 용주사에서는 일주문에서 천왕문에 해당되는 두 번째 문에 이르는 길이 평지 위 송림 사이를 완만한 곡선으로 돌아나가는 형국으로 처리되었다. 이것은 마치 옆 영릉의 돌길을 축소하여 옮겨놓은 듯한 모습이다. 또한 곡선 길 옆에 일렬로 늘어선 비석은 궁궐의 돌길 옆에 늘어선 품석을 연상시킨다. 원래 왕릉의 돌길에는 품석을 안 쓰는데 여기에 이것이 나타난 이유는 왕릉의 건축 기법에 궁궐의 건축 기법을 혼합하려는 의도로 해석된다. 용주사는 궁궐도 왕릉도 아니기 때문에 엄격한 규칙을 따를 필요를 못 느꼈을 것이다. 이 외에도 용주사에는 해탈문 앞에 해태상을 세운다거나 기둥에 높은 돌 기초가 쓰이는 등 궁궐의 건축 기법이 혼재해 있다.[17] 이 모든 것이 왕릉의 능사이기 때문에 나타난 현상이다.

이탈리아 현대 건축가 마시밀리아노 푸크사스Massimiliano Fuksas의 시비타 카스텔라나 묘지Civita Castellana Cemetery에는 영릉에서와 같이 삶과 죽음의 여정을 상징하는 길의 이미지가 관찰된다.[18] 푸크사스의 묘지에는 큰 타원 하나가 묘지를 빙그르 한 바퀴 돌면서 경계를 형성하고 있다. 이 타원에는 철도가 놓이면서 길과 여정의 이미지를 상징하고 있다. 철도는 길과 여정을 대표하는 강한 상징성을 갖기 때문에 망자를 묻는 묘지에 철도를 사용한 것은 삶과 죽음을 길과 여정의 이미지로 해석하는 데 뛰어난 처리로 보인다. 또한 타원은 한 바퀴 돌고 난 후에 제자리로 돌아오기 때문에 윤회를 상징하기도 한다. 이런 점에서 푸크사스의 묘지는 삶과 죽음을 건축적으로

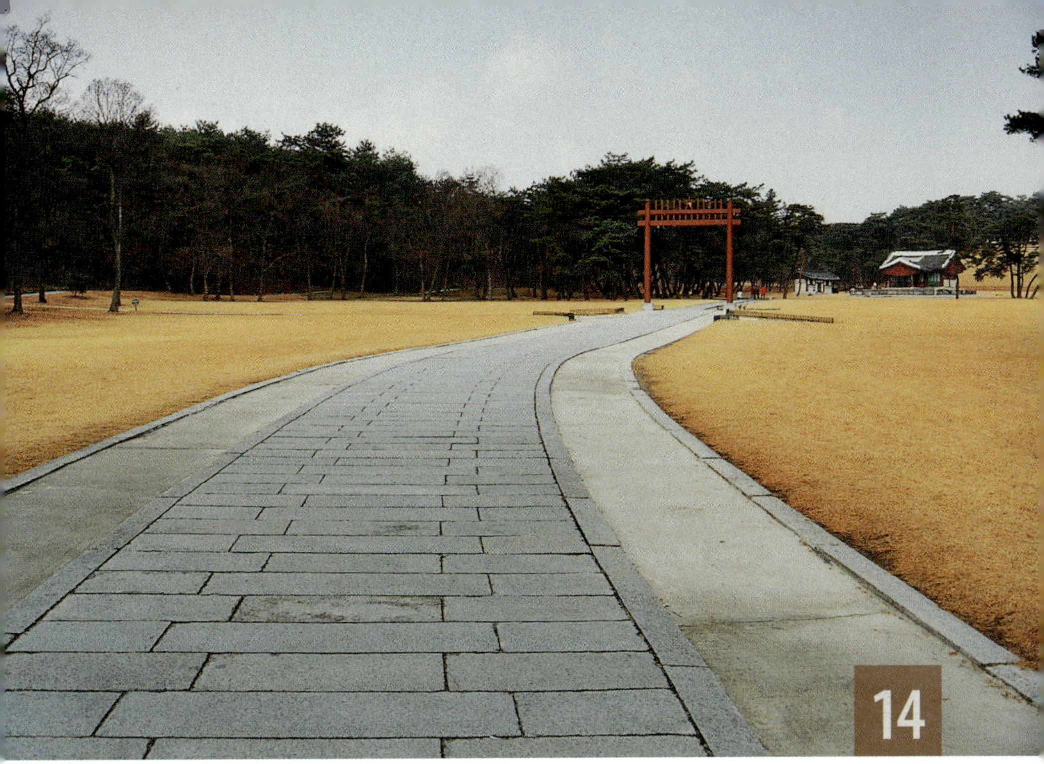

14

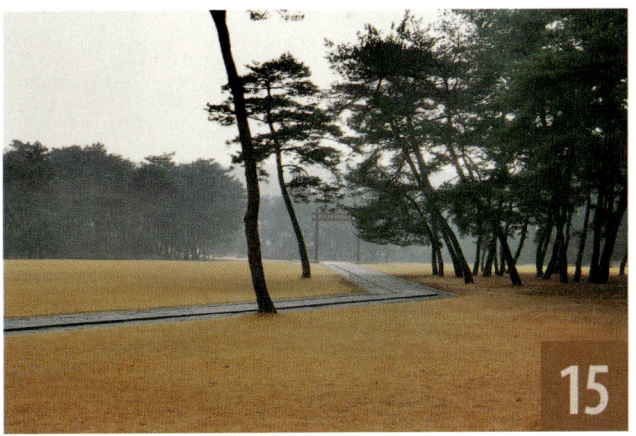

14, 15 영릉의 전경

광활한 평지에 곡선을 그리며 돌아가는 왕릉의 길은 왕이 살아온 삶의 여정이자
자연으로 돌아가는 망자의 여정을 상징한다.

15

16 용주사 진입 공간
융건릉을 지키는 절이었던 만큼 왕릉의 돌길과 닮은 곡선의 길이 만들어져 있다.

17 용주사 해탈문
산문에 해태상이 놓인 점이나 산문 기둥의 3분의 1가량이 석재 주초로 처리된 점 등 왕릉의 모티프가 혼용된 특징을 보인다.

해석하여 표현하는 데 동양적 개념을 많이 반영하고 있는 것으로 이해된다.

그러나 다른 한편 푸크사스 묘지에 쓰인 타원은 영릉과 같은 은근한 곡선의 맛을 보여주지는 못한다. 타원은 인간의 손으로 작도한 정형적 윤곽이 가장 강한 기하 형태 가운데 하나이다. 특히 길과 여정의 이미지를 표현한 구체적 처리에서 푸크사스의 묘지는 인간이 만든 대표적 기계인 철도를 상징체로 이용하였다. 이것은 송림을 끼고 완만한 곡선으로 유유히 흐르며 자연의 일부로 처리된 영릉의 경우와는 분명히 구별되는 내용이다.

서양 현대 건축에서는 묘지뿐만 아니라 일반 건물에서도 길과 여정이 중요한 주제로 탐구되고 있다. 이것은 일직선 복도를 따라 군인이 줄 서듯 획일적으로 건물을 구성하는 방식에 반발하여 좀 더 여유 있고 부드러운 조형 환경을 추구하려는 경향의 하나일 것이다. 기계 문명이 도입된 이후 지난 수십 년간 동서양을 막론하고 개발 제일주의가 판치면서 조형 환경은 온통 인간의 선인 직선만으로 개발되어왔다. 이 같은 개발은 더 많은 부동산 면적을 가져다주기는 했지만 그 대신에 조형 환경이 삭막해지는 결과를 불러왔다. 이러한 현상에 대한 반발로 1980년대 이후의 서양 현대 건축에서는 자연의 선인 곡선을 사용하려는 경향이 두드러지게 나타나고 있다. 이 경향은 환경 문제가 심각하게 대두되면서 그 해결책으로 시도되고 있는 생태 건축의 한 형태와 함께 나타나고 있기도 하다. 그리고 이 가운데에는 영릉에서 보았던 것과 흡사한 곡선 어휘가 많이 발견된다.[19]

이처럼 우리는 지금의 서양 현대 건축이 그들의 문제점을 해결하고자 추구하려는 바를 이미 수백 년 전에 지녔던 경험이 있으니 이러한 점은 자랑할 만하다고 하겠다. 이와 같은 현상은 길과 여정이라는 주제에만 나타나는 것은 아니다. 길과 여정은 단순히 곡선의 문제로만 끝나지 않고 계단과 축의 문제로 이어지는데, 이 주제에서도 역시 한국 전통 건축은 훌륭한 예를 가지고 있다.

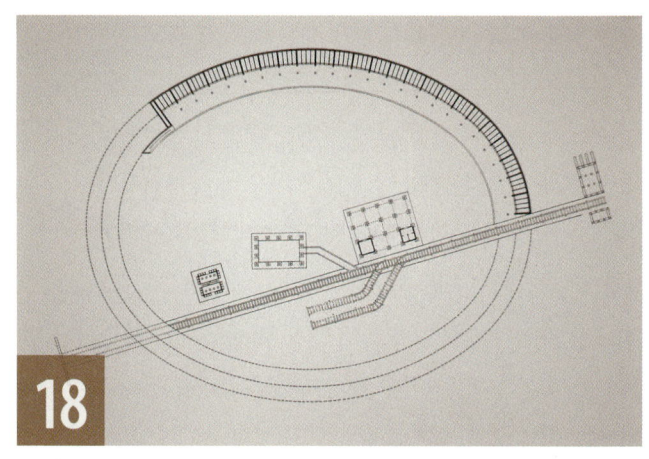

18 마시밀리아노 푸크사스, 시비타 카스텔라나 묘지 Civita Castellana Cemetery, 이탈리아 시비타 카스텔라나, 1994년
타원을 그리는 기찻길의 모티프는 한국 전통 건축의 왕릉이 보여준 곡선 길의 모티프와 닮아 있다.

19 헤로 아르노 아키텍츠, 모레스텔 Morestel 고등학교, 프랑스 모레스텔, 1994-1995년
단조로운 일직선 복도의 폐해를 만회하기 위해 건물 곳곳에 여정을 상징하는 길의 모티프를 사용했다.

10
계단과 축

오르고 되새기고
상상하고

봉정사 돌계단
VS. ─────
라우렌티안 도서관 곡선 계단

계단은 건축가에게 권력을 보장하는 건축 요소이다. 건축가는 계단을 통해 사람들을 이리저리 몰고 다닐 수 있다. 사람들은 좋건 싫건 계단을 따라 움직여야 한다. 때로는 90도로 꺾다가 180도 유턴을 시킬 수도 있고 때로는 일직선 거리를 쭉 뽑아 올릴 수도 있다. 계단은 이동 속도의 완급을 조절할 수 있는 뛰어난 수단이며 시선의 방향을 결정한다. 시선의 방향을 결정하기는 길도 마찬가지이지만 계단보다 속도 조절 기능이 떨어진다. 또한 계단은 이동 방향을 좌우로 조금씩 바꿔가며 전진할 경우 경쾌한 리듬감을 만들어주기도 한다. 특히 이러한 좌우 교대가 주변 계곡이나 골짜기의 생김새 같은 자연 지형에 맞춘 것일 경우 리듬감은 더없이 흥거운 경험으로 바뀐다. 이처럼 계단은 속도의 완급을 조절하고, 시선의 방향을 결정하며, 주변 환경과의 관계에 리듬감을 부여하는 세 가지 기능을 동시에 갖는다. 그렇기 때문에 다른 요소와는 확실히 구분되는 독특한 건축적 체험을 하게 한다.

독창적인 건축적 체험의 도구, 계단
:

한국 전통 건축의 계단 속에는 위의 모든 것이 들어 있다. 물론 한국 전통 계단에만 국한된 이야기는 아니다. 세계 각국의 건축은 모두 대표적인 계단 한두 개씩은 갖고 있다. 서양 건축은 서양 건축대로 레오나르도 다 빈치나 미켈란젤로 같은 내로라하는 천재들이 모두 계단 연구에 적지 않은 노력을 기울였다. 그들 나름대로의 특징적 계단 처리 기법이 전해져 내려오고 있으며 이 같은 현상은 현재에도 계속되고 있다.[1] 그런데 서양 건축가들이 그들 선조의 계단 처리 기법을 전수해온 것과는 달리, 안타깝게도 우리는 우리 전통 계단의 매력을 잇지 못하고 있다. 서양식 계단을 시도해보기도 하지만 그들의 선조로부터 그들만의 처리 방식을 대물림 받은 서양의 천재들만큼 잘

1 오타비아노 마스카리노, 퀴리날레 팔라초 Palazzo del Quirinale, 이탈리아 로마, 1583-?년
건축가들은 자신의 조형 솜씨를 뽐내는 동시에 사용자의 동선을 결정할 수 있는 매력적인 부재인 계단으로 많은 걸작품을 탄생시켰다.

해내지는 못하고 있다. 이러한 점에서 한국 전통 계단의 매력을 살펴보는 일은 큰 의미를 갖는다.

한국 전통 계단의 매력이 가장 잘 나타난 곳은 사찰의 진입 공간이다. 한국 전통 건축에서는 중층 건물이 거의 없었기 때문에 실내에서의 계단 처리는 발달하지 못했다. 궁궐의 정전이나 마곡사 대웅보전 같은 중층 건물이 몇 채 있긴 하지만 속은 단층 공간이다. 한국 전통 건축에서는 실내의 수직 이동에 계단이 쓰일 일이 거의 없었다. 그 대신 한국의 전통 계단은 옥외 공간에서 뛰어난 예를 남긴다. 사찰 진입 공간은 그 대표적인 경우이다. 계단은 길과 여정의 개념으로 해석되는 사찰 진입 공간의 성격을 결정하는 데 앞서 소개한 산문이나 소품 등과 더불어 핵심적 역할을 한다.[2] 길과 여정의 참 멋은 계단이 더해지면서 완성된다. 이는 계단만이 줄 수 있는 독특한 체험에서 기인한다.

계단은 이동 방식 가운데에서 몸의 수고를 가장 많이 느끼게 하는 방식이다. 이 때문에 사람들은 계단을 오르면서 내가 지금 움직이고 있구나 하는 이동의 의식을 가장 생생하게 몸으로 체험하게 된다. 계단을 오르며 이동하는 경우 지나온 여정이 기억 속에 가장 또렷이 남는다. 이것은 그대로 앞으로의 여정에 대한 강한 기대감으로 이어진다. 지나온 길의 체험을 되새기고 앞으로 나올 길이 어떠할 것인가를 상상함으로써 목적지로 향한다는 느낌을 체득하게 된다. 일주문에서 시작하여 천왕문과 해탈문을 지나 대웅전에 이르는 사찰의 긴 진입 공간은 계단의 이 같은 기능에 의해 사람들의 마음속에서 마치 끈으로 엮이듯 연속적인 경험으로 이어진다.[3] 그리고 이러한 연속적 경험은 진입 공간의 전 과정을 하나의 축 위에 놓이게 한다. 축이란 여러 방이나 건물이 배열될 때 그들 사이의 질서를 정하는 중심 방향을 말한다. 축은 궁궐이나 서원, 향교처럼 정해진 구역 내에 건물이 들어 있는 경우 한눈에 직접 보이기도 한다. 또 소수서원紹修書院처럼 축이 존재하지

2 정수사 입구

주변 환경과의 조화를 바탕으로 삼은 한국 전통 건축에서 계단은 건축가의 솜씨를 뽐내는 곳이라기보다는 편안한 동선을 제공하는 여정의 의미이다.

3 용문사의 엇갈린 계단

사찰 진입 공간 내에서 여러 차례 등장하는 계단은 주변의 지세에 맞추어 어긋나기도 하고 넓어졌다 좁아지는 등 자연스러운 변화를 보여준다.

않기도 하며 사찰의 진입 공간처럼 일정한 거리를 이동하는 경우 상상 속에서 형성되기도 한다.

계단 위로 걷는 여정

사찰의 진입 공간에서 계단의 역할이 가장 잘 드러난 예로는 부석사를 들 수 있다. 부석사는 소백산맥을 뒤로하고 산 속을 따라 연속적으로 여러 단의 계단을 오르며 경내에 진입하게 되어 있다. 가장 먼저 나오는 계단은 천왕문 앞의 계단이다. 이 계단은 앞서 '문과 상징' 편에서 소개했듯이, 높은 석축 위에서 아래를 향하여 혓바닥을 내민 것 같이 길게 뻗어 나온 독특한 모습이다.

천왕문을 지나 첫 번째 누각인 범종각 앞마당에 이르기까지는 세 개의 계단을 오르게 된다. 세 계단 모두 높낮이가 다르고 계단 폭이 넓어졌다 좁아졌다 하면서 이동 경험을 다양하게 한다.[4] 경험의 다양화는 계단 오르는 육체적 긴장감을 누그러뜨리는 대신 건축적 긴장감을 높이는 기능을 한다. 특히 천왕문에서 범종각에 이르는 이 과정은 산 속을 지나는 길이기 때문에 자칫 종교적 긴장감이 풀리기가 쉽다. 이 같은 계단 처리는 불쾌한 강압이 아닌 건축적 경험의 변화라는 즐거운 체험으로써 긴장감을 높인다.

범종각 앞마당에 이르면 여섯 단 내지 일곱 단의 좁고 긴 계단이 세 번 급하게 반복되면서 누하진입 방식으로 범종각 밑을 통과한다. 일종의 스타카토 같은 급한 박자를 만들어내면서 범종각을 올려다보며 접근하는 사람들의 마음속에 긴장감을 불러일으킨다.[5] 이 과정에서도 맨 마지막 계단은 약간 축이 틀어지면서 긴장감 속에 한 줄기 바람 같은 여유를 만들어준다. 범종각을 통과하면 바로 가슴 높이의 석축과 계단이 나오면서 저 멀리 비스듬한 사선 방향으로 안양루와 무량수전이 눈앞에 들어온다. 안양루 앞에는 다시 높은 석축이 놓이면서 계단이 나 있다. 혓바닥을 내민 것처럼 길게 뻗어 나온 모습이 천왕문의 계단을 닮았다. 마치 사람을 혓바닥으로 돌돌 말아 경내로 빨아올릴 것 같은 계단을 올라 누각 밑을 지나면 마지막 계단이 나온다. 이것을 오르면 최종 목적지인 무량수전 앞에 도달한다.[6]

　　　　부석사의 범종각과 안양루는 이를테면 해탈문의 역할을 한다. 두 누각 사이의 공간은 해탈문 앞에 섰을 때와 같은 긴장감으로 가득 차게 된다. 범종각을 나와서 위로 눈을 들면 전체적으로 검은 색조를 띤 안양루가 수문장처럼 버티고 있다. 그 뒤로는 노란색으로 밝게 빛나는 무량수전의 고운 자태가 살짝 보이면서 종교적 흥분은 높아져 간다. 이번에도 안양루로 오르는 마지막 계단은 축이 약간 틀어져 있다. 안양루는 범종각에 대하여 약간 옆으로 돌아앉아 있기 때문에 범종각을 지나 안양루로 오르기 위해서는 안양루 앞에서 방향을 한 번 꺾어야 한다. 그 과정에서 자칫 걷잡을 수 없이 달아오르기 쉬운 종교적 흥분을 잠시 가라앉히는 반작용 같은 것을 경험하게 된다. 마지막 절정에 오르기 직전의 숨고르기와도 같다.[7] 그리고 누하진입에 의하여 안양루 밑을 통과하고 마지막 계단을 오르면 무량수전의 황홀한 모습이 눈앞에 펼쳐진다.

　　　　부석사의 진입 공간에서는 산속 깊은 곳을 향하여 끊임없이 계단을 올라야 한다. 하지만 높이, 폭, 깊이, 단수, 방향, 각도 등을 계속 바꿔가며 다양하게 처리하고 있어 절대 지루하거나 힘들지 않다. 특히 계단의 축이 끊임없이, 그러나 절대 급하지 않게 조금씩 틀어지면서 사람을 끌고 들어가는 속도감이 있다. 전통 춤사위나 남사당의 줄타기 등에 공통적으로 나타나는 절묘한 속도 조절과 같은 느낌을 자아낸다. 그 결과 긴장과 이완이 적절히 교대하여 나타나고 주변에 펼쳐지는 공간 속에서도 리듬감 있는 완급의 느낌을 체험하게 된다.

　　　　이처럼 부석사는 속세로부터 성역으로 진입해 들어가는 위

4 부석사 천왕문과 범종각 사이의 계단
5 부석사 범종각 앞 계단 **6,7** 부석사 안양루 앞 계단

산문 사이의 진입 공간에서 계단이 적극적으로 활용된다. 좁고 급한 계단이 연속적으로 나타나다가 갑자기 각도가 틀어지는 등 변화무쌍한 모습을 보여준다.

계가 주변의 자연환경과 어우러져 아주 자연스럽게 형성되어 있다. 이러한 느낌은 계단을 오르는 중간 중간에 계속 뒤를 돌아보면서 저 아래쪽에 펼쳐지는 소백산맥의 아름다운 전경을 감상할 때 마지막으로 완성된다. 부석사의 계단을 실제로 밟고 오르면서 고유의 속도감을 느낄 수 있다면 한국 전통 건축이 가진 또 하나의 참 멋을 알게 되는 것이다.

인간의 손으로 만든 계단 vs. 자연이 만든 계단

인간의 기술 의지를 바탕으로 발전해온 서양 건축은 그들 나름대로의 걸작 계단을 가지고 있다. 레오나르도 다 빈치와 브라만테의 나선형 계단, 베르니니의 바티칸 교황청 앞 계단, 프란체스코 데 산크티스Francesco de Sanctis의 스페인 계단Spanish Steps 등이 그 대표적 예이다.[8] 특히 미켈란젤로는 서양 건축사에서 걸작으로 평가받는 계단 작품을 많이 남겼다. 라우렌티안 도서관Laurentian Library의 계단도 그중 하나이다.[9]

라우렌티안 도서관의 계단은 실내에 위치하기 때문에 한국 사찰의 진입 공간에 나타나는 것과 같은 여정의 개념은 아니다. 그 대신 미켈란젤로 특유의 돌 다루는 솜씨가 작품 전체의 특징을 결정하고 있다. 이 계단은 중앙부와 양측부의 세 겹으로 구성된다. 중앙부의 계단은 유동성이 강하게 느껴지는 곡선 윤곽으로, 반면에 양측부의 계단은 짧고 강한 직선 윤곽으로 각각 처리되어 있다. 이는 강한 대비 효과를 일으키면서 중앙부 계단의 유동성을 강조하는 결과로 나타난다. 중앙부 계단의 곡선 윤곽은 마치 용암이나 물이 위에서 아래로 파도를 일으키며 흘러내리는 것처럼 느껴진다. 계단을 오르는 방향과는 반대로, 위로부터 유동체가 흘러내리는 듯한 느낌은 계단을 통한 이동성을 약화시키려는 의도에서 비롯된다. 사람을 이동시키는

8 프란체스코 데 산크티스, 스페인 계단 Spanish Steps, 이탈리아 로마. 1723-1725년
인간의 기술력을 자랑하는 웅대한 스케일의 계단 작품 중 하나이다.

부재인 계단이 오히려 사람을 밀어내리는 것처럼 처리된 것인데, 상식을 뒤엎는 이런 역설적 처리는 매너리즘의 전형적인 기법 가운데 하나이다.

　　　　　　이상과 같은 처리들은 모두 궁극적으로 미켈란젤로의 타고난 조각적 재능에 의한 결과이다. 이는 계단의 건축적 특징을 그만큼 인간의 인공적 손재주에 의존하려 함을 의미한다. 계단을 가급적 비가공 상태로 놔둔 채 주변의 자연환경과 맞추려 하는 한국 전통 건축의 경향과는 서로 구별된다.

　　　　　　한국 전통 건축에서도 유동체의 윤곽으로 처리한 돌계단의 예는 많이 발견된다. 특히 비가공 상태의 돌을 사용한 산사의 돌계단은 정도의 차이가 있을 뿐 거의 모든 경우가 그러하다. 봉정사의 돌계단이 가장 대표적인 예이다.❿ 이 돌계단은 다듬지 않은 크고 작은 돌을 울퉁불퉁한 상태 그대로 쌓았다. 아래에서 올려다보면 울퉁불퉁한 면이 연달아 반복되면서 마치 파도가 넘실대는 모습처럼 보인다. 그러나 같은 파도의 모습이라도 미켈란젤로의 경우와 같이 사람을 밀어내리려는 의도는 느껴지지 않는다. 미켈란젤로의 계단은 배가 볼록 나온 것처럼 곡선 윤곽의 가운데가 둥글게 튀어나왔기 때문에 사람을 밀어내리는 효과를 가진다. 이에 반해 봉정사의 돌계단은 끝부분이 평평하게 맞춰지면서 사람을 밀어내리는 느낌은 전혀 주지 않는다. 계단 끝의 만세루를 종착점으로 삼아 파도가 흘러가듯 사람을 싣고 유유히 흘러갈 것 같은 느낌을 준다.⓫ 특히 울퉁불퉁한 와중에도 각 돌계단마다 윗면은 사람 발바닥 하나를 올려놓을 수 있도록 평평하게 다듬어져 있다. 이는 사람을 위로 끌어올리는 듯한 느낌을 배가한다. 이와 같은 특징은 만세루 밑을 통과하는 돌계단에서도 반복되면서 대웅전 앞으로 사람을 끌어 인도하고 있다. 또한 돌계단 주변의 석축 역시 돌계단의 분위기와 잘 어울리는 모습이다. 석축을 쌓아놓은 모습을 보면 땅에서 돌이 시작되는 부분의 경계선이 있는 듯 없는 듯하다. 언뜻 봐서는 이 석축을 사람이 쌓은 것인지 자연

9 미켈란젤로, 라우렌티안 도서관 Laurentian Library**의 전실 계단, 이탈리아 피렌체, 1524년**
용암이 흘러내리는 듯한 곡선과 남성다운 직선이 조화를 이루고 있는 이 계단은 매너리즘 건축을 대표하는 작품이다.

10 봉정사 일주문에서 만세루 사이의 돌계단 **11** 봉정사 만세루 밑 돌계단
울퉁불퉁한 돌이 반복적으로 쌓이면서 자연스러운 리듬감을 형성한다.

이 쌓은 것인지 구별하기가 어려울 정도이다.

위와 같이 유동체의 곡선 윤곽이라는 동일한 주제를 가지고 미켈란젤로는 조각 솜씨에 기초한 말끔한 곡선 윤곽으로 표현한 반면, 봉정사 돌계단은 비가공된 자연석의 울퉁불퉁한 상태로 표현하는 차이를 보인다. 그렇다면 미켈란젤로의 정교한 돌 처리 솜씨는 봉정사 돌계단보다 더 가치 있는가. 아니면 늘 하는 이야기대로 봉정사 돌계단과 같은 우리의 전통 문화가 미켈란젤로의 라우렌티안 도서관 계단과 같은 서양의 전통 문화보다 우월한가. 이 문제는 우열의 관점에서 판정을 하기보다는 두 문명권의 예술관의 차이로 보는 것이 좋다. 미켈란젤로의 작품은 그것대로 사람의 조각 솜씨로 그와 같은 분위기를 만들어냈으니 훌륭한 것이요, 봉정사의 돌계단 역시 그것대로 산 속에 널려 있는 돌을 거의 그대로 가져다 쓰면서 봉정사만의 또 다른 분위기를 만들어냈으니 이 또한 훌륭한 것이다.

우리는 한때 소중한 우리 것을 재래적인 것으로 천대하며 많은 전통문화를 잃어버렸던 수치스러운 과거를 가지고 있다. 지금도 이러한 현상이 많이 남아 있기는 하지만 한편에서는 우리 것을 발굴하고 지키려는 움직임도 단단히 형성되어 있다. 그래서 우리 것을 잊고 지내왔던 데에 대한 반작용으로 강한 민족주의적 시각으로 전통 문화를 해석하려는 시도가 팽배하기도 하였다. 이것이 그릇되다고 할 수는 없다. 그러나 문화를 보는 관점에는 한 가지 시각만 있는 것이 아니다. 이제는 우리 것을 지키는 방법에서도 우리 것과 서양 것이 지니는 고유한 특색을 모두 인정하고 그 각각의 특징을 선별해서 감상할 수 있는 높은 식견이 필요하다.

봉정사 돌계단에 나타난 비가공의 모습은 고난도의 자연 기법이라는 높은 가치를 갖는다. 이러한 가치는 인공적 솜씨의 경연장과 같았던 서양 문화에서는 찾아볼 수 없는 우리 전통 문화만의 특징임에 틀림없다. 최근 서양 현대 예술과 건축에서는 봉정사 돌계단에 나타난 것과 같은 자연의 비가공성을 추구하는 경향이 하나의 공통된 흐름으로 나타나고 있다. 예를 들어 화가 필립 거스턴Philip Guston의 <바다 속의 군집Group in Sea>을 보자.⓬ '배드 페인팅bad painting-나쁜 그림'이라는 별명으로 불리는 거스턴의 화풍은 봉정사 돌계단의 울퉁불퉁한 윤곽을 보고 그대로 모방한 듯한 유사성을 보여준다.

거스턴의 배드 페인팅은 정교하고 섬세한 완결성을 지향하는 서양 문명을 수천 년간 운용해 보았더니 결국 문명병밖에 안 남았다고 주장하는 반문명적 예술 운동이다. 그 대안으로 거스턴은 일부러 서툴고 투박하게 못 그린 그림의 화풍을 제시한다. 서양 현대 미술에서는 제2차 세계 대전 직후부터 거스턴과 유사한 예술관을 추구한 미술 운동이 많이 일어났다. 그런데 이러한 화풍이 봉정사 돌계단의 자연석 윤곽과 흡사한 모습으로 나타나고 있으니, 이것은 결국 문명을 해석하는 데에는 시공을 초월하는 동일한 고민이 있음을 보여주는 현상이라 하겠다.

비가공된 재료를 사용하여 자연과 친숙해지려는 한국 전통 건축의 특징은 나무 계단에서도 동일하게 발견된다. 특히 서원이나 사찰의 누각을 오르는 데 쓰이는 나무 계단에서 그 특징이 잘 드러난다. 예를 들어 옥산서원의 누각을 오르는 나무 계단을 보자.⓭ 이 계단은 기둥에 쓰이는 덤벙주초를 발판 삼아 거의 손대지 않은 나무 몸통 그대로를 올려 만든 것이다. 석축 위로 오르는 돌계단도 아니고 건물의 2층을 오르는 계단임에도 불구하고, 난간도 없는 데다 단의 높이도 다리를 한껏 벌려야 디딜 수 있을 정도로 높게 만들어져 있다. 나무 몸통을 잘라 계단 흉내만 내듯 꼭 필요한 처리만 해놓고서 더 이상의 인공적 손질은 삼가고 있다.

이런 계단을 처음 오르는 현대인들은 옆으로 떨어지거나 앞으로 넘어질 것 같은 불안감을 느낀다. 그러나 몇 번 오르내리다 보면 자기도 모르는 사이에 곧 습관이 들어 별 불편을 못 느끼게 된다. 그러다가 몇 번

12 필립 거스턴, 〈바다 속의 군집Group in Sea〉, 1979년
정형화된 규칙 일변도의 서양 전통 예술에 대한 반발로, 봉정사의
돌계단에 나타난 것과 같은 비가공의 모습을 하나의 독립적인
예술적 가치라 여기는 경향이 나타났다.

13 옥산서원 무변루
통나무를 그대로 깎아 만든 나무 계단이 놓여 있다.
자연 친화적인 형태 그 자체이다.

을 더 오르다 보면 급기야 이처럼 못난 계단이 그렇게 친숙하게 느껴질 수가 없다. 현대인인 우리는 계단이란 늘 안전해야 하고 각 단의 높이는 얼마 이상이면 안 되고 하는 식의 기능 제일주의적 시각에 친숙해 있지 않은가. 그런 자신이 이토록 짧은 시간에 이렇게 못난 계단과 친해진 것을 보며 깜짝 놀라기도 한다. 다른 한편으로는 우리가 건축의 절대적인 의무라 여기는 기능주의적 내용이 사실은 하나의 편견이나 관습에 불과할 수 있다는 사실을 알려주기도 한다.

옥산서원에 쓰인 비가공 나무 계단은 서양 현대 조각가 데이비드 내시David Nash의 작품에서 놀라울 정도로 똑같은 모습으로 나타나고 있다.[14] 내시는 현대 기계 문명에 반대하여 자연을 스승으로 삼아 원시 상태로 돌아가자는 원시주의 예술 운동을 펼친 조각가이다. 내시가 막다른 골목에 다다른 서양 문명에 대한 마지막 해답으로 제시한 작품이 옥산서원의 나무 계단과 똑같은 모습으로 나타난 것을 어떻게 해석해야 할까.

물론 일차적으로는 우리 선조가 수백 년 전에 가졌던 예술관이나 세계관이 그만큼 자연과 인간을 위한 것이었으며 따라서 우리 것이 소중하고 위대한 것임을 증명하는 예가 될 수 있겠다. 또 한편으로는 두 계단이 이토록 닮은 것을 우연의 일치로 보기에는 그 유사성이 너무 강하다는 생각이 들 것이다. 틀림없이 내시가 옥산서원의 계단을 흉내 낸 것이라 단정 지을 만하다. 혹은 꼭 옥산서원이 아닐지라도 극동 지방의 전통 건축에 공통적으로 나타나는 이러한 계단을 어디선가 보았을지도 모른다. 그러나 이제는 단순히 어느 한쪽에서 다른 쪽에 영향을 끼쳤다는 일방통행식 시각을 버려야 할 때이다. 결국은 동서양 모두 사람 사는 문제와 자연을 바라보는 문제에 대해 동일한 고민을 해왔다고 보는 시각이 필요하다. 그래야만 양쪽 문화 속에 숨어 있는 지혜를 골고루 다 볼 수 있다. 세계는 점점 동양이나 서양 어느 한쪽 문명권의 문화만 가지고서는 불완전한 채로 남을 수밖에 없는 시대로 접

14 **데이비드 내시, 숲속의 계단**Sylvan Steps**, 1987년**
서양 현대 예술의 자연주의 계열 작품. 옥산서원의 나무 계단과
너무나도 흡사한 모습이다.

14
ⓒ David Nash / DACS, London - SACK, Seoul, 2010

어들고 있다. 서양 현대 건축에서 그 어느 때보다 훨씬 강하게 동양의 영향이 나타나고 있는 것을 보면 알 수 있다. 우리 것에 대한 확고한 자신감을 바탕으로 동서양의 공통적 고민을 이해할 수 있는 확장된 시각이 필요하다.

    부석사와 봉정사 등의 돌계단에 나타난 자연스러운 리듬감은 인공적 조영을 자제하고 주변의 지세에 맞추려는 겸손한 세계관의 산물이다. 특히 축을 조금씩 틀면서 사람을 끌어들이는 유인 기법은, 사람의 자연스러운 감각 속에 과학이나 논리성으로는 설명이 안 되는 무형의 가치가 숨어 있음을 증명하는 현상이라 할 만하다. 이처럼 한국 전통 건축의 계단과 축에 나타나는 자연스러움은 대칭과 비대칭의 문제와 동일한 주제이기도 하다.

11
대칭과 비대칭

정형적 법칙에서
순응의 질서로

**소수서원의
비대칭적 대칭**

vs. ─────────

**서양 고전 건축의
좌우 동형적 대칭**

한국 사찰의 배치도를 보면 대부분의 경우 전각들이 뒤뚱거리듯 자유분방하게 배치되어 있다. 중앙을 따라 등뼈와 같은 축을 찾을 수는 있다. 그러나 이 축의 좌우에 늘어선 전각들은 위치, 방향, 크기 등이 제각각이라 그 배치 방식을 규칙화하기는 힘들다. 화엄계, 미륵계, 미타계, 법화계, 통불교 등과 같은 불교 내 각 종파의 교리가 전각 배치에 영향을 끼쳤을 것이라는 주장이 제기되어 연구 중에 있지만 그 내용은 일반인이 이해하기에 다소 어려운 것이 사실이다. 한국 사찰 건축의 배치에는 좌우 대칭 등의 기하학적 도식으로 단순화할 수 있는 규칙이 거의 존재하지 않는다. 물론 대웅전 앞 중정 등의 예를 보면 부분적으로 대칭이 나타나기도 한다. 그러나 사찰 전체로 보면 대칭은 심하게 깨져서 거의 찾아볼 수 없다.

비대칭 구성과 친자연적 조영관

한국 전통 건축은 비대칭 구성을 큰 특징으로 갖는다. 이는 사찰에만 국한된 것이 아니다. 궁궐, 서원, 향교, 한옥 모두 전체 배치를 놓고 보면 좌우 대칭인 경우가 하나도 없을 정도로 철저하게 비대칭 구성으로 이루어져 있다. 사찰의 대웅전과 마찬가지로 궁궐은 정전 앞, 서원과 향교는 대성전 앞마당에 부분적으로 대칭 구도가 나타나긴 하지만, 이 경우도 역시 전체 배치를 놓고 보면 누군가가 일부러 건물들을 조금씩 옮겨놓은 듯 주변으로 확산되어 가면서 대칭 구도는 여지없이 깨지고 있다.[1,2]

궁궐과 같이 전각 수가 많고 영역의 규모가 큰 경우에는 대칭을 지키기 어려운 것도 사실이다. 그러나 서양의 경우 베르사유 궁전, 루브르 궁전, 보 르 비콩트 성 등 규모가 큰 건물임에도 불구하고 좌우 대칭의 구성을 갖는 예는 얼마든지 있다.[3] 마음만 먹으면 궁궐 규모일지라도 대

1 병산서원의 입교당 앞 중정 **2** 옥산서원
한국 전통 건축에서는 왕궁과 같은 특수한 경우를 제외하고는 좌우 대칭이 잘 지켜지지 않는 비대칭 구성을 갖는 경우가 많다.

칭 구도로 짓는 것이 가능하다는 이야기이다. 이렇게 보았을 때 한국 전통 건축에서는 오히려 의도적으로 대칭 구도를 피한 것이라고 해석할 수 있다. 왜 그랬을까.

건축이란 것이 어차피 땅 위에 인간 세계만의 새로운 질서를 세우는 작업이라고 보았을 때, 대칭 구도는 가장 먼저 생각해 내기 쉬운 질서 가운데 하나이다. 따라서 건물을 대칭으로 짓는 것은 세계 각국의 공통된 현상이다. 특히 정형적 질서를 추구한 서양 고전 건축의 경우에는 대칭을 선호하는 경향이 강박관념에 가까울 정도로 심하게 나타난다. 이처럼 보편적 현상에 가까운 대칭 구도를 유독 한국 전통 건축에서 찾아보기 힘든 이유는 무엇일까.

무엇보다도 주변의 자연 지세에 순응했기 때문이다. 구릉이 흐르고 계곡이 파이며 때로는 물길이 나 있는 자연 지세에 맞추다 보면 대칭 구도는 자연히 피할 수밖에 없다. 이것은 자연을 인간의 선인 직선으로 정지整地하고 재단함으로써 그 위에 인간만의 새로운 질서를 세우려던 서양식 자연관과는 분명히 구별되는 한국 전통 건축의 자연관에서 나온 현상이다. 사찰이나 서원 등은 대부분 도시에서 벗어나 자연 속에 짓는 경우가 많았다. 주변의 땅 생긴 모습을 좇아 물 흐르듯 자연스럽게 건물을 배치하는 경향은 한국 전통 건축이 지니는 두드러진 특징 가운데 하나이다.[4] 이런 친자연적 조영관造營觀은 한국 전통 건축에 나타난 비대칭적 경향에 대한 이유 가운데 가장 많은 사람이 동의하고 있는 사항이다. 그러나 이것만이 전부는 아닐 수 있다. 왜냐하면 평지에 지어진 건물의 경우에도 비대칭적 경향이 두드러지게 나타나기 때문이다. 물리적으로 보았을 때 대칭이 허용되는 경우인데도 이처럼 비대칭적 경향이 나타나는 것은 한국 전통 건축이 대칭보다 비대칭을 더 선호했음을 의미한다. 그 이유는 무엇일까.

그 해답은 '비대칭적 대칭'이라는 다소 역설적인 개념에서 찾

3 루이 르 보, 베르사유 궁전 Palais de Versailles, 프랑스 **4** 양동마을 향단 전경
서양 건축에서는 인간의 조형 의지에 대한 상징으로 좌우 대칭을 추구한 반면, 한국 전통 건축에서는 자연 지세에 순응하려는 자연주의 사상으로부터 비대칭 구도가 나왔다.

아야 할 것 같다. 비대칭의 의미는 여러 가지로 해석할 수 있다. 대칭이라는 정형적 질서에 반대하여 의도적으로 질서를 흐트러뜨리려는 무질서를 의미할 수도 있지만 비대칭에는 이것만 있는 것이 아니다. 비대칭에는 좌우 모습이 거울에 비치듯 똑같지는 않지만 전체적으로 보았을 때 큰 균형감이 느껴지는 경우도 있다. 이것은 산만한 혼란으로 나타나는 무질서적 비대칭과 달리 나름대로 고도의 질서를 갖는 또 하나의 대칭이다. 이러한 비대칭은 비대칭적 대칭으로 부를 수 있다. 한국 전통 건축에 나타나는 비대칭이 바로 이 경우에 해당한다.

소수서원의 무질서적 구성에 담긴 비밀

비대칭적 대칭 구성이 잘 드러난 예로 소수서원을 들 수 있다. 소수서원은 일곱 채의 건물로 구성되지만 이것들을 하나로 묶는 전체적인 질서는 존재하지 않는다. 담으로 가려진 사당을 제외한 일곱 채의 건물은 모두 제각각 아무 곳에나 원하는 대로 위치한다. 마치 큰방 안에 일곱 명의 사람들이 제멋대로 한 자리씩 차지하고 앉아 있는 형국이다. 대칭 구성은 둘째 치고 건물이 일곱 채나 모여 있는데도 그 흔한 축 하나 형성되지 않는다. 모든 것이 철저하게 비대칭으로 구성되어 있다.[5]

특히 대부분의 서원이나 향교가 대성전 앞의 중정만은 대칭 구도를 갖는 데 반해 이곳 소수서원에서는 그것마저도 전혀 형성되지 않았다. 실제로 소수서원을 걸어보며 이러한 비대칭 구성을 쉽게 느낄 수 있다. 정문을 지나 안으로 들어가면 강학당의 옆모습이 나타난다. 강학당을 지나 오른쪽 끝으로는 동재와 서재에 해당되는 학구재와 지락재가 90도 꺾여 마주보고 서 있다. 학구재 옆으로는 일신재, 직방재, 장판각, 전사청, 사당 등이 질서에 얽매이지 않고 한가로이 배치되어 있다.6 서원을 이리저리 거닐다 보면 건물들은 자유롭게 흩어져 있고 건물과 건물 사이는 멀리 떨어져 있다. 폐쇄감을 느낄 수 있는 마당이 한 군데도 없다. 머릿속에서 아무리 그리려고 해도 중심축이 그려지지 않는다. 마치 크고 작은 조약돌 몇 개를 무작위로 뿌려놓은 것 같은 무질서적 구성이다.

그러나 이러한 무질서는 결코 산만한 혼란으로 느껴지지 않는다. 어디 한 군데 막힘이 없이 크고 작은 건물들 사이로 공간이 뚫리면서 여러 종류의 마당들이 나타난다. 군데군데 나무들이 어울리면서 상당히 아름다운 공간을 형성한다. 각 건물들 사이에 경쟁적 긴장감은 느껴지지 않는다. 큰 건물은 작은 건물을 감싸안으려는, 그리고 작은 건물은 큰 건물과 잘 어울리기 위해 애쓰는 나름대로의 조화가 느껴진다. 강학당과 장판각과 직방재가 이루는 삼각형 사이의 어느 지점에선가 무게 중심이 존재하는 것을 직감적으로 느낄 수 있다.7 주도적인 중심축이나 대칭 구성 등 눈에 띄는 물리적 질서는 없으나 공간 전체를 보면 편안한 조화가 이루어지고 있음을 알 수 있다. 이것은 물리적 질서를 대신하는 또 하나의 질서이다. 이같이 외형적 질서에 대비되는 의미의 내재적 질서가 바로 비대칭적 대칭의 의미이다. 소수서원을 직접 거닐며 조금 모자란 듯 엉성한 구성이 이처럼 편안할 수도 있다는 사실을 깨닫는다면 한국 전통 건축의 또 다른 멋 한 가지를 알게 되는 것이다.

소수서원은 비대칭 구성을 특징으로 하는 대표적인 한국 전통 건축이다. 우선 이 서원이 비대칭적 대칭의 구성을 갖는 이유에 대해서는 여러 가지 설명이 가능하다. 우선 소수서원이 신라 초기의 숙수사宿水寺라는 사찰의 폐사지廢寺地에 세워졌기 때문에 비대칭 구성을 갖는 사찰의 영향을 강하게 받았을 것이라는 설명이 있다. 그러나 이 터는 평지이므로 숙수사가 산지 가람이 아닌 평지 가람의 구성을 가졌을 가능성이 높다. 사찰 가운데서

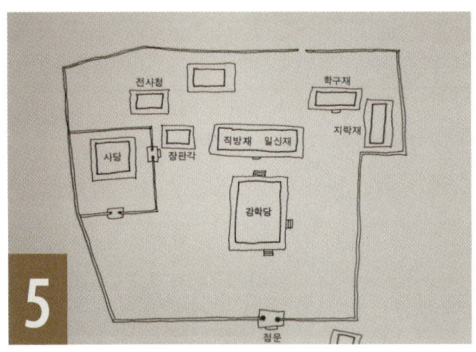

5 소수서원 배치도 6 소수서원 강학당 및 주변 공간 7 소수서원 강학당, 직방재, 장판각
일곱 채의 건물들이 무작위로 자리 잡은 듯 철저한 비대칭 구도로 이루어져 있다. 그럼에도 폐쇄감 없는 열린 공간을 만들어내며 한데 조화를 이루고 있다.

도 평지 가람은 비교적 정형적 구획을 갖는 경우가 많으므로 폐사지에 지어졌기 때문에 비대칭으로 구성되었다는 설명은 설득력이 떨어진다.

다음으로는 소수서원이 우리나라 최초의 서원이기 때문에 아직 서원의 정형적인 구성 법칙이 형성되지 않았을 것이라는 설명이 있다. 그러나 서원은 처음부터 관학 기관인 향교의 자리를 물려받으면서 형성되었기 때문에 소수서원이 지어졌을 무렵의 향교는 이미 상당히 안정된 배치 법칙을 보여준다. 실제로 소수서원이 지어졌던 1542년경에는 극도로 정형화된 상주향교(1485년)나 영천향교(1546년)가 지어졌다. 소수서원에서 처음부터 정형화된 공간 구성을 원했다면 당시 완성점에 달해 있던 향교들의 구성을 따올 수도 있었다.8 따라서 소수서원의 자유로운 구성을 완성도가 떨어지는 초창기 현상으로 보는 것은 무리이다. 소수서원의 비대칭 구성은 대칭 구성을 몰랐다기보다는 다른 목적이 있었을 것이라고 보아야 한다. 소수서원의 구성은 언뜻 보면 분명히 엉성해 보이는 것이 사실이지만 이것을 무질서나 미완성의 미숙한 모습으로 보기는 어렵다. 실제로 경험해보면 나름대로의 아기자기한 내재적 짜임새를 갖는 것을 알 수 있다. 또한 소수서원이 동일한 시대에 지어진 상주향교나 영천향교와 구성의 차이를 보이는 현상은, 그 나름대로의 명확한 사상을 표현하고자 했음을 의미한다.

소수서원의 이런 구성은 동양의 무위無爲 사상이 반영된 결과로 보아야 한다. 소수서원은 건물과 건물 사이가 자유롭게 사방팔방으로 잘 통하면서 무한대로 다양하게 변화하는 공간 구조를 형성하고 있다. 건물이 약간 어긋나고 축은 안 맞지만 그 사이사이에는 적당한 양의 외부 공간이 있다. 그 속에는 다시 크고 작은 나무들이 담겨 어울리면서 무궁무진하게 변화하는 장면을 보여준다.9 소수서원은 이처럼 공간의 종류가 무한대로 다양하게 짜인 뒤 수용이나 해석을 각자에게 맡긴다. 이러한 구성 방식은 바로 무위 사상으로부터 영향을 받은 것으로 이해할 수 있다.

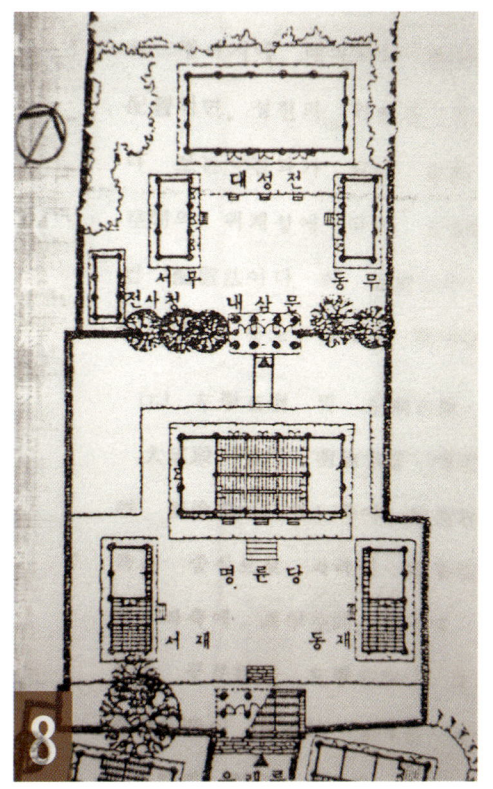

8 영천향교 배치도
소수서원과 같은 시기에 지어진 영천향교는 엄격한 대칭 구도를 갖춘 교육 공간이었다.

9 소수서원 장판각, 직방재
소수서원의 비대칭 구성은 어떠한 작위적인 질서도 거부하고 물 흐르듯 자연스러운 질서를 추구한 무위 사상을 바탕에 두고 있다.

이에 반해 서양 고전 건축은 엄격한 대칭을 바탕으로 한 정형적 질서를 최고의 건축적 가치로 추구한다. 이것은 땅 위에 인간만의 질서를 구축하는 수단으로서 건축을 이해하는 서양 문명의 조영관에서 비롯된 당연한 결과이다. 물론 서양에서도 자연을 닮으려는 친자연적 건축관은 존재한다. 하지만 적어도 18세기 낭만주의가 탄생하기 이전의 서양 고전 건축에서 자연이라 함은 인체를 의미했다. 이것은 자연을 지형지세로 이해한 한국 전통 건축의 자연관과는 상당한 차이가 있다.

기계론적 질서에서 임의성의 리얼리티로

서양 건축은 인체로부터 비례 체계와 좌우 대칭이라는 정형적인 건축 구성 법칙을 모방하였다. 그 결과 서양 건축에서의 대칭은 이상적 인체에 나타난 엄격한 좌우 동형을 의미했다.[10] 거울을 비춰 보는 듯한 좌우 모습의 동일성에 의해 대칭 개념을 정의하는 서양 고전 건축은, 좌우 모습은 다를지라도 전체적인 조화에 의해 대칭 개념을 정의했던 한국 전통 건축과 다시 한 번 차이를 보인다.

이 같은 서양 고전 건축의 좌우 동형적 대칭 개념은 공간 구성에서 한국 전통 건축의 무위적 특징에 대비되는 작위적 경향으로 발전한다. 처음부터 강하게 구획된 몇몇 종류의 공간적 틀을 만들어놓고 그것을 그대로 받아들일 것을 강요한다. 그리고 이에 대한 근거는 그러한 구획이 자연의 구성 법칙을 모방하여 얻었다는 데서 찾는다. 서양 고전 건축에서는 실내 공간이 두꺼운 돌 벽으로 엄격하게 구획되면서 모서리가 꽉 맞도록 처리된다.[11] 사용자에게 제시되는 공간 형태는 처음부터 건축가에 의해 확정되어 있다. 마당이 있기는 하지만 네 면이 모두 건물로 막혀 있다. 사용자가 선택할

만큼 다양한 종류의 공간이 제공되지 않는다. 사용자는 미리 결정된 절대적인 가치를 받아들이면 되는 것이다. 건물은 자연에서 모방한 절대적인 가치를 표현함으로써 지상 위에 새로운 질서를 세운 것이라 여겨졌기 때문이다.

　　이런 절대주의적 건축관은 20세기에 들어와서 더욱 심화되었다. 건축가들은 도면 위에서 일직선 복도를 긋고 좌우로 가지런히 방을 배치한 후 사용자에게 그대로 사용할 것을 강요하였다.⑫ 이때의 근거는 경제성과 효율성이라는 기계 문명의 기본적인 가치관이었다. 그 결과 주변 조형 환경은 단조롭고 삭막해지기 시작했다. 또한 결국은 그만큼 조형 환경의 질과 가치가 하락함을 의미했다. 건물의 가치를 평가하는 기준은 여러 가지가 있지만 부동산의 가치가 아무리 높더라도 사람의 감성을 황폐하게 만드는 건물은 결국 부가가치가 떨어진다고 평가할 수밖에 없다. 공사비를 절감하고 더 많은 세대 수를 얻기 위하여 각각의 세대나 건물 모두를 일렬로 배치하는 지금 우리 아파트의 삭막한 상황이 바로 이 경우에 해당한다.

　　1960년대 이후의 서양 현대 건축에서는 위와 같은 조형 환경의 파괴를 막기 위하여 절대주의적 건축관을 버리고, 그 대안으로 상대주의적 구성 방식을 시도하고 있다. 상대주의 건축 운동과 관련한 여러 가지 내용 가운데에는 소수서원에서 보았던 것과 같은 무위의 개념도 중요한 부분을 차지한다. 서양 현대 건축에서 무위는 무작위 혹은 임의성randomness이라는 상대주의적 가치로 환산되어 추구되며, 카오스chaos 역시 이것이 발전한 개념으로 이해할 수 있다.⑬

　　임의성의 개념이 서양 현대 건축에서 중요하게 취급되는 이유는 이것이 우리 현실 세계의 실제 상황을 잘 반영하는 높은 리얼리티를 갖는다는 데에 있다. 20세기 전반부의 서양 건축에서 리얼리티는 어떤 방식으로든 건축가의 손을 거쳐 각색되어야 한다는 신념이 기본 배경으로 깔려 있었다. 건축가들이 계획한 건축 세계를 통해 현실 세계가 개선된다는 기계론

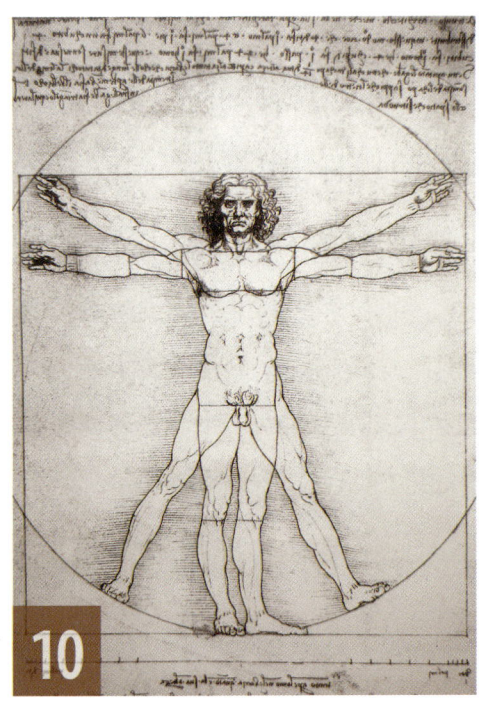

10 레오나르도 다 빈치, 〈비트루비우스 인체도Vitruvious Man〉, 1490년 11 루이 르보, 보 르 비콩트 성Chateau de Vaux-le-Vicmote, 프랑스 센 에 마르네, 1656-1661년
거울에 비춘 것같이 좌우가 똑같은 좌우 동형적 대칭 구도는 한국의 무위 사상과 대비되는 작위적 조형관을 기본으로 삼는다.

12 루드비히 힐버자이머, 하이 시티 계획안 Project for a High City, 1924년
작위적 질서를 강요하는 서양 건축의 절대주의 가치관은 기계 문명과 맞물리면서 20세기의 삭막한 도시 환경을 낳은 주범이 되고 말았다.

13 에릭 오웬 모스, 로손 웨스턴 하우스 Lawson-Weston House**, 미국 브렌우드, 1988-1993년**
서양 현대 건축에서는 절대적 대칭 구도에 대한 치유적 대안으로 상대주의적 비대칭 구도를
추구하려는 시도가 많이 등장하고 있다.

적 믿음이 20세기 전반부의 서양 건축을 이끈 원동력이었다. 이러한 기계론적 믿음 위에서 건축가들은 자신들이 불완전한 현실 세계를 완전한 상태로 정리하고 개선하는 사명을 부여받았다는 이상주의적 환상에 사로잡혀 있었다. 이와 같은 이상주의적 환상이 문명 변혁기에 기계 문명이라는 새로운 문명 체계가 자리 잡는 데 일정한 역할을 한 것은 사실이다. 문제는 이러한 기계론적인 건축관이 우리의 현실 세계와 너무 동떨어졌다는 데 있다. 특히 후기 산업 자본주의 시대에 접어들면서 개발을 통한 숨 가쁜 현실 개선은 더 이상 미덕이 아니다. 기계론적 건축관은 현실 세계를 파괴하는 주범으로 비판받는 상황 반전이 일어나게 되었다. 우리의 현실 세계는 건축가가 도면 위에 긋는 직선 몇 가닥에 의해 질서 정연한 유토피아로 결코 탈바꿈할 수 없다는 현실론적 인식이 확산되기 시작했다. 이러한 새로운 시대 상황 아래에서 건축적 리얼리티는 현실 세계를 가장 잘 반영하는 말 그대로의 '리얼한 리얼리티'로 정의되었다.

임의성은 건축에 국한된 개념은 아니다. 넓게 보면 현대 과학의 거의 모든 분야에서 새로운 주제로 다루고 있는 카오스 이론의 일부분이다. 카오스 이론이란 말 그대로 우리를 둘러싸고 벌어지는 자연 현상과 사회 현상이 사실은 불규칙 혼돈의 상태라는 가정 아래서 혼돈 상태의 운영 메커니즘을 파악해내려는 시도이다. 이전까지 우리는 자연 현상과 사회 현상은 정형화된 공식과 법칙에 의해 모두 설명될 수 있다고 믿어왔다. 절대주의적 세계관이 지배하던 전통 문명 아래 혹은 정역학적 산업 기계 생산 방식이 절대적인 지배력을 행사하던 20세기 기계 문명 아래 모든 학문과 예술 문화 활동은 정형화된 공식과 법칙을 찾는 작업이었다. 그러나 이미 고대 그리스 철학자들에 의해 밝혀졌듯이 우리 주변의 현상들 가운데 많은 부분은 공식화된 논리적 규칙에 의해서 설명될 수 없다. 이것은 후기 산업 자본주의의 상대주의적 가치와 맞물리면서 이제는 새로운 과학적 상식이 되어가고 있다.

카오스 이론은 이러한 상식의 바탕 위에 현실 세계의 불규칙한 혼돈 현상의 본질을 규명함으로써 이것이 붕괴적 멸망으로 끝나지 않고 나름대로의 질서를 유지하며 발전해가는 비밀을 밝혀내고자 한다.[14]

루카스 사마라스Lucas Samaras의 그림 <재개발 #90Reconstruction #90>은 위와 같은 내용을 잘 보여주는 예이다.[15] 이 그림은 도형 조각들을 뿌려놓은 것 같은 모습으로 구성되어 있다. 이 도형 조각들은 소수서원의 건물 배치를 연상시키듯 자유롭게 흩어져 있다. 그 사이사이를 무수히 많은 방향으로 뻗어 나가는 다양한 종류의 선들이 가르고 지나간다. 선들은 임의성 혹은 카오스를 상징한다. 도형 조각들은 주변에서 볼 수 있는 문양으로 장식되면서 일상 속 잡동사니를 암시한다. <재개발 #90>에서 임의성은 우리 주변에서 일어나는 일상 속의 실제 현상을 가장 포괄적이고 사실적으로 정의해주는 개념으로 제시된다. 임의성은 이제 더 이상 무책임한 혼란이 아니다. 현대 도시의 물리적 질서 상황이나 일상생활 속 사람들의 행태 등과 같은 현실 세계의 사실적 상황과 동의어로 정의되고 있다. 시대는 바뀌었고 현실 세계를 정리하고 개선하려는 기계론적 믿음은 이제 더 이상 현실 세계에 대한 우월적 상태로 인정되지 못하고 오히려 가장 비현실적 발상으로 비난받기 시작했다. 이 같은 후기 산업 사회적 상황에서 임의성이라는 개념은 기계론적 믿음을 대체하는 새로운 가치로 추구되고 있다.

아키텍처 스튜디오Architecture Studio의 <시장 재개발Rebuilding of Souks>이라는 드로잉 역시 서양 현대 건축에서 추구하는 임의성의 개념을 잘 보여주고 있다.[16] 기계론적 믿음이 팽배해 있던 1960년대 이전의 재래시장 재개발은 낡은 건물을 모두 헐어버리고 박스형 고층 건물을 새로 짓는 방식으로 진행되었다. 그러나 이곳 아키텍처 스튜디오의 드로잉에서 시장 재개발은 시장 속의 혼잡스럽고 다양한 현실 골격을 그대로 유지하면서 주변 건물들의 입면 개선을 시도하는 방향으로 제시되고 있다. 소수서원에 나타난

14 앤토니 고름레이, 〈유럽의 들판 European Field〉, 1994년
15 루카스 사마라스, 〈재개발 #90 Reconstruction #90〉, 1979년
현실 세계의 카오스적 질서를 모티프로 삼은 작품들. 현실 세계의 불규칙한 혼돈 현상 역시 나름의 규칙을 갖는 하나의 질서 체계라는 것을 보여준다.

무질서적 질서 혹은 비대칭적 대칭이라는 역설적 가치는 바로 서양 현대 건축에서 추구하는 임의성의 개념에 다름 아닌 것이다. 소수서원의 비대칭적 구성이 불쾌한 혼란으로 끝나지 않고 편안한 조화로 느껴지는 이유는 이러한 비대칭적 구성이 바로 현실 세계의 가장 솔직한 모습이라는 높은 사실성을 갖기 때문이다.

이상 살펴본 바와 같이 우리는 서양 현대 건축에서 추구하고 있는 임의성이라는 중요한 가치를 이미 수백 년 전에 구현해 보인 소수서원이라는 훌륭한 전통 건축의 예를 가지고 있다. 그러나 우리는 서구식 기계 문명을 받아들이기 시작한 지 50년도 채 안 되어 어느새 일렬로 반듯이 늘어선 배치가 가장 좋은 건축 구성 방식이라는 사고에 사로잡혀 있다. 혹은 극소수의 사람들은 이것이 나쁘다는 것을 알면서도 현실적으로 어쩔 수 없다는 한계를 이야기하기도 한다. 우리의 주변 조형 환경이 이렇게 삭막해져만 갈 경우 그 끝이 어떻게 될 것인지에 대한 진지한 고민의 목소리는 거의 들리지 않는다. 그보다는 돈을 더 벌 수 있는데 무슨 얘기가 필요하냐는 핏대 섞인 삿대질만 난무하고 있다. 지금 이 순간에도 우리는 돈에 눈이 멀어 콘크리트 상자를 일렬로 늘어놓은 채 계산기만 두드리며 좋아하고 있다.

이와 반대로 우리에게 서구식 기계 문명을 전해준 당사자인 서양 사람들은 도리어 동양적 가치관으로부터 자신들의 한계 상황에 대한 대안과 돌파구를 찾고 있는 아이로니컬한 상황이 벌어지고 있다. 앞서 이야기한 두 작품의 제목에는 모두 '재개발'의 의미가 들어간다. 이것은 서양 사람들이 생각하는 재개발이 이제 더 이상 기존의 오래된 환경을 깨끗이 밀어버리고 상자 같은 건물을 새로 세우는 데 있지 않다는 것을 의미한다. 그런 식의 재개발을 수십 년 해본 뒤에 내린 체험적인 결론이다. 그러나 우리의 재개발은 서양 사람들이 수십 년 전에 실패한 방식을 아직도 되풀이하고 있다. 그것으로도 모자라 서양에서도 볼 수 없던, 깡패를 동원하여 사람을 해치는 일

16 아키텍처 스튜디오, 〈시장 재개발Rebuilding of Souks〉, 레바논 베이루트, 1994년
혼잡한 현실 세계의 비정형적 질서 구도를 하나의 독립된 가치로 받아들이려는 경향을 드러낸다.

까지 일어나고 있다. 세상이 거꾸로 돌아가도 한참 거꾸로 돌아가고 있다. 동양이나 서양이나 결국 사람 사는 고민은 같다. 특히 우리가 서양 문명을 쫓아다니는 양상으로 볼 때 우리도 머지않아서 지금의 서양 사람들처럼 기계 맹신론에 대한 대안을 찾게 될 것이 틀림없다. 이대로 가다가 우리는 동양의 가치관 속에 숨어 있다는 그 대안들조차 우리 손으로 못 찾아낼 것이다. 그때 가서 우리는 지금 서양 사람들이 동양 전통으로부터 배워 자신들의 것으로 만든 새로운 가치를 또다시 대안으로 받아들이게 될 것이 틀림없다. 이 무슨 수치인가. 이런 걸 두고 조상님 뵐 면목이 없다고 하는 것 아니겠는가.

지금 이 순간 소수서원을 잘 들여다보자. 몇십 년 후면 서양의 새로운 가치관이라고 호들갑 떨며 받아들일 것이 그 속에 고스란히 들어 있다. 소수서원의 조금 모자란 듯하면서도 편안한 분위기는 비대칭적 구성 이외에도 건물 사이의 모서리를 열어놓은 처리에 의해서도 설명할 수 있다. 대칭과 비대칭의 문제는 사각형과 모서리라는 관점에서 새롭게 해석할 수 있다.

12
사각형과 모서리

열린 마당과
틈새의 미학

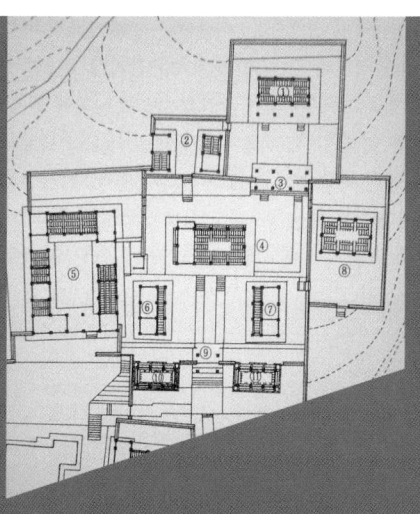

도산서원
vs.
뒤랑의 유형학

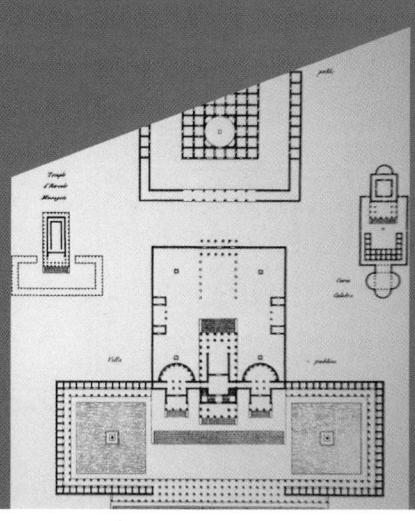

한국 전통 건축에서는 사각형 배치가 많이 나타난다. 앞서 살펴보았듯 사각형 마당을 중심으로 건물이 네 면을 막으면서 만들어 내는 아늑한 공간은 한국 전통 건축만의 멋 가운데 하나이다. 산사 대웅전 앞의 은은한 사각형 마당, 한옥 안채의 알뜰한 사각형 마당, 창경궁 명정전 앞의 적막한 사각형 공간, 종묘 정전 앞의 침묵이 흐르는 웅대한 사각형 공간, 병산서원 입교당 앞의 투명한 사각형 공간, 도산서원 농연정사의 짜임새 있는 사각형 공간, 안성향교 명륜당 앞의 진지한 사각형 공간 등등 참으로 무수히 많은 다양한 종류의 사각형 공간이 있다. 그리고 이 사각형 마당들은 모양과 크기뿐만 아니라 분위기나 표정까지도 변화무쌍한 다양성을 보여준다. 그러므로 각 건물에 담긴 의미를 알고 그에 어울리는 표정을 사각형 마당으로부터 읽어낼 수 있다면 한국 전통 건축의 또 다른 멋 한 가지를 알게 된다.[1]

사각형의 전시장, 도산서원

도산서원은 사각형 공간의 전시장이다. 일반적으로 서원은 문을 통해서 들어가면 통로 공간이 따로 없이 누각을 지나 강당과 중정 공간이 나오는 구성이다. 그런데 도산서원은 서원으로서는 특이하게 일직선의 통로 공간이 가운데로 뻗어 올라가면서 그 좌우 양편과 뒤쪽으로 여덟 개의 크고 작은 사각형 마당이 짜임새 있게 배치되어 있다. 마치 등뼈를 중심으로 신체의 각 기관이 좌우로 달라붙어 있는 형국이다. 이 여덟 개의 사각형 마당 속에는 서원을 구성하는 각 시설이 골고루 배치되어 있다.[2] 유생들의 기숙사에 해당되는 농운정사, 농운정사의 전용 식당인 하고직사, 노비들의 기숙사인 상고직사, 퇴계 선생이 지어서 후학들을 가르치고 본인이 공부하기도 했던 도산서당, 강당인 전교당과 강의실인 동재·서재, 서적 관리소 겸 출판소인 장판각,

1 양동마을 향단
한국 전통 건축에 가장 많이 등장하는 사각형 중정은
모양과 크기가 다양하며 풍부한 표정을 담고 있다.

도서관인 광명실, 사당인 상덕사, 제사 물품을 관리하고 상덕사를 지키는 전사청 등의 시설이 여덟 개의 마당 속에 배치되어 있다. 가히 서원 구성의 교과서일 뿐만 아니라 종합 교육 시설의 본보기라 할 만하다.

도산서원이 사각형 공간의 전시장이라 함은, 위에서 말한 시설들이 각각 사각형 마당 속에 들어앉은 방식이 모두 달라서 사각형 공간을 구성하는 다양한 유형이 이곳에 다 모여 있기 때문이다.[3] 중정을 갖는 'ㅁ'자형, 'H'자형, 'ㄷ'자형, '一'자형, '二'자형 등과 같이 건물 배치에 의하여 사각형 공간을 나누는 거의 모든 방법들이 망라되어 있다. 예를 들면 농운정사는 'H'자형, 하고직사는 'ㄷ'자형, 상고직사는 'ㅁ'자형, 도산서당은 '一'자형, 전교당과 동재·서재는 중정을 갖는 'ㅁ'자형, 장판각과 광명실은 '一'자형, 상덕사와 전사청은 '二'자형 등의 사각형 구성 방식을 각각 보여준다.

도산서원의 사각형 마당들이 이 같은 기하학적 형태로만 분류되는 것은 아니다. 실제로 가서 도산서원의 각 시설 사이를 걸어보면 참으로 변화무쌍한 사각형 공간 구성을 경험할 수 있다.[4,5,6,7,8] 어머니 품같이 아늑한 농운정사와 하고직사 앞마당, 엄숙하면서도 아기자기한 기지의 전교당 앞 중정, 청아한 무욕無慾의 도산서당 앞마당, 위풍당당한 광명실 앞마당, 한적한 외딴섬 같은 상고직사 앞마당 등등 표현할 형용사가 부족할 정도로 다양한 느낌의 사각형 마당이 모여 있다. 가히 인생과 현실의 축소판이라 할 만하다. 기하학적으로 정의되었던 물리적 용기인 사각형 마당은 이곳 도산서원에서 감정과 분위기를 표현하는 감성체로 발전하고 있다.

그러나 이것이 전부가 아니다. 도산서원의 참 멋은 다양한 사각형 마당들이 서로 사이좋게 어울려 더 크고 더 다양한 하나의 큰 공간을 만들어 내는 데에 있다. 사각형 마당들이 서로 인접하는 데 있어서 어떤 경우에는 나란히 앞뒤로 붙다가 좌우로 차례대로 늘어서기도 한다. 또 어떤 경우에는 큰 사각형 마당 옆에 작은 사각형 마당이 한 귀퉁이에 붙기도 하고

2 도산서원, 중앙 통로에서 올려다본 전경 **3 도산서원 배치도**
등뼈에 해당하는 중앙의 통로 공간을 중심으로 다양한 사각형 공간들이 배치되어 있다. 가히 사각형 공간의 전시장이라 할 만하다.

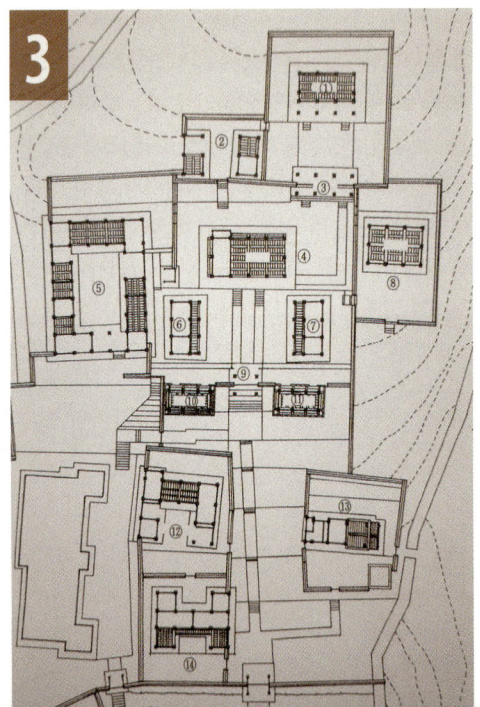

4

5

6

4 하고직사 **5** 전교당 **6** 도산서당 **7** 광명실 **8** 고직사
도산서원 곳곳의 사각형 마당들은 제각기 다른 표정을 품고 있다.

경사진 곳에서는 마당들 사이에 높낮이 차이가 나기도 한다. 사각형 마당을 나누는 담을 처리하는 데에도 어떤 곳은 담이 완전히 다 막혀 있고 어떤 곳은 담 중간에 문이 나다가 급기야 담이 반밖에 없고 나머지 반은 뚫려 있기도 한다. 마지막으로 이렇게 형성된 공간 속에 수목과 연못이 담기면 사각형 마당 만들기는 끝난다. 도산서원에는 이렇게 다양하고 많은 종류의 공간들이 등을 맞대고 연달아 붙어 있지만 전체를 유지하는 큰 질서가 엄숙히 살아 있음이 느껴진다. 도산서원을 거닐다 보면 음양오행의 오묘한 이치를 농축적으로 담고 있는 팔괘八卦를 보는 것 같은 느낌이다.[9] 도산서원은 그 자체가 작은 우주요, 하나의 완결된 세계이니 이것이 바로 축소된 현실의 의미이기도 하다.

서양 건축이 사각형을 다루는 방식

서양 건축은 인간의 손에 의한 인공적 질서를 궁극적인 목표로 추구한다. 따라서 기하학적 완결성은 건축 구성의 중요한 요소이다. 특히 서양 고전 건축의 경우, 기하학적 완결성이 가장 높은 원과 정사각형은 건물을 설계하는 데 매우 유용한 도구로 쓰였다. 이 전통은 멀리 그리스와 로마 건축으로 거슬러 올라가며 르네상스 시대에 오면 절정에 달한다. 르네상스 고전 건축가들은 원과 정사각형을 다루는 자기만의 기법을 가졌으며 이를 발판으로 개성 있는 건물을 설계했다. 또한 로마 건축의 유적을 연구하여 원과 정사각형의 다양한 예를 찾아내었다. 그중 정사각형을 다룬 내용을 보면 앞서 소개한 도산서원의 사각형 마당과 유사한 점이 발견된다. 예를 들어 르네상스 고전 건축가 프란체스코 디 조르지오 마르티니Francesco di Giorgio Martini는 정사각형 공간을 구성하는 여러 가지 방식을 스케치로 남겼다.[10] 이 스케치는 중정을 중심

9 전교당에서 본 고직사
도산서원은 다양한 사각형 공간들 사이의 관계가 변화무쌍하기 그지없다. 그와 동시에 마치 팔괘에 암시된 듯한 전체적인 질서가 유지되고 있다.

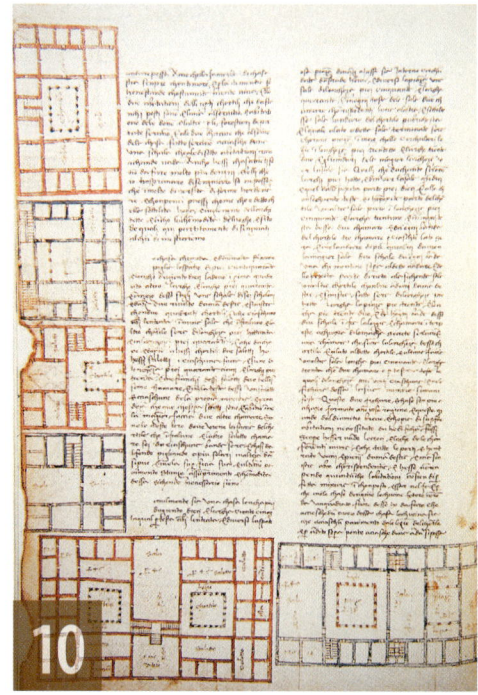

10 프란체스코 디 조르지오 마르티니, 〈사각형 공간 습작도〉, 15세기 후반 **11** 제시Jesi 시 전경
기하학적 질서를 추구한 르네상스 건축에서 사각형의 사용은 특히 절정에 달했다.

으로 여러 개의 방이 배치되는 다양한 경우의 수를 보여준다.

프란체스코 외에도 대부분의 르네상스 고전 건축가들은 이와 유사한 스케치들을 남겼다. 사각형을 분할하는 다양한 방식에 대한 고민은 동서양 양쪽에서 공통적으로 행해졌음을 알 수 있다. 또한 르네상스 시대에 골격이 형성된 이탈리아의 고도古都들을 하늘에서 내려다보면 여러 종류의 사각형 공간들이 인접되어 도시라는 더 큰 공간을 형성하고 있는 모습이다.[11] 레오나르도 다 빈치는 사각형이 군집한 피렌체의 도시 골격을 본떠서 사피엔차 Sapienza라는 복합 종교 건물을 설계하기도 했다. 실제로 지어지지는 못한 다 빈치의 사피엔차 평면도를 보면 스테파노 본시뇨리 Stefano Bonsignori 라는 화가가 그린 피렌체의 조감도와 강한 유사성을 가진다.[12] 다 빈치는 이 조감도 가운데 한 블록을 그대로 따낸 후 조금 수정하여 자신의 사피엔차 평면도로 사용한 듯하다.[13] 다 빈치의 평면도에는 '一'자형, '二'자형, 'ㄷ'자형, 'ㅁ'자형 등과 같은 사각형 공간의 다양한 종류가 혼재되어 있다. 이러한 예들은 모두 도산서원의 배치도에 나타난 것과 같이 사각형 공간을 다루는 고민을 보여준다.

산업혁명 이후에는 사각형을 다루는 방법에도 과학적 분류법이 도입된다. 프랑스 건축가 장 니콜라스 루이 뒤랑 Jean-Nicolas-Louis Durand 의 유형학 연구는 그 대표적인 예이다.[14] 뒤랑의 유형학 분류법 역시 도산서원에 나타난 사각형 분할 방식과의 강한 유사성이 관찰된다. 그는 이집트 시대 이후 수천 년 서양 건축사에 나타난 주요 건물들을 기하 형태별 유형에 따라 분류한다. 이 가운데에는 사각형을 다루는 다양한 방식도 포함된다. 뒤랑은 사각형 공간을 구성하면서 비례 등과 같은 엄격한 문법적 규칙을 지켜야 했던 고전 건축을 탈피한다. 그 대신 기하 형태를 기본 모델로 삼아 유형별로 분류하였다. 이러한 유형별 분류로써 사각형 공간으로부터 얻어낼 수 있는 다양한 경험을 찾으려 했다. 이러한 점에서 뒤랑의 사각형 유형학 역시 도산서원을 구성하는 사각형 개념과 유사하다. 그러나 기계 시대의 대량 생산 방식에 맞는 표준화 개념을 동시에 추구했다는 점에서는 도산서원과 중요한 차이를 보인다. 도산서원에서는 다양한 종류의 사각형 마당이 서로 간에 여유를 가지고 리듬감 있게 어울리면서 전체적으로 변화무쌍한 분위기를 만들어낸다. 이에 반해 뒤랑의 유형학에서는 사각형을 구성하는 작은 단위의 반복과 같은 규칙성에 더 많은 관심을 갖는다. 똑같이 다양한 사각형의 종류가 추구되고 있긴 하지만, 도산서원이 변화의 감상을 위한 것이라면 뒤랑은 역사적 건물의 선례들을 참고로 삼아 표준화된 사각형 구성 방법을 탐구하고자 했다.

이처럼 사각형은 동서양을 막론하여 중요하게 다룬 건축적 매개이다. 인간의 손으로 만드는 정형적 질서를 중시한 서양 건축의 경우에는 특히 그러했다. 그러나 앞서 보았듯 서양 건축의 정사각형과 한국 전통 건축의 사각형은 분명 차이가 있다. 이러한 차이는 뒤랑의 유형학뿐 아니라 서양의 고전 건축물의 사각형 공간과 비교해보아도 분명하다. 뒤랑과 도산서원 간에는 분명한 차이가 있다. 일차적으로는 뒤랑의 유형학이 기계 생산 방식을 염두에 두고 개발된 데에서 기인한다. 산업혁명 직후인 1800년대 전반부에 개발된 뒤랑의 유형학은 당시 서구 사회에서 새롭게 시작된 기계 생산 방식에 따른 표준화의 개발을 중요한 목적으로 삼았다. 그러나 이것은 시차에서 오는 당연한 차이이다. 도산서원은 아직 대량 생산 방식이 도입되기 이전인 1574년에 건립되었기 때문이다. 이렇게 보았을 때 둘 간의 차이에는 보다 근본적인 원인이 있다. 나는 이것을 투명도의 차이에서 찾고 싶다.

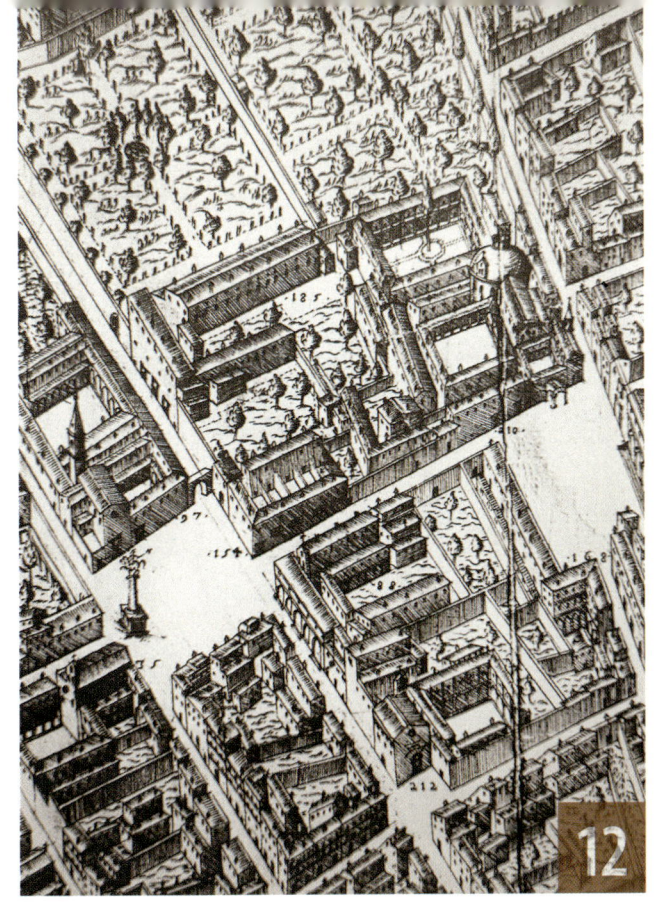

12 스테파노 본시뇨리, 피렌체 전경도 Plan of Florence, 1484년 13 레오나르도 다 빈치, 〈사피엔차 Sapienza 복합 건물〉, 1513-1516년
다 빈치는 사각형으로 구성된 르네상스 시대의 도시 구조를 본떠 건물을 설계했다.

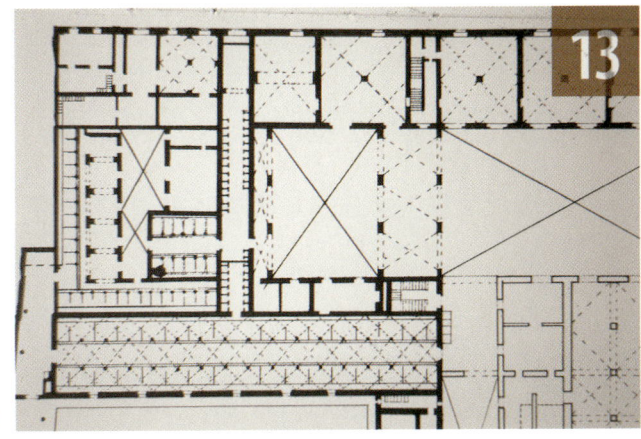

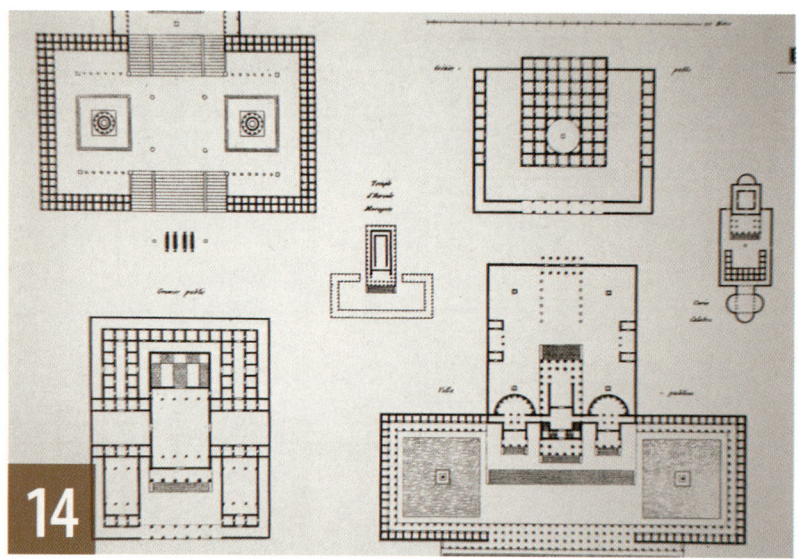

14 장 니콜라스 루이 뒤랑, 〈공공 건물 모음 Divers edifices publics〉, 1801년
과학적 분류법이 도입된 사각형 건축의 예. 다양한 공간을 탐구했다는 점에서 도산서원과 유사하나,
산업화 시대의 표준화 개념을 첨가했다는 점에서 중요한 차이를 보인다.

사각형 공간의 모서리, 열리거나 닫히거나

서양 전통 건축은 기본적으로 불투명한 공간 개념을 갖는 반면, 한국 전통 건축은 투명한 공간 개념을 갖는다. 이 같은 중요한 차이가 두 문명권의 전통 건축관 사이에 존재한다. 공간 투명도의 차이를 결정짓는 요인은 여러 가지 인데, 모서리가 그중 하나이다. 도산서원과 서양 고전 건축의 사각형 마당 사이에 존재하는 차이는 모서리에 대한 입장 차이에서 기인한다. 서양 전통 건축에서 모서리는 메우고 봉합해야 하는 대상으로 정의한다.[15] 그래야 기하학적 완결성이 완성되기 때문이다. 모서리가 딱 안 맞으면 입이 벌어져 바람이 새듯 불완전한 것으로 받아들였다. 이상적인 공간은 두 개의 벽체와 천장이 만나는 모서리가 직각으로 반듯하게 맞아 떨어져 물샐틈없이 정밀하게 짜이는 경우이다. 이러한 상태는 인간 기술의 승리를 상징하며 서양 전통 건축의 궁극적 목표가 잘 구현된 바람직한 경우로 받아들여졌다.

이와 같은 서양 전통 건축의 모서리 개념은 튼튼한 시공의 상징쯤으로 해석할 수 있다. 그리고 실제로 현대 기계 문명에서도 서양 건물이 여전히 튼튼하게 지어지는 데에는 건축에 대한 이러한 기본적 인식이 중요한 역할을 하고 있다. 또한 모서리가 잘 봉합된 서양 전통 건축의 공간은 개인 프라이버시를 중요시 여기는 생활 방식에 잘 맞는 긍정적인 측면도 갖는다. 그러나 공간의 느낌이라는 측면에서 봤을 때, 서양 전통 건축의 모서리 처리는 공간을 불투명하고 폐쇄적으로 만든다.[16] 모서리가 타이트하게 봉합된 사각형 공간은 저쪽에서 일어나는 일을 전혀 알지 못하게 만드는 불투명한 공간이며, 사면이 꽉 조여지는 폐쇄적 공간이다. 특히 돌이 주재료라는 점은 건물의 불투명성과 폐쇄성을 배가하는 역할을 한다.

이에 반해 한국 전통 건축의 사각형 공간은 모서리가 조금씩 열려 있는 경우가 대부분이다. 물론 모서리가 닫히는 경우도 있다. 궁궐의

15 아르두앵 망사르, 앵발리드Les Invalides, 프랑스 파리, 1671-1676년 **16** 노트르담 뒤 벡
Notre-Dame du Bec의 수도원. 프랑스, 1034년

사각형 공간의 네 면 모서리를 모두 폐쇄적으로 막고 있다. 프라이버시 보호 등과 같은 서양적 가치관이 반영된 결과이다.

월랑月廊이나 돌담, 한옥의 안채 등이 그 대표적인 예이다. 이 건물들은 기능상 모서리를 닫는 것이 필요하다. 궁궐은 왕의 경호 등 보안상의 이유일 것이고, 한옥 안채는 살림집이기 때문에 건물이 중간에 끊겼다가 다시 이어지면 사용하는 데에 불편했을 것이다. 그러나 이러한 가운데에서도 한옥 안채 같은 경우는 모서리를 열 수 있다면 조금이라도 틈을 만들었다.[17] 궁궐 돌담의 경우에도 모서리의 돌 쌓는 방식을 달리함으로써 모서리에 대한 고민을 분명히 표현했다.[18]

이처럼 모서리가 열려 있는 사각형 공간은 엉성하고 짜임새가 덜할지는 몰라도 공간을 투명하고 개방적으로 만든다. 투명하고 개방적인 공간은 편안한 느낌으로 발전하며, 이 모든 느낌은 그대로 한국 전통 건축의 사각형 공간이 갖는 특징으로 정의된다. 또한 나무와 창호지가 주재료라는 점은 그 투명성을 배가한다. 도산서원의 사각형 마당이 현실 세계의 축소판으로 인식될 만큼 다양한 경험을 만들어내는 데에는 각 마당의 모서리가 적당히 열려 있는 상태라는 점도 중요한 역할을 한다.

앞서 '인체와 척도' 편에서 보았듯이 한국 전통 건축의 사각형 마당은 네 면이 건물로 둘러싸이면서 아늑한 분위기를 만들어낸다. 이러한 아늑한 분위기는 일차적으로는 인간의 감각 기능이 주변 환경을 편안하게 인식하는 한계를 잘 지키는 범위 내에서 마당의 크기가 결정되었기 때문이다. 그러나 이것만이 전부는 아니다. 거기에는 또 하나의 비밀이 있다. 건물과 건물이 만나는 모서리가 적당히 벌어져 있기 때문이다.[19, 20] 일종의 틈새인 것이다. 한국 전통 건축의 사각형 마당 공간은 틈새를 천시하거나 잊지 않고 세심한 배려를 기울이는 섬세한 매력이 있다. 이 틈새를 통해서 마당 밖에서 안을 들여다보는 건축적 즐거움, 동시에 마당 안에서 밖을 내다보는 건축적 즐거움을 함께 즐길 수 있다면 한국 전통 건축의 또 다른 매력 한 가지를 알게 된다.

17 양동마을 향단
한옥의 안채는 폐쇄성이 요구되는 공간이지만 통로와 같은
형식으로 모서리를 열어놓았다.

18 종묘 어숙실의 담 모서리
왕궁처럼 모서리를 막아야 할 경우에도 모서리 부분의 돌쌓기에
변화를 주는 방식으로 모서리를 열고 싶어하는 의지를 표현했다.

이처럼 모서리가 열린 투명한 사각형 공간에서는 프라이버시를 보호하는 기능이 떨어지게 마련이다. 이것은 한국 전통 건축의 단점 가운데 하나로 지적되어왔다. 사람은 누구나 방해받지 않고 혼자 조용한 시간을 갖기 원한다. 그러나 한국 전통 건축은 분명 개인이 타인에게 지나치게 노출된다는 느낌을 갖게 한다. 특히 서양식 생활 방식에 익숙해진 지금의 우리에게는 더욱 그러하다. 특히 한옥에서 한 번이라도 자본 사람은 밖에서 나는 조그만 벌레 소리와 바람 소리마저도 너무 크게 들리는 통에 신경이 민감해진 경험이 있을 것이다. 이 모든 현상은 현대인인 우리에게 전통 건축을 점점 더 낯설게 만드는 중요한 요인이기도 하다.

그러나 다른 한편으로, 한국 전통 건축의 투명한 공간은 사람 사이의 의사소통을 높이는 기능을 한다.[21] 보통 때는 개인 생활을 보호하는 게 필요하고 의사소통이야 필요할 때 만들어 하면 되지 않겠느냐는 생각을 갖기 쉽다. 하지만 그렇게 간단한 문제는 아니다. 사람들 사이에 일어나는 의사소통의 종류는 의외로 다양하다. 마음먹고 명확히 이야기를 꺼내는 직접 의사소통은 적게 일어나는 반면, 내 마음 상태를 굳이 직접 말하지 않더라도 상대방이 헤아려 먼저 말을 걸어주는 등 내 마음 상태에 맞게 행동해 주길 바라게 되는 경우는 많이 일어나게 된다. 이것은 일종의 간접 의사소통이다. 얼굴 표정, 걸음걸이, 발자국 소리, 문 여닫는 소리, 목소리의 상태 등은 이러한 간접 의사소통의 중요한 방식들이다.

이 같은 간접 의사소통이 원활히 이루어지지 않을 경우 상대방이 무심하게 느껴지면서 대인관계에 불만이 쌓이게 된다. 혹은 고민과 불만이 있을 때 매번 직접적으로 이야기하면 이것 또한 상대방 기분을 해치게 된다. 때로는 은근한 의사 표현이 필요하기도 한 것이다. 모서리가 열려 있는 한국 전통 건축의 사각형 공간은 투명하기 때문에 간접 의사소통 방식 전부를 가능하게 한다. 예를 들어 교육 공간을 비교해보자. 한국의 서원이나 향교를 구성하는 투명한 사각형 공간은 훈장이 간접 의사소통을 통하여 학생들의 심리 상태를 읽고 고민을 알아차릴 수 있게 하는 순기능을 갖는다. 이 같은 기능은 서양 전통 건축에서는 찾아보기 힘든 한국 전통 건축만의 특징 가운데 하나이다.

서양 현대 건축에서 모서리는 중요한 탐구 대상으로 새롭게 부각되고 있다. 모서리를 무시했던 전통 건축에 대한 반성의 의미로 최근에는 모서리에 큰 관심을 기울이기 시작했다. 서양 전통 건축에서 모서리는 정형화된 공간의 윤곽을 형성하다 보면 남는 나머지 영역이었다. 이것은 벽면과 벽면이 만나서 생기는 부차적 영역이거나 벽면 사이의 버리는 영역을 의미했다. 이때 모서리의 역할이란 육면체가 빈틈이나 낭비 없는 고형적 물체로 존재하게 하는 봉합 기능 정도였다. 서양 전통 건축에서 모서리는 이와 같은 실용적 기능만 가질 뿐 예술적 가능성은 박탈된 죽은 영역이었다.

그러나 1960년대 이후의 서양 현대 건축에서 모서리는 하나의 독립적인 예술적 가치를 갖는 영역으로 개척되기 시작했다. 이제 모서리는 벽체끼리 만나다 보면 어쩔 수 없이 생기는 보조적 존재가 아니라 벽체의 내용이 연속되는 독립적인 영역으로 정의된다. 그리고 이 같은 모서리에 대한 관심은 모서리의 폐쇄성을 깨는 방향으로 구체화되어 나타나고 있다. 그 결과 서양 현대 건축의 공간은 점점 투명해져 가는 변화를 보인다. 모서리는 육면체의 폐쇄성을 깬다는 개념을 구체화하기에 가장 적합한 상징적 부위이기 때문이다. 폐쇄적 공간 속에 안주해 있던 서양 건축도 동양 전통 건축에 나타난 투명 공간의 장점을 뒤늦게 발견하여 그 내용을 받아들이게 된 것이다.

예를 들어 디르크 후이처Dirk Huizer의 그림 <큐브Cube>는 위와 같은 내용을 잘 보여주는 작품이다. 정육면체의 모서리는 세 개의 벽체가 만나는 지점이기 때문에 오히려 조형적 가능성이 가장 높은 지점이라는 새로

19 옥산서원 구인당 옆 틈새 공간 **20** 봉정사 대웅전 앞 중정
한국 전통 건축에서 모서리는 어떠한 형식으로든지 열려 있는 경우가 대부분이다.
틈새라는 공간의 버려진 부분까지 세심히 배려하겠다는 한국인의 조형관을 반영한다.

21 병산서원 입교당 앞 중정
한국 전통 건축의 투명하고 열린 공간은 주위 사람들과 더불어 살겠다는 한국인 특유의 집단 의식을 담고 있다.

운 공간관을 제시한다. 이 작품에서 모서리는 더 이상 버려지고 남는 공간이 아니다. 정육면체 내에서 새로운 공간을 실현할 수 있는 유일한 지점으로 묘사되고 있다. 또한 비유클리드 기하학의 개념을 실험할 수 있는 무궁무진한 조형적 가능성이 잠재된 새로운 영역으로 자리매김하고 있다.[22]

스티븐 홀Steven Holl의 디 이 쇼 앤 컴퍼니의 사무실 및 매장 D.E. Shaw & Co. Offices and Trading Area은 후이처의 그림에 나타난 내용이 실제 건축 공간에 적용된 예이다. 홀은 동양적 공간을 즐겨 차용하는 건축가이다. 이러한 내용은 건물의 이곳저곳을 찢어 이중 벽체로 처리한 후 여기에 빛을 끌어들여 복합 겹공간을 시도하는 방식으로 나타난다. 이때 홀의 복합 공간관이 가장 극적으로 나타날 수 있는 지점은 바로 모서리이다. 그리고 그 가능성은 적극적으로 모색되어 표현되고 있다.[23]

사찰이나 서원에 갔을 때 늘 그러려니 하고 보아 넘긴 한국 전통 건축의 열린 모서리는 이처럼 깊은 뜻을 가지고 있다. 서양 현대 건축가들은 그 뜻을 알아차리고 자신들의 한계를 극복하는 대안으로 받아들이고 있다. 그러나 우리는 그 반대로 이미 한계에 달하여 당사자들도 포기하기 시작하는 서양 문명을 열심히 좇고 있다. 이 문제에 대한 해답은 플라톤의 무슨 어려운 철학처럼 거창한 곳에 숨어 있지 않다. 바로 우리 곁에 있다. 아니 어쩌면 이런 점에서 우리의 전통 건축은 거창한 것일지도 모른다. 이것을 거창하게 만들고 말고는 전적으로 당사자인 우리의 몫이다. 지금 우리의 모습은 '보물은 집안에 있는데 밖에서 찾고 다니는' 꼴이 아닌가.

지금까지 여러 주제를 통해 살펴보았듯이 한국 전통 건축은 은근하면서도 편안한 멋을 가장 큰 특징으로 갖는다. 이러한 특징은 때로는 지붕에, 때로는 기둥에 나타나고 있다. 또한 때로는 이런저런 건축적 주제를 통해서 감상할 수 있다. 이 모든 경우는 최종적으로 한 가지 가치로 귀결된다. 그것은 바로 다름 아닌 친자연적 건축관이다.

22 디르크 후이처, 〈큐브Cube〉, 1984년 23 스티븐 홀, D. E. 쇼 앤 컴퍼니D.E.Shaw&Co., 미국 뉴욕, 1991-1992년
폐쇄적으로 모서리를 닫아 잠근 공간을 선호하던 경향으로부터 탈피한
새로운 시도들이 많이 나타나고 있다.

13
친자연과 낭만주의

자연 속으로 들어가
자연의 일부가 되다

개심사 진입 공간

vs. ─────────

픽처레스크 운동

한국 전통 건축의 영원한 화두는 자연이다. 한국 전통 건축은 자연에 순응 혹은 순화한다거나 자연을 닮았다는 친자연적 특성을 지닌다. 한국 전통 건축의 특징을 대표하는 말이라면 아마도 친자연이라는 개념에 속하는 말이 압도적으로 많을 것이다. 초등학생부터 촌부와 필부, 한국 전통 건축을 전공하는 학자에 이르기까지 가장 많은 한국 사람들이 한국 전통 건축의 특징이라고 여기는 내용일 것이다. 그렇다면 친자연적 특징이란 무엇인가. 앞서 소개한 열두 가지의 주제에 나타난 한국 전통 건축의 특징은 모두 넓은 의미에서 혹은 이차적인 의미에서 친자연적 특징이라고 정의할 수 있다. 이들 모두 건축이 자연을 닮았을 때 나타나는 특징이기 때문이다. 하지만 자연의 체취를 직접 느끼기에는 다소 은유적이고 간접적으로 자연을 받아들이고 있는 것 또한 사실이다. 한국 전통 건축에서 자연의 존재를 가장 직접적으로 느끼게 하는 주제는 바로 낭만주의이다.

친자연적 낭만성의 건축, 개심사

:

한국 전통 건축은 낭만적이다. 여기서 낭만적이라 함은 가식 없고 순진하다는 생활 용어의 의미일 수도 있고, 비가공한 자연 상태 있는 그대로라는 예술적 의미일 수도 있다. 혹은 자연을 좇아 인간사를 유익하게 만든다는 철학적 의미일 수도 있다. 한국 전통 건축은 인공적 덧칠이 씌워지기 이전 상태를 가치 있는 것으로 받아들일 수 있는 사람에게만 참 멋이 보일 수 있고 참 맛이 느껴질 수 있다. 한국 전통 건축의 낭만성은 한 마디로 건축이 자연의 일부로 귀속되는 데에 있다. 이것은 자연을 가능한 한 있는 그대로 놔둔 채 건물이 그 속으로 들어간다는 의미이다.❶ 자연에 손을 대지 않고 자연을 움직이지 않으며 자연을 건물에 맞추려 하지 않는다. 그보다는 건물이 자연 속으로 들어가 자연에 맞추어 변형된다. 자연을 지배하고 자연을 끌어안으려 하기보다는 자연에 안기어 자연으로 귀속하려 한다.[2]

한국 전통 건축에 나타나는 개별적 다양성과 변화무쌍한 상대성은 모두 낭만적 자연관에서 나온 것이다. 서양식 기계론의 관점에서 보면 이러한 자연관은 한없이 낙후되고 불편하며 인간에게 아무런 혜택도 못 주는 무책임한 문명 방식으로 비칠지도 모른다. 그러나 자연에서 나온 인간에게 궁극적으로 진정한 혜택을 줄 수 있는 것이 과연 기계인지 자연인지는 곰곰이 생각해보아야 할 문제이다. 이 문제에 대한 해답은 한국 전통 건축에 숨어 있는 낭만성을 이해하는 데에 있다.

건물이 자연을 찾아가 자연에 귀속된다는 의미로서의 낭만성을 가장 잘 느낄 수 있는 예로 개심사의 진입 공간을 들 수 있다.[3] 개심사는 산길 속의 자연 요소를 최대한 활용하여 진입 공간을 만들었다. 절의 입구에 해당되는 일주문은 인공 건축물이 아닌 돌덩어리로 대신한다. 절을 향해 올라가는 돌계단이 시작되는 지점 양쪽에 큰 돌덩어리 두 개가 세워져 있다. 그 위에 흰 글씨로 왼쪽 돌에는 '세심동洗心洞', 오른쪽 돌에는 '개심사 입구開心寺入口'라고 써 놓은 것으로 일주문을 대신하고 있다. 이처럼 소박한 돌덩어리를 가지고 거창한 일주문을 대신하는 것은 자연에 대한 여간한 믿음과 확신이 없이는 불가능하다. 이렇게 시작된 개심사의 진입 공간은 꼬불꼬불한 산길을 따라 난 돌계단으로 이어진다. 굽이굽이 산길을 돌아 200여 단의 돌계단을 오르다 보면 계곡도 만나고 소나무도 만난다. 이 자연 요소들은 이를테면 사찰 진입 공간의 당간지주나 부도와 같은 소품의 역할을 대신한다.

돌계단을 다 오르고 나면 오른편으로 직사각형의 긴 연못이 나타난다. 이 연못에는 십여 미터 길이의 굵은 통나무로 만든 외나무다리가 가로놓여 있다.[4] 연못을 건너는 방법은 이 외나무다리밖에 없다. 몸무게가 조금 나가는 사람은 외나무다리를 건너면서 출렁거림을 느낄 수 있다. 연못

1 소수서원 취한대　**2** 이호신, 〈마니산 정수사〉
친자연적 낭만주의를 기본으로 삼는 한국 전통 건축은
자연 속으로 들어가 그 일부로 귀속하고자 한다.

3 개심사 입구 4 개심사 외나무다리
자연의 조건을 그대로 받아들이려는 친자연적 의지가 곳곳에 나타난다.

에는 연꽃도 많이 피어 있고 큰 물고기도 놀고 있다. 개심사에는 천왕문이 따로 없다. 놓인 위치로 보아 이 연못이 천왕문의 역할을 한다고 볼 수 있다. 연못에 더해진 여러 자연 요소들은 천왕문을 지날 때 느끼는 것과 같은 종교적 긴장감을 유발한다. 예를 들어 외나무다리를 건너면서 경험하는 출렁거림은 사천왕상을 보면서 속세의 잘못을 뉘우치는 느낌으로 비유할 수 있다. 혹은 연못 앞 돌 의자에 앉아서 저 연못이 왜 파여 있을까, 저 연못을 건너면 어디가 나올까 하는 사색에 잠겨 보면 이 또한 천왕문을 지나면서 갖게 되는 종교심의 상승감과 동일할 것이다.

개심사의 낭만성은 이 연못 주변을 가꾼 조경 처리에서 절정에 달한다. 연못을 건너기 전 앞쪽에는 큰 고목이 한 그루 있다. 그 옆에는 큰 돌을 뚝 잘라서 돌 의자를 만들어놓았다. 그 옆으로는 대나무 숲이 펼쳐진다. 외나무다리를 건너면 오른편에 열한 그루의 나무가 마치 병사처럼 도열해 있다. 그런데 이 나무들은 모두 일렬로 늘어선 것이 아니라 두 번째와 세 번째 나무가 약간 밖으로 벗어나 있다. 다시 왼편으로는 단풍나무와 목백일홍의 붉은 꽃이 아름답게 피어 있고 그 너머로 범종각의 지붕 처마가 살짝 보인다. 이 나무들을 지나면 해탈문으로 진입하는 돌계단이 나온다. 돌계단 한 가운데에는 고목 한 그루가 서 있는데, 이 나무를 옮기지 않은 대신 돌계단이 그 나무를 감싸면서 좌우로 가지처럼 갈라져 올라가도록 처리되어 있다.5,6,7 돌계단을 다 오르면 범종각과 해탈문이 나오면서 진입 공간은 끝이 난다. 이 범종각은 앞의 '나무와 기둥' 편에서 소개한 대로, 휜 나무를 기둥으로 사용하여 세워져 있다. 지금까지 자연 속을 지나온 과정을 반추해보면, 이 범종각에는 곧은 나무보다 오히려 휜 나무가 더 어울린다는 것을 느낄 수 있다.

이상과 같이 개심사의 진입 공간은 자연환경을 그대로 둔 채 건축 요소로 활용한 낭만성이 돋보인다. 외나무다리를 지나 단풍나무 너머

5 개심사, 외나무다리 지나서 바라본 범종각 처마 모서리
6 해탈문 가는 길 7 해탈문으로 오르는 계단
자연환경을 있는 그대로 건축 요소로서 활용하고 있다. 건축물이 자연 속으로 안겨 들어간 모습이다.

로 살짝 보이는 범종각의 처마에서 볼 수 있듯이, 스스로 자연 속으로 들어가 자연의 일부가 된다. 이러한 사실은 돌계단을 다 오른 뒤에 휜 나무로 세워진 범종각을 보면 더욱 확실해진다. 자연을 건물에 맞추기보다는 반대로 건물을 자연에 맞추고 있다. 이것을 건축이라고 볼 수 있을지 의심스러울 정도로 손을 안 댄, 있는 그대로의 자연 상태를 건축으로 이용하고 있다.

그러나 이런 걱정은 인간의 손으로 자연을 재단하는 것을 건축으로 정의하는 서양식 시각의 결과이다. 서양식 시각에서 보면 개심사는 거의 아무것도 한 것이 없는 게으른 건축으로 비칠 수 있다. 그러나 우리의 전통 건축에서는 이것도 엄연히 건축이다. 아니, 이것이 바로 건축이다. 게으른 개심사의 건축에 문제라도 있는가. 너무도 훌륭히 사찰의 기능을 행하고 있으며 오히려 사람 손이 많이 간 경우보다 더 큰 종교적 효과를 얻고 있다. 굳이 산 깎고 물 막고 나무를 밀어버려야만 길이 나고 건물 터가 만들어지는 것이 아니라는 교훈을 우리에게 던지고 있다. 마음을 비운 채 산세 생긴 대로 물길 난 대로 따라 오르며, 지형을 살펴 이쯤이 문이다 싶으면 문을 알리는 조그만 정표 하나 세우고서도 이처럼 훌륭한 진입 공간이 만들어졌다. 무엇이 더 필요한가. 개심사로 올라가면서 돌 하나, 나무 한 그루도 마음 상태에 따라서는 너무도 훌륭한 건축 요소가 될 수 있다는 사실을 체험적으로 깨닫는다면 한국 건축의 새로운 멋 한 가지를 알게 된다.

시인 박희진은 〈상왕산 개심사〉라는 시에서 아름다운 개심사 진입 공간을 다음과 같이 노래하고 있다. 몇 구절을 인용해 본다.

충남 가야산의 수봉인 원효봉
그 북쪽으로 뻗어 내린 지맥支脈인
상왕산象王山 남쪽 중턱

울창한 숲으로
폭 감싸인 양명한 터에
백제말 고찰古刹
개심사開心寺는 있어라.

진입로 초입엔
양켠에 이끼 낀 자연석이 놓였는데
왼쪽 돌에 세심동洗心洞 석 자가
오른쪽 돌엔 개심사입구開心寺入口라 새겨져 있네.
골짜기 따라
완만하게 구부러진, 혹은 급경사로
올라가는 오름길.
군데군데 자연스레
다듬어진 돌계단엔
만든 이의 정성이 구석구석 스며 있다.
무엇보다 놀라운 건
오름길 양쪽에 끝없이 전개되는
춤추는 홍송紅松들.
용의 비늘 닮은 껍질을 드러내며
길게 구불구불
혹은 비스듬히
하늘을 향해 서 있는 장송長松들.
무질서의 질서인가.
산란散亂의 미학美學인가.
소나무는 제 멋대로 자유를 구가하되
균형과 조화를 이루고 있구나.
들리노니 물소리 새소리뿐이로다.

아니, 그리고 솔바람 소리……
그러자 나의 또 하나 다른 귀엔
영묘靈妙 그지없는
거문고 산조散調가 들리기 시작한다.
그것은 홍송들이 저마다 비장의
거문고 뜯는 소리.
일제히 싱그러운 솔향을 뿜으며
일제히 우줄우줄 춤추는 소리.
하늘 땅 소나무가 하나로 꿰뚫리는
오묘한 합주合奏로다.

그 합주 끝나자
홀연 눈앞엔 새로운 선경仙境이
열려 있음이여.
큰 장방형 연못이 있는데
그 위엔 외나무다리가 있고,
연못엔 녹색의 연잎들 사이로
비단 잉어 헤엄친다.
다리 건너 기슭엔
목백일홍木百日紅 거목이
잔가지를 사방팔방으로 뻗고 있어
바야흐로 홍색紅色의 꽃구름을 이루다.
(하략)

서양 문명은 반자연적이라는 오해

우리의 친자연적 건축관은 인간의 손에 의해 직접적인 편리를 도모하는 서구식 기계 문명이 도입되면서 '재래'라는 이름으로 불리며 시대에 뒤진 불합리한 환경 방식으로 취급되기 시작했다. 길은 포장되어 차가 건물 앞까지 들어올 수 있어야 하며, 마당과 계단은 반듯하게 다듬어져야 안전하고 관리하기 쉬운 것으로 인식된다. 건물은 콘크리트로 튼튼히 지어야 벌레도 안 먹고 병균으로부터도 보호되며 불에도 안전하다. 여름에는 에어컨으로 냉방이, 겨울에는 보일러로 난방이 되어야 한다.

물론 기계 문명이 도입된 이후에 살기 편해졌고 생활의 물리적 질이 높아진 것은 부정할 수 없다. 그러나 인간이 살아가는 데에 있어 그게 전부는 아니다. 생활의 물리적 질은 더 높아졌는데 왜 사람들은 삶의 질이 오히려 나빠졌다고 생각하는가. 불편했지만 옛날이 더 살기 좋았다는 말은 왜 나오는가. 물리적 질이 높아지면 반드시 정신적 질은 나빠져야만 하는가. 물리적 질과 정신적 질 두 가지 모두 높아질 수는 정녕 없단 말인가. 인간의 문화와 문명이라는 것은 이 두 가치를 모두 높이고자 하지 않는가. 그렇다면 이 같은 상황이 벌어진 원인은 무엇인가.

그 원인은 우리가 서양 문명을 잘못 받아들인 데에 있다. 우리는 서양 문명이란 눈에 보이는 물질적 성장만을 추구하고 눈에 안 보이는 정신적 가치는 희생시키는 것이라 여긴다. 이같이 잘못된 선입견은 서양 문명으로부터 물질적 기대만을 하게 만든다. 나아가 그 대가로 정신적 가치는 포기할 수밖에 없다는 큰 오해를 하고 있다. 이러한 오해는 급기야 서양 문명을 잘 운용하여 더 큰 물질적 부를 얻기 위해서는 우리의 전통적 가치를 빨리 버릴수록 좋다는 더 큰 오해로 발전한다. 물질적 가치와 정신적 가치, 서양 외래 문명과 우리의 전통 문명을 바라볼 때, 하나를 얻기 위해서는 다른 것을 버려야 하는 양자택일의 대상으로 파악하고 있는 것이다. 그러다 보니 서양 문명 가운데에서도 점점 더 물질적인 것만 받아들이게 되고, 또 그만큼 자연을 더 파괴하게 되는 악순환을 계속하고 있다. 기계 문명의 발생지인 서양보다 훨씬 더 심한 자연 파괴가 자행되고 있는 것이다.

    현대 한국 사회에서 자연은 더 이상 스승으로 존재하지 않는다. 그저 물질적 부를 얻기 위해 훼손되어야 할 대상 정도로 인식될 뿐이다. 그러나 자연을 만물의 척도와 사리 판단의 기준으로 삼아 살아가던 전통문화의 사고방식과 생활 습관은 아직도 우리의 유전 인자 속에 남아 우리를 지배하고 있다. 그러다 보니 서양 문명을 자연과 배치되는 기계 문명으로만 보려는 현실과 맞지 않는 측면이 많이 나타나고 있다. 하드웨어로서의 서양 문명은 받아들였지만 이것을 운영하는 소프트웨어를 받아들이는 데에는 아직도 많은 오해와 부족함이 있다. 이러한 불일치에서 오는 가치관의 흔들림이 요즘 우리 사회가 겪는 혼란의 주범으로 나타나고 있다.

    물론 이제 와서 서양 문명을 버리고 옛날식으로 돌아갈 수는 없다. 설사 돌아간다고 해서 그것이 반드시 행복을 가져다준다는 보장도 없다. 재래적 자연관을 복원시키기에는 물리적 실체로서의 자연이 너무 많이 망가졌다. 그렇다고 요즘 흔하게 유행하는 사이버 상태의 자연을 섬길 수는 없는 것 아닌가. 자연은 물리적 실체로서 존재할 때에만 인간의 마음을 뒤흔들고 정신을 지배하는 진정한 스승이 되는 것이다. 그렇다면 그 해답은 무엇인가. 그것은 서양 문명을 기계 문명으로만 보는 오해에서 벗어나 서양 문명을 운용하면서도 우리의 전통적인 자연관을 잘 보존하고 가꾸어 접목시킬 수 있다는 생각을 갖는 데에 있다. 물질적 부를 얻기 위해서 자연은 파괴될 수밖에 없다는 양자택일적 시각은 절대로 서양 물질문명의 본질이 아니다. 서양 문명에도 우리의 전통 자연관과 같이 자연을 섬기고 건축이 자연의 일부가 되어야 한다는 낭만주의 사조가 있다.

자연으로 돌아가라, 픽처레스크 운동과 생태 건축

서양 건축의 낭만주의 사조를 대표하는 경향으로 18세기 영국에서 일어난 픽처레스크 운동을 들 수 있다. 픽처레스크 운동이란 사람의 눈에 보이는 자연의 아름다운 상태를 그대로 하나의 예술적 가치로 받아들여 자연을 찬양함과 동시에 자연에 맞는 건축을 탐구하는 경향을 일컫는다. 픽처레스크 운동은 고전 문화와 기계 문명에 대한 대안으로 추구되었다. 영국은 18세기 후반부에 접어들면서 3세기 동안 이어져온 고전 문화가 한계에 이르고, 기계 문명의 등장과 함께 자연 파괴가 심각해지고 인간의 심성이 황폐화하는 등 어려운 상황에 직면해 있었다. 이때 이러한 상황에 대한 반발적 대안 운동으로 픽처레스크 운동이 시작되었다. 이 운동은 존 로크(John Locke)의 상대주의 철학과 루소의 '자연으로 돌아가라'는 모토를 정신적 바탕으로 삼았다.

픽처레스크 운동은 수목, 숲, 바위, 물, 구름, 빛 등이 어우러진 자연 상태를 경외의 대상으로 받아들이고 그 상태 그대로 손대지 않고 보존하고자 했다. 이와 동시에 그 속에 지어지는 건축물 역시 그 분위기에 맞게 설계하려는 건축 운동이었다. 여기서 추구한 건축물은 두 가지 특징을 보인다. 한 가지는 자연을 구성하는 요소들로부터 찾아낸 비정형, 비가공성, 원시성, 비대칭 등과 같은 조형적 특징이다.[8] 다른 한 가지는 자연의 분위기와 매우 잘 어울리는 인공 건축물로서의 폐허를 찾아내어 이를 모방하려는 경향이다.[9] 자연 속에 방치된 채 버려져 있던 유적이 발견될 당시의 폐허 상태는 있는 그대로의 자연이라는 픽처레스크의 이상과 매우 잘 어울린다고 판단되었다. 그 결과 폐허 자체가 높은 예술적 가치를 갖는 대상으로 탐구되었을 뿐 아니라 새로 짓는 건물이 폐허를 닮는 아이로니컬한 상황이 벌어지게 되었다.

르네상스가 끝나고 바로크가 시작된 16세기까지도 고딕 건

8 어브데일 프라이스, 『픽처레스크Picturesque』 표지 그림, 1842년
18세기 낭만주의 사조를 대표하는 픽처레스크 운동은 한국 전통 건축에 나타난 자연관과 유사한 경향을 띤다.

축이 계속되는 등 오랜 중세 전통을 갖고 있던 영국의 경우, 폐허 가운데에서도 특히 고딕 성당이 자연과 잘 어울리는 아름다운 건축물로 주목받았다. 16-18세기를 거치면서 3세기간 융성했던 고전 건축에 의해 암흑기라는 부정적 과거를 상징하는 것으로 매도되며 버림받았던 고딕 성당이 지금과 같은 역사 유적으로서의 가치를 처음으로 획득하기 시작한 것도 바로 픽처레스크의 폐허 운동을 통해서였다.

인공 건축물 가운데 자연과 잘 어울리는 또 다른 예로는 영국의 농가가 주목을 끌게 되었다.[10] 당시 농가는 정식 건축가들의 관심 밖에서 그때그때의 필요에 의해 자연 발생적으로 생겨났다. 그러나 이제는 픽처레스크라는 교훈적 가치가 가득 담긴 중요한 대상으로 대접받게 되었다. 이 경우에도 폐허와 마찬가지로 일차적으로는 농가 자체가 높은 예술적 가치를 갖는 대상으로 탐구되었으며, 궁극적으로는 새로 짓는 건물이 농가를 닮게 되는 상황이 벌어졌다.

픽처레스크 운동에서 추구했던 이 모든 가치들은 지금까지 살펴보았던 한국 전통 건축의 특징과 너무도 흡사하다. 수목, 숲, 바위, 물, 구름, 빛 등의 자연 상태와 어우러진 건축이나 비정형, 비가공성, 원시성, 비대칭 같은 조형적 특징 등은 바로 한국 전통 건축의 특징 그 자체이다. 또한 농가라 하면 우리도 세계 어느 나라의 농가보다도 아름다운 초가를 가지고 있다. 뿐만 아니라 서양 사람들은 픽처레스크 운동을 통해 잊고 있던 전통 건축의 가치를 새롭게 발견하게 되는 중요한 발전을 이루기도 하였다. 픽처레스크 운동은 이처럼 고전 문화라는 전통의 한계에 대한 대안을 또 다른 전통의 지혜에서 찾는, 그야말로 지혜로운 건축 운동이었다. 혹은 기계 문명이라는 새로운 문명이 가져온 문제점에 대한 해답을 자연과 전통에서 찾으려는 운동이기도 했다. 픽처레스크가 보여준 이 모든 내용들은 지금의 우리 상황에 대한 좋은 본보기가 될 수 있다. 그럼에도 불구하고 우리는 서양 문명을 물질

9 카스파 다비드 프리드리히, 〈산 속의 십자가The Cross in the Mountains〉, 1812년
10 웰포드-온-아본Welford-on-Avon, Warwickshire 농가, 영국 워윅셔
자연 요소를 닮은 건축 형태를 추구한 픽처레스크 운동은 고딕 유적이나 농가 등을 그 기준에 가장 적합한 기성 건물로 평가하고 탐구하였다.

기계 문명하고만 동일시하는 편협한 시각에서 벗어나지 못하고 있다.

픽처레스크 사상을 기반으로 한 낭만주의 건축 운동은 이후 서양 현대 건축의 전개에 많은 영향을 끼치는 등 서양 건축의 한 줄기를 형성하면서 그 명맥을 혁혁히 이어오고 있다. 낭만주의 자연관은 기계 문명이 본격화되기 시작했던 19세기 중반부터 기계 문명이 극단화하는 데에 대한 감시자로서의 역할을 유지해왔다. 그리고 미술 공예 운동, 아르누보 건축, 표현주의 건축, 유기 건축 운동 등 많은 현대 건축 운동에 직접적인 영향을 끼쳤다.[11]

숨 가빴던 기계 문명에 대한 치유가 시작된 제2차 세계 대전 이후의 서양 현대 예술과 건축에서 자연은 감시자로서의 한계에서 벗어나 다시 중요한 화두로 등장하기 시작하였다. 제2차 세계 대전 이후에는 원시주의 건축, 지역 토속 건축, 대지 미술, 생태 건축 등과 같은 현대식 낭만주의 건축 운동이 크게 유행한다.[12] 서양 문명 혹은 서양 건축에는 이처럼 맹신적 기계론 이외에 자연 친화적인 예들도 많이 있는데 우리는 왜 이것을 보지 못하고 서양 문명의 본질을 왜곡하여 받아들임으로써 스스로 어려운 상황을 자초하고 있는가.

현대식 낭만주의 건축 가운데에서 생태 건축 Ecological Architecture 은 한국 전통 건축의 낭만적 자연관과 강한 유사성을 보여준다. 생태 건축은 자연의 훈기로 해석되는 한국적 개념의 햇빛에 가장 가까운 형태로 빛을 사용하는 경향을 드러낸다. 햇빛의 가치를 건축적으로 적극 활용함으로써 낭만적 자연관이 정의된다. 앞서 '남향과 방위' 편에서 살펴보았던 바와 같이 남향을 통해 따뜻하게 들어오는 햇빛은 확실히 한국의 낭만적 자연관을 결정짓는 중요한 요소 가운데 하나이다.

예를 들어 병산서원의 만대루를 다시 보자. '구조 미학' 편에서 보았듯이 일차적으로는 진솔하고 간결한 골조미를 건축적 가치로 갖는다.

11 워튼 에셔릭, 에셔릭 하우스 앤 스튜디오 Esherick House and Studio, 미국 파올리, 1926-1966년
자연 해석을 바탕으로 기계 문명의 폐해를 줄여 보려는 친자연주의 경향의 건축이다.

12 리처드 플라이슈너, 〈풀밭의 미로 Sod Maze〉, 1974년
현대 대지 미술에서는 보다 과격한 자연 회귀를 주장하는 운동들이 많이 시도되고 있다.

이러한 골조미는 물론 그 자체로서도 높은 건축적 가치를 지닌다. 이와 동시에 뼈만 남은 만대루의 골조를 통하여 병산서원의 앞을 유유히 흐르는 낙동강과 그 주위 병산의 흘러내리는 듯한 능선이 그대로 비친다. 만대루의 골조미는 이처럼 주변의 수려한 자연 경관과 일체되는 낭만적 자연관을 궁극적 가치로 삼는다. 투명한 누각을 통해 자연 경치를 끌어들이고 또 그것과 건물이 일체되려는 만대루의 자연관은 한국 전통 건축만이 갖는 낭만적 자연관의 또 다른 대표적인 예이다. 이때 만대루를 통해 입교당 앞마당 깊숙이 내려 쪼이는 따뜻한 햇빛은 낭만적 자연관을 완성하는 화룡점정畵龍點睛과 같은 요소이다.[13] 피부에 와 닿는 밝고 화사한 햇빛이라는 구체적 존재로서의 자연을 경험하면서 우리는 만대루가 갖는 골조미와 낭만적 자연관을 하나의 체험적 가치로 받아들일 수 있게 된다.

    생태 건축은 좁은 의미에서는 화석 연료에 의존해오던 기계식 열 환경 방식을 포기하고 자연의 순환 원리를 이용하여 화석 연료의 사용을 최대한 줄여 보려는 건축 경향을 일컫는다. 그리고 넓은 의미에서는 자연을 정복과 재단의 대상으로 보던, 한쪽으로 치우친 자연관을 포기하고 건축물을 자연의 일부로 귀속시키려는 동양적 자연관의 건축 경향을 일컫는다. 생태 건축에서 햇빛과 바람은 지구의 운명을 거머쥔 생명의 매개로 취급된다. 예를 들어 니콜라스 그림쇼Nicholas Grimshaw의 에덴 프로젝트Eden Project는 자연의 생태계가 담긴 거대한 온실을 만들어 바로 그 자연의 생명력으로 자생적 열 환경을 획득하게 되는 단계를 목표로 삼는다.[14] '에덴'이라는 명칭이 암시하듯이 서양 현대 건축에서 자연의 생명력은 확실히 인류의 미래를 보장하는 유일한 수단으로 받아들여지기 시작했다. 특히 그림쇼를 비롯한 주요 생태 건축가들이 대부분 하이테크 건축가 출신임을 생각해볼 때 더욱 그러하다. 하이테크 건축이란 인간의 기계 문명을 신봉하던 건축 양식이다. 하이테크 건축을 30년간 운영했던 건축가들이 말년에 이르러 생태 건축가로

13 병산서원 입교당 앞의 중정
주위의 자연 경관과 하나가 되는 친자연적 특성이 잘 드러난 대표적인 전통 건축물이다.

14 니콜라스 그림쇼, 에덴 프로젝트 Eden Project, 영국 세인트 오스텔, 1998년
15 에드워드 컬리넌 아키텍츠, 웨스트민스터 오두막 Westminster Lodge, 영국 도리스트
환경 문제에 대응하기 위해 시도된 생태 건축의 대표적인 예. 열 환경 측면에서도
유리한 실용적 가치를 갖는 한국 전통 건축 속에는 생태 건축의 내용이 이미 다 들어 있다.

변신한 현상은 시사하는 바가 크다. 활발한 실험을 거듭해온 생태 건축은 이제 크고 작은 여러 건물에 실제로 적용되기 시작했다.[15]

한편 생태 건축 사이에도 등급이 있다. 최고의 경지는 화석 연료의 도움을 전혀 받지 않고 자연 순환 방식만으로 사람이 활동할 수 있는 실내 열 환경을 만들어내는 단계이다. 이것은 바로 한국 전통 건축에서 추구한 자연환경관에 다름 아니다. 다만 한국 전통 건축에서는 겨울에 연료의 도움이 필요했다. 이에 반해 서양의 생태 건축에서는 과학의 도움으로 낮 동안의 태양열을 저장할 수 있게 되면서 연료로부터 완전히 해방되는 단계를 추구한다. 그러나 서양 생태 건축에는 사람의 인내심이라는 한국 전통 건축의 가장 중요한 요소가 빠져 있다. 한국 전통 건축에서는 사람이 참아낼 수 있는 온도 변화의 폭이 매우 크게 가정된다. 그만큼 겨울날 햇빛을 훈기로 받아들이고 여름날 바람에서 에어컨 기능을 발견하는 등 자연을 피부로 느낄 수 있었을 것이다.[16]

혹자는 뼈만 남은 만대루의 모습을 보면서 겨울에 춥지 않겠냐는 걱정을 하기도 한다. 이것은 비단 만대루에만 국한된 문제는 아니다. 목재와 창호지를 주요 재료로 사용했던 한국 전통 건축은 여름에는 시원하지만 겨울에는 충분한 난방이 되지 않을 경우 춥다고 알려져 있다. 그러나 자연의 존재를 느낀다는 것은 단순히 따뜻한 방에 앉아서 눈요기로 보기 좋은 장면을 감상하는 것만이 아니다. 그만한 대가를 치르며 자연과 일체가 되는 경험을 하자는 것이다. 이러한 한국 전통 건축의 환경 개념에 비해 생태 건축은 여전히 쾌적 온도의 범위가 한국 전통 건축의 경우보다 좁게 가정된다. 이것은 생태 건축에서 추구되는 자연 순환 방식의 궁극적 목적이 사람을 자연에 맞추는 동양적 자연관과 달리 사람에게 유익한 도구로 자연을 이용하려는 서구식 실용주의적 자연관에 기초하고 있음을 의미한다.

이상 살펴본 바와 같이 한국 전통 건축에서 느낄 수 있는 여

16 병산서원 입교당
겨울날 햇빛을 훈기로 받아들이던 우리 조상의 겸손한 인내심이 담겨 있다.

러 가지 특징은 궁극적으로 낭만적 자연관으로 귀결된다. 자연을 섬길 줄 아는 겸손함이 있었기에 그처럼 은근하고 편안한 멋이 우러나올 수 있었다. 그렇다면 한국 건축은 늘 그처럼 편안하기만 한가. 그렇지는 않다. 많지는 않지만 필요할 경우 긴장감 넘치는 장면을 연출한 예도 발견된다.

14
사선과 긴장감

*일상을 깨우는
극적인 순간*

마곡사 대웅보전
vs. ─────────
보로미니의 산 카를리노

한국 전통 건축의 보편적인 매력은 한 듯 만 듯한 모호함 속에 알면 알수록 더욱 깊은 뜻이 담겨 있는 이중성이다. 때로는 심오한 철학적 가치도 지니지만 심각한 내용을 담고 있는 건축치고는 엉성해 보이는 외형 때문에 편안한 느낌을 준다. 이를테면 조금 어수룩하고 모자라 보이기 때문에 친근감이 가고 편안함을 느끼게 하는 어릴 적 친구로 비유할 만하다. 힘들고 어려울 때 이런 친구를 찾아 편안한 마음으로 하소연하고 싶어지듯, 한국 전통 건축의 맛은 한번 알게 되면 세상일에 지칠 때마다 반드시 찾아가고 싶은 중독성을 지닌다. 그렇기 때문에 가끔씩 한국 전통 건축에서 발견되는 긴장감 넘치는 공간은 그 자체가 하나의 충격이요, 또 다른 큰 매력일 수밖에 없다.

종교적 긴장감으로 가득 찬 공간, 마곡사

긴장된 공간을 만드는 방법은 여러 가지가 있다. 서양 건축의 경우 사선을 사용하는 직접적인 방법이 가장 많이 쓰인다. 사람들은 환경을 구성하는 대표적인 질서 체계로 수평선과 수직선을 인식하고 살아간다. 자연을 구성하는 지평선으로부터 수평선을, 그리고 지평선을 뚫고 솟아 오른 나무나 지평선을 밟고 걸어 다니는 자신의 직립 자세로부터 수직선을 가정한다. 편안히 뻗은 수평선과 이 수평선에 의해 단단히 엮이고 지지된 수직선이 만나서 형성되는 십자 좌표축은 동서양을 막론하고 안정과 평온의 상징이었다. 이때 십자 좌표 사이를 가로지르고 지나가는 사선은 평온을 깨는 긴장감을 불러일으키면서 역동과 활성을 상징하게 된다. 서양 건축에서 긴장감을 만들어내기 위해 주로 사용한 기법이 바로 사선이다.

이에 반해 한국 전통 건축에서는 건물 간 거리를 비정상적으로 좁히고 시선의 각도를 어지럽히는 방법을 통해 긴장감을 불러일으킨다. 앞서 '인체와 척도' 편에서 보았듯이 한국 전통 건축이 편안하게 느껴지는 데에는 공간을 구성하는 크기와 바라보는 시선의 각도 등이 적정한 범위 내에 들어갔기 때문이다. 건물 간 거리를 좁히고 시선의 각도를 어지럽힌다 함은 결국 이 같은 적정한 범위를 깸으로써 편안함을 불안감으로 바꾼다는 것을 의미한다. 그리고 이러한 불안감은 건축적으로 보았을 때 긴장감과 동의어로 해석된다.

이와 같은 한국 전통 건축의 긴장감을 잘 보여주는 예로 마곡사를 들 수 있다. 현재 마곡사는 바로 앞까지 잘 닦인 도로가 나 있고 진입 공간에도 손을 댄 흔적이 많이 발견된다. 하지만 마곡사는 본래 양장구곡¥腸九曲의 진입 구조를 가진다. 절 이름에 '곡谷' 자가 들어간 데에서 알 수 있듯이 마곡사는 진입하는 과정부터 계곡을 건너고 산곡으로 들어가는 긴장감이 느껴지기 시작한다. 참고로 이러한 현상은 같은 '곡' 자가 이름에 들어간 장곡사에서도 유사하게 관찰된다. 마치 양수리와 같이 두 계곡이 만나는 지점에 위치한 마곡사는 계류溪流와 지형을 이용해 사람을 180도 회전시키면서 두 번의 수水와 교橋를 지나게 한다.[1] 한국 전통 건축에서도 때로는 자연이 이처럼 긴장된 모습으로 처리되기도 한다.

긴장감은 자연을 지나는 진입 공간이 끝나고 산문이 시작되면서 배가된다. 마곡사의 산문은 다른 사찰과는 달리 독특한 특징 두 가지를 갖는다. 하나는 천왕문과 해탈문의 순서가 바뀌었다는 점이다. 해탈문을 먼저 지나고 그 다음에 천왕문을 지나게 된다. 다른 하나는 천왕문과 해탈문 사이의 거리가 평균보다 훨씬 짧다는 점이다. 두 개의 문이 연달아 나온다. 해탈문 앞에 서면 바로 뒤에 천왕문이 보인다.[2] 한국 사찰에서는 천왕문에서 해탈문에 이르는 거리와 해탈문에서 대웅전에 이르는 거리를 거의 같게 처리하는 것이 보통이다. 앞서 '길과 여정' 편에서 밝혔듯이 이것은 산문을 지나 대웅전에 이르는 과정에서 유발되는 종교적 긴장감의 완급을 적절

1 마곡사. 극락교에서 대광보전을 바라본 모습
한국 전통 건축의 전체적인 특징인 편안함 가운데서도 종종 긴장감 있는 구성이 발견된다. 마곡사의 진입 공간은 변화 심한 계곡을 지난 뒤 물을 만나 다리를 건너고 다시 여러 문을 급하게 통과하는 등 긴장의 연속이다.

2 해탈문에서 천왕문을 바라본 모습
여유를 찾을 새 없이 두 개의 문을 연달아 통과하게 되니 느끼는
긴장감도 커질 수밖에 없다.

히 조절하기 위한 것으로 추정된다. 천왕문을 통과하면서 한 번 고양되었던 종교적 긴장감은 해탈문에 이르는 일정한 거리를 걸으면서 한 번의 숨고르기를 거치는 것이다. 그런데 마곡사에서는 두 개의 문이 연달아 나오면서 숨고르기를 할 여유를 가질 틈이 없다. 이것은 긴장감을 연속적으로 높이려는 의도로 보인다.

천왕문을 지나면 마지막으로 다시 한 번 긴장감을 높이는 장치를 만나게 된다. 한국 사찰에서는 해탈문을 지나면 바로 대웅전 앞마당이 나오는 것이 보통이다. 이와 달리 마곡사는 천왕문을 지나면 물과 다리를 지나게 되어 있을 뿐 아니라 다리가 끝나는 지점에 커다란 나무 두 그루가 마지막 산문처럼 버티고 서 있다.❸ 게다가 두 그루의 나무는 개심사의 진입 공간에 군집을 이루며 서 있던 적송赤松의 편안한 느낌과는 달리, 엄한 수문장 같은 으스스한 느낌을 불러일으킨다. 가지가 많이 잘려나간 고목의 모습은 이러한 느낌을 한층 배가시킨다. 한국 전통 건축에서는 나무가 늘 건물의 편안한 분위기를 보태는 콩쥐의 역할만 했다면, 때로는 이처럼 긴장감을 불러일으키는 팥쥐의 역할을 하기도 한다. 두 그루 나무 사이에는 일직선, 활처럼 휜 곡선, 다시 일직선으로 처리된 세 단의 계단이 있다. 이렇게 계단마저 의도적으로 쌓는 모습을 달리하면서 끊임없이 긴장감을 높여간다. 두 그루 고목을 지나면서 극에 달했던 긴장감은 대광보전 앞의 탁 트인 마당이 나오면서 일순간에 이완된다.❹ 대광보전 앞마당은 광장에 가까울 정도로 넓은 공간이다. 산지형 사찰에서 자주 보이는 대웅전 앞의 아늑한 중정과는 정반대로 광장형 공터이다. 대광보전 앞에 5층 석탑과 괘불대掛佛臺 등을 놓아 빈 공간의 지루함을 달래보려 했지만 역부족인 느낌이다.

그러나 마곡사의 긴장감은 여기서 끝나지 않는다. 진짜 극적인 긴장감은 대광보전 뒤의 대웅보전에서 기다리고 있다. 대광보전 앞의 넓은 마당은 그 절정감의 효과를 극대화하기 위한 큰 심호흡과 같은 것이다.

3 극락교를 지나면 마주치는 나무 두 그루
대웅전 앞마당으로 들어서는 길목에 키 큰 고목이 수문장처럼 버티고 서 있다.

4 대광보전 앞 광장
탁 트인 앞마당은 남은 여정을 위한 숨고르기 같은 역할을 한다. 5층 석탑과 괘불대가 눈에 띈다.

두 그루 고목을 지나면서 고조되었던 긴장감을 그대로 가진 채 대웅보전의 긴장감을 만나게 되면 그 효과가 떨어질 것은 뻔한 일이다. 중간에 큰 이완기를 한 번 가진 뒤에 마지막 강한 수축기를 가지면 그 효과는 더욱 커진다. 일종의 완급 조절인데, 완급이 갖는 주기의 폭이 다른 사찰과는 비교도 안 될 정도로 크다는 점이 특징이다. 그만큼 큰 긴장감을 가장 마지막에 숨겨 준비하고 있기 때문이다.

대광보전 앞마당에 서서 대광보전을 자세히 들여다보면 재미있는 사실 한 가지가 눈에 들어온다. 그것은 대광보전 뒤 위쪽으로 불전 한 채가 더 있다는 점이다. 대광보전 지붕 너머로 지붕 하나가 더 겹쳐 보이면서 두 채의 건물이 각기 다른 높이로 앞뒤로 나란히 서 있음을 알게 된다.❺ 저 뒤의 건물은 무슨 건물일까, 어떻게 생겼을까 하는 호기심이 생기면서 마곡사에서의 마지막 긴장감은 시작된다. 이 뒤쪽의 건물이 바로 한국 전통 건축에서 몇 채 안 되는 중층 건물 가운데 하나인 마곡사의 대웅보전이다.❻ 대광보전 주위를 한 바퀴 돌다보면 측면 어느 지점에선가 중층의 거대한 대웅보전이 장대한 모습을 드러내며 시야 속으로 들어온다. 이완되어 있던 긴장감은 어느새 감전된 것처럼 순식간에 다시 커진다. 대광보전 옆으로 나 있는 돌계단을 오르면 서서히 뒤쪽의 대웅보전이 모습을 드러내기 시작한다.❼

처음에 조금만 보였을 때는 잘 모르던 것이 조금씩 가까이 다가갈수록 과연 그 장대함을 드러낸다. 대광보전 앞의 넓은 마당에서 한숨을 돌리며 한가로운 마음으로 바라보았을 때는 저 뒤에 저렇게 큰 건물이 있으리라고 짐작도 못했다. 그러다 몇 걸음 만에 이처럼 장대한 모습을 맞닥뜨리게 되면서 종교적 긴장감은 순식간에 절정에 달한다. 이렇게 생긴 긴장감은 대웅보전 앞 영역에 머무르는 동안 계속된다. 이것은 대웅보전 주변의 마당 폭이 건물 높이에 비해 턱없이 좁기 때문에 가능하다. 마당이 이렇게 좁다 보니 시선은 당연히 급하게 형성될 수밖에 없다. 한국 전통 건축의 편안

5 대광보전 전경 6 대광보전 뒤 위쪽으로 보이는 대웅전

대광보전의 지붕 너머로 지붕 하나가 더 겹쳐 보이면서 이완되었던 긴장감은 다시 고조되기 시작한다.

7 대광보전에서 대웅보전으로 오르는 돌계단
대광보전 옆으로 나 있는 계단을 오르면 중층 지붕을 가진
대웅보전의 웅장한 모습이 조금씩 드러나기 시작한다.

한 중정을 만들어주던 18-22도 사이의 자연스러운 앙각은 없고 거의 수직으로 올려다보아야 하는 급한 시선만이 가능하다.

이렇게 올려다본 눈앞에는 화려한 다포식多包式 목구조가 2층에 걸쳐 웅대한 위용을 자랑하고 있다. 건물의 전체 모습이 한눈에 들어오지 않아 몇 번에 나누어 파노라마식으로 보아야 할 정도이다. 활짝 올라간 팔작지붕의 처마 곡선 역시 위아래로 두 번 반복되면서 큰 팔을 벌리고 서 있는 거인을 연상시킨다. 금방이라도 나를 감싸 안아 올릴 것만 같다. 모서리를 돌아 측면으로 가면서 지붕 처마는 날카로운 예각의 사선을 두 겹 겹쳐 보이며 팽팽한 긴장감을 유지시킨다. 가까이서 높은 건물을 올려다보니 처마 곡선이 더 휘어 보이는 착시 현상까지 경험하게 된다. 처마 밑에 서 보지만 다른 대웅전 처마 밑처럼 아늑한 중정이 눈앞에 편안히 펼쳐지지 않는다. 좁은 마당이 그 인색한 폭을 드러내고 이내 그 아래로 대광보전의 지붕이 검은 파도처럼 마음을 한 번 더 졸이게 할 뿐이다. 대웅보전 앞에서는 어디에 서 있건 이 같은 긴장감을 누그러뜨려 줄 곳이 한 군데도 없다.[8, 9, 10, 11]

사람들은 당연히 불편한 것보다 편한 것을 더 좋아한다. 건축도 마찬가지이다. 건축에서도 편안한 분위기의 집을 추구하는 것은 일단 상식이다. 건물이 긴장감을 유발할 때는 상식을 깰 만한 절실한 이유가 있게 마련이다. 서양 고전 건축처럼 건축가가 건물을 설계할 경우 긴장감 자체가 하나의 예술적 동기가 될 수는 있다. 특히 건축가 개인의 성격이나 작품 성향 등이 기준이 되면 이러한 설명은 설득력을 얻는다. 혹은 긴장감을 공통적으로 추구하는 집단화 현상이 나타나는 경우에는 비상한 사회적 동기가 있게 마련이다. 서양 건축의 예를 보면 고딕과 바로크는 과다한 종교적 열기가, 현대의 1960-1980년대 시기에는 전통의 권위에 반하는 집단적 광기가 바로 그러한 동기였다. 그러나 이것은 서양 건축을 이해하는 시각이지 한국 전통 건축에는 해당되지 않는다. 그렇다면 마곡사 대웅보전은 왜 이처럼 한국 전통 건축에서 찾아보기 힘든 긴장감을 유발시키고 있을까.

　　　　　　　왜 그랬을까. 그 이유는 아무래도 종교적 교리에서 찾아야 할 것 같다. 화엄종 사찰에서 자주 쓰이는 구성 방식은 대웅전을 앞에 놓고 계단을 타고 올라가 그 위에 강당을 세우는 식의 배치이다. 그런데 마곡사에서는 비로자나불과 석가모니를 동시에 모신다. 이렇다 보니 비로자나불을 모시는 대광보전과 석가모니·아미타여래·약사여래를 모시는 대웅보전 이렇게 두 개의 불전을 갖는다. 이때 부처의 위계로 보아 주불主佛인 석가모니를 모시는 대웅보전이 뒤쪽 가장 높은 자리인 강당의 자리에 놓인 것이다. 그리고 주불을 모시는 대웅보전에 종교적 차별성을 주기 위하여 건물도 중층으로 더 높이고 위와 같이 긴장감을 불러일으키는 공간 처리 방식을 적용한 것으로 추정된다.

　　　　　　　마곡사 대웅보전에 나타난 긴장감은 가히 상식과 완급의 절차를 뛰어넘는 초월적 절정감이다. 종교란 때론 인간의 자잘한 셈을 뛰어넘어 사람의 감정을 일순간에 절정으로 끌어올리는 극적인 연출을 필요로 한다. 이러한 개념의 긴장감은 서양 건축에서 자주 나타난다. 종교적 열망을 직접적으로 표현하는 서양 문명의 특성상 건물을 이용하여 열망을 고양시키려는 시도는 한국 전통 건축보다 훨씬 많이 나타난다. 특히 마곡사 대웅보전과 같이 좁은 거리와 높은 앙각에서 얻는 착시 현상 기법은 바로크 교회 건축에서 자주 사용한 방식이다.

종교적 열정을 상승시키는 바로크 건축
:

바로크 시대에는 역종교혁명의 성공으로 가톨릭이 부활하면서 로마 재건 운동이 일었다. 로마를 기독교의 중심지로 복원시키려는 노력 아래 17-18세기

8 대웅보전을 올려다본 전경
9 대웅보전 지붕의 공포
10 대웅보전에서 보이는 대광보전 지붕
11 대웅보전 지붕 처마의 모서리

앞마당의 폭이 좁은 데다 중층 건물이기 때문에 그 앞에 서면 긴장감은 클라이막스에 도달한다. 급한 각도로 대웅보전을 올려다보면 다포식의 화려한 공포가 온 천지를 덮고 있다. 건물의 높이와 앞마당의 폭 사이 비례를 이용하여 시선 각도를 조작함으로써 긴장감을 극대화하고 있다.

에 걸쳐 많은 수의 교회 건물이 지어졌다. 고대 로마 시대의 유적지나 몇몇 르네상스 걸작 건축물을 제외하면 지금 로마의 거리를 메우는 건물들 대부분은 이 시기에 지어진 것이다. 특히 교회 건물이 그중 많은 수를 차지했다. 이 시기에는 가톨릭의 종교적 열망이 절정에 달했기 때문에 교회 건물로부터 이를 자극할 만한 극적인 장면을 얻어내고자 했다. 그런데 당시 교회 부지는 로마의 오래된 시가 내 좁은 길가인 경우가 많았다. 건물 앞 도로 폭이 좁은 상황에서 극적인 긴장감이 요구되다 보니 이 두 가지 조건을 동시에 만족시키는 해법으로서 자연스럽게 거리와 앙각의 조작에서 얻는 착시 현상이 탐구된 것이다.[12]

예를 들어 프란체스코 보로미니Francesco Borromini의 산 카를리노San Carlino 교회가 이런 내용을 잘 보여준다.[13] 이 교회는 건물 높이보다 좁은 폭을 갖는 거리에 면하여 서 있다. 이 때문에 앙각은 당연히 급해질 수밖에 없다. 보로미니는 오히려 이 상황을 적극 활용하여 착시 현상을 극대화하는 방향으로 건물을 처리하였다. 산 카를리노의 전면에는 네 개의 기둥이 좁은 간격을 유지하며 두 개의 층에 걸쳐 위아래로 반복되고 있다. 건물의 한 층 높이가 다소 높게 지어진 탓도 있지만 이 상태의 건물 전면을 바로 앞에서 올려다보면 실제보다 훨씬 더 높아 보이는 착시 현상이 일어난다. 그 효과는 특히 지붕 처리로 배가된다. 지붕 전면이 커다란 타원과 이를 감싸는 뾰족한 꽃봉오리 모양으로 조각되었다. 특히 타원을 눕히지 않고 세웠기 때문에 밑에서 올려다볼 경우 실제보다 훨씬 더 길어 보인다. 이것은 결국 건물이 높아 보이는 결과로 나타난다.[14]

이 모든 처리들이 더해지면서 길거리에서 올려다보는 산 카를리노는 마치 하늘을 향해 치솟는 듯한 모습이다. 기둥 사이사이의 벽과 벽감에 새겨진 천사상과 성 카를로를 비롯한 성인聖人들의 조각상은 건물의 앙천적 분위기에 편승하여 마치 승천하는 듯이 느껴진다. 이 모든 느낌들은 그

12 로마의 좁은 골목길
서양 건축에서 마곡사 대웅보전과 같이 급한 시선 각도를 이용한 착시 효과가 본격적으로 시도된 것은 로마 시내의 좁은 골목길에 많은 건물을 채워 넣었던 바로크 시기이다.

13, 14, 15 프란체스코 보로미니, 산 카를리노 San Carlino 교회, 이탈리아 로마, 1634-1641년
급한 시선 각도를 통해 극단적인 조형 효과를 시도한 바로크 건물의 대표적 예이다. 건물의 윤곽을 올록볼록하게 교차되는 곡선과 타원형으로 처리함으로써 착시 효과를 극대화했다. 마치 하늘을 향해 치솟는 듯한 모습이 종교적 열정을 상승시킨다.

대로 종교적 열정을 상승시키는 결과로 귀착된다.[15]

고독으로 침잠하는 공간, 독락당

다시 한국 전통 건축으로 돌아와서, 독락당獨樂堂은 시선과 발길을 분산하는 방법으로 긴장감을 표현한다. 이러한 분산의 방법은 앞의 소수서원에서 한 번 살펴보았다. 그러나 분산이라고 다 같은 분산은 아니다. 소수서원의 분산은 물 흐르듯 자유로운 분산이다. 큰 공간 속에 건물들을 듬성듬성 이곳에 하나 저곳에 하나 흩트려 놓아 모든 건물이 한눈에 다 들어오는 분산이다. 그렇기 때문에 소수서원의 분산은 긴장감과는 반대로 오히려 꽉 짜인 규범을 풀어주는 편안함으로 나타났다. 이에 반해 독락당의 분산은 사람의 시선과 발길을 막았다 돌리고, 조였다 풀고, 가렸다 보여주는 식의 고도의 완급 조작을 통해 긴장감을 유발하는 분산이다.

독락당은 멀리 보이는 전경부터 긴장감이 느껴진다. 일반적으로 한옥 대부분은 담 위로 벽체의 위쪽 3분의 1과 지붕이 보인다. 멀리서 보아도 집 전체의 구성이나 앉아 있는 품새가 한눈에 들어온다. 우리 옛 선조들은 이것이 자기 집을 찾아오는 손님이나 길을 오가는 사람들에 대한 일종의 예절이라고 생각했다. 숨길 것 없이 자신의 가세家勢와 집의 생김새를 진솔하게 드러내 놓는 것이 일종의 집 예절이라고 여겼던 것이다. 그러나 독락당은 담이 그보다 높아 밖에서는 지붕만 보일 뿐 집 전체의 모양새를 가늠하기 불가능하다. 왜 그랬을까. 집 예절을 몰라서 그랬을까.

독락당은 회재晦齋 이언적李彦迪 선생이 자신의 사랑채로 지은 집이다. 이언적 선생은 1500년대 전반부에 이조, 예조, 형조 판서에 좌찬성까지 지낸 분이다. 이만한 분이 집 예절을 몰랐을 리 없다. 그보다는 다른 뜻을 표현하는 것으로 보인다. 담 너머로 그나마 보이는 독락당의 지붕은 무척 적막해 보인다.[16] 이 적막은 그대로 하나의 큰 긴장감으로 느껴진다. 세상에 대하여 스스로를 걸어 잠그고 싶은 강한 침잠의 의지에서 오는 긴장감이다. 독락당의 긴장감은 침묵이 주는 무거운 긴장감이다.

　　　　　전경에서 느껴지는 침묵의 긴장감은 건물 속으로 들어서면서 급한 완급 조절에 의한 긴박한 긴장감으로 갑자기 바뀐다. 독락당에는 입구부터 시작해서 유난히 90도로 꺾이는 발길이 많음을 느낄 수 있다. 문을 지나면 담과 벽이 앞을 급하게 가로막으며 발길을 옆으로 돌리게 만든다.[17,18] 발길을 90도 꺾으면 좁은 골목길이 나타나고 다시 막다른 골목처럼 벽이 막아선다. 마치 오는 사람을 되돌려 보내려는 듯, 아니면 피하려는 듯 숨바꼭질하는 것 같다. 사람을 거부하려는 고독에의 열망이 집안으로 들어가려는 사람에게는 강한 긴장감으로 나타난다. 독락당은 이언적 선생이 김한로의 등용을 반대하다가 관직을 박탈당하고 고향에 내려와 지은 사랑채이다. 세상 밖으로 나가기 싫어하고 세상으로부터 나를 숨기려는 회피적 의도가 강하게 느껴진다. 이러한 의도는 집으로 들어오는 진입 공간에 끊임없는 긴장감을 만드는 방식으로 표현된다. 의도는 다르되 마곡사의 진입 공간에 조성된 긴장감과 흡사하다.

　　　　　이 과정 뒤에는 탁 트인 큰 마당이 이어지고 독락당이 나타난다. 독락당 앞마당은 넓은 공간이지만 이곳까지 오는 동안에 경험했던 것과 유사한 긴장감이 여전히 느껴진다. 마당을 둘러싸는 담은 모서리가 딱 맞지 못하고 높이가 서로 어긋나 있다.[19] 문의 위치도 담 한쪽 끝과 같은 극단적인 곳에 나 있다. 담 너머로는 불편한 듯 급하게 엉켜 있는 지붕의 날카로운 끝이 눈을 찌를 듯하다. 마치 엉겨 있는 파충류를 보는 듯한 긴장감이 느껴진다.[20] 독락당이라는 이름처럼 혼자 있고 싶은 고독한 사연을 하소연하는 듯하다. 독락당, 말 그대로 혼자 있음을 즐기기 위한 건물 아닌가?[21]

16 독락당
마곡사의 대웅보전이 극적인 착시 효과로 긴장감을 유발한다면
독락당은 적막감과 미로적 구성으로 긴장감을 불러일으킨다.

17, 18 **독락당의 담과 벽**
담과 벽이 복잡하게 교차하면서 90도로 꺾이는 등 동선 변화가
심하다. 골목길과 같이 쥐어짜는 느낌의 공간이 이어지다가
다시 막다른 벽이 막아선다.

19, 20 독락당 앞마당의 담과 문
독락당 앞마당의 윤곽을 구성하는 담에서도 긴장감은 계속된다. 담의 모서리는
의도적으로 어긋나게 처리된 듯하며 문의 크기나 위치도 제각각이다.

독락당을 지나면 마지막으로 저 깊숙한 곳 계류를 바라보는 곳에 계정溪亭이 위치한다. 계정의 앞마당도 독락당의 경우처럼 넓지만 여전히 긴장감은 계속된다. 특히 사당 앞에 담을 한 겹 더 쌓아 좁은 골목길을 만들어놓은 데에서 그 긴장감은 절정에 달한다.[22] 계정은 그 앞에 아름다운 자연을 벗하고 있지만 이 자연마저도 고독한 건물의 분위기를 돋우는 듯하다. 여타 한국 산하의 순하고 조화로운 모습이 아닌 마지막 도피처 같은 서글픈 모습을 하고 있다. 계정 앞의 자연은 바깥세상에서 가장 멀리 떨어져 깊은 곳에 있는 나만의 또 하나의 세계인 것 같아 보인다. 이곳에서도 처음 독락당의 담 앞에 섰을 때 느껴지던 침묵의 무거운 긴장감이 반복되면서 독락당의 조마조마한 여정은 끝나고 있다.[23]

사선이 만드는 긴장감
:

독락당에서 느껴지는 긴장감은 안정적인 수평 구도를 깨는 사선의 불안감 같은 것이다. 발길의 종착점이 철저히 가려져 있을 뿐 아니라 머릿속에 건물 전체의 구도가 그려지지 않은 채 혼란스럽기만 하다. 이러한 느낌은 사선으로 구성되는 건물이 갖는 특징이기도 하다. 독락당은 사선을 전혀 쓰지 않았지만 시선과 발길을 분산하는 방식으로 마치 사선을 쓴 것 같은 긴장감을 자아낸다. 이에 반해 서양 건축에서는 사선을 직접 사용하여 긴장감을 표현한 예가 많다. 특히 1960년대 이후 신정신New Spirit 운동이나 신자유New Freedom 운동이 급속히 퍼지면서 안정적 수평선에 안주한 채 권위만을 내세운 고리타분한 전통 건축에 대한 반발의 상징으로 많이 사용되었다.

권터 도메니히Guenter Domenig의 스톤 하우스Stone House는 이 같은 내용을 잘 보여주는 예이다.[24] 신표현주의 건축을 대표하는 도메니히의 스

21 독락당 내부
독락당이라는 건물의 이름이 말해주듯, 세상을 등지고 혼자 고독을 즐기고 싶은 마음이 담겨 있는 듯하다.

22 독락당 사당
바로 앞에 담이 있어 막다른 골목을
형성하면서 긴장감을 높이고 있다.

23 독락당 계정
계류를 내려다보는 낮은 절벽 위에 세워진 계정.
바깥세상으로부터 멀리 떨어져 나온 듯한 고독감이 느껴진다.

톤 하우스는 노출된 계단을 벽체와 어긋나는 사선 방향으로 돌려놓았다. 이로써 계단은 항상 곧은 방향으로 나야 한다는 관습적 고정관념을 깨고 있다. 보와 기둥과 벽체로 이루어지는 십자 구도를 가로질러 놓인 계단은 사선 방향으로 또 하나의 좌표를 형성하면서 전체 공간 속에 복합 구도를 만들어놓는다. 계단은 수직 이동이라는 구체적 행위를 담는 부재인 동시에 시각적 자극이 강한 요소이기 때문에 체험적 영향의 범위가 확산되어 작용하는 결과를 낳는다. 여기에 빛이 더해질 경우 그 작용의 효과가 배가되면서 실내에는 단순하면서도 분명한 복합 공간의 골격이 형성된다. 이렇게 형성된 스톤 하우스의 실내는 시선과 발길이 분산되는 느낌으로 나타나면서 독락당과 유사한 분위기를 느끼게 한다. 도메니히의 스톤 하우스는 수평 방향으로 퍼져 있던 독락당의 분산 구도를 수직 방향으로 농축하여 담아놓은 듯하다.

스페인의 파트너 건축가인 라페냐 앤 토레스 Lapena & Torres 의 캡 마르티넷 하우스 House in Cap Martinet 는 독락당의 분산적 사선 느낌을 직접 사선을 이용하여 번안한 듯한 모습이다. 25 캡 마르티넷 하우스에는 격렬한 기하 충돌 기법에 의해 시선을 가리고 발길을 이리저리로 흩트리는 분산적 사선 공간이 만들어져 있다. 독락당의 긴장감이 사람의 발길을 피하려던 거부적 긴장감이었다면, 캡 마르티넷 하우스는 사람을 혼란에 빠뜨리는 미로적 긴장감으로 가득 차 있다. 안정적 질서를 보장하는 정형적 기하 형태의 윤곽이나 축 질서 등이 완전히 깨져버린 채 마치 별을 뿌려놓은 듯 무작위적인 구성이 건물 전체의 조형성을 결정한다. 벽체는 꺾이고 끊기기를 반복하고 이 과정에서 평행을 이룬 벽체는 단 한 쌍도 형성되지 않을 정도로 분산적 분위기가 강하게 나타난다. 평면도를 보면 기하가 충돌한 범위를 넘어서 공간이 폭발했다는 표현이 더 어울릴 것 같다.

이상과 같이 한국 전통 건축을 구성하는 개별 요소와 이것들이 어울려 구성되는 배치 법칙에 대하여 살펴보았다. 이 정도면 한국 전

24 귄터 도메니히, 스톤 하우스 Stone House, 오스트리아 스타인도르프, 1986년
25 라페냐 앤 토레스, 캡 마르티넷 하우스 House in Cap Martinet, 스페인 이비차, 1985-1987년
흔히 광기의 10년으로 불리는 1980년대에는 해체 건축이나 신표현주의 등과 같은
극도의 비정형 건축 운동에서 사선을 이용한 긴장감이 적극적으로 시도되었다.

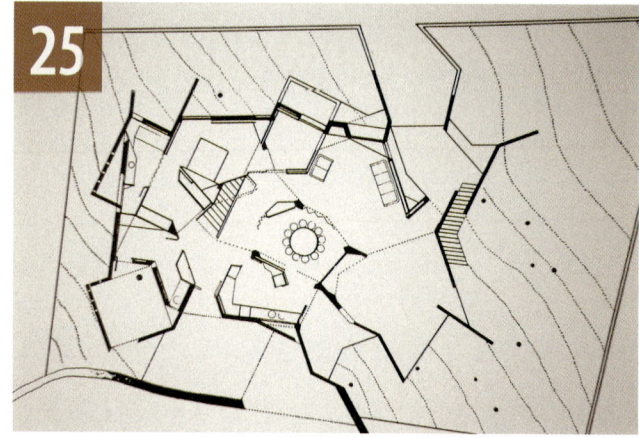

통 건축을 이해하는 데 필요한 기본적인 사항들은 거의 이야기된 것 같다. 마지막으로 한국 전통 건축을 감상하는 네 가지 대표적인 주제에 대해 살펴보도록 하자.

3부

건물의

감상법

15

중첩과
관입

투명의 공간
겹의 공간

한옥의 불이 공간
vs.
큐비즘의 다차원 공간

건축가들에게 한국 전통 건축의 특징을 대표하는 단어를 묻는다면 아마 가장 많이 나올 대답은 바로 중첩重疊과 관입貫入일 것이다. 특히 한국 전통 건축의 특징을 공간의 관점에서 파악하려는 경우라면 더욱 그러하다. 그렇다면 한국 전통 공간의 특징이 중첩과 관입이라는 말은 과연 무슨 뜻일까. 그것은 공간이 투명하다는 이야기이다. 공간이 투명하다는 말은 또 무슨 이야기인가. 더 어렵다. 그것은 내부 공간과 외부 공간 사이의 구별이 명확하지 않다는 이야기이다.

투명하고도 모호한 불이의 공간, 한옥

한국 전통 건축 중에도 이러한 특징이 가장 잘 드러난 건물이 바로 한옥이다. 한옥은 근대화가 시작되면서 매우 불편하고 비과학적이며 재래적인 주거 양식으로 한때 비판받았던 적이 있다. 그 내용인즉 건물을 사용하는 발길의 오르내림이 많아서 특히 무거운 밥상을 들고 부엌을 들락거려야 하는 주부들에게 몹시 불편하며 겨울에 춥고 프라이버시 보호가 안 된다는 것이다. 또한 한옥은 나무로 짓기 때문에 화재의 위험이 높고 수리를 자주 해야 하며 내구성이 떨어진다는 것이다. 이와 같은 지적은 상당 부분 옳은 것이 사실이며 많은 한국인들이 그렇게 생각하여 한옥을 버린 것이 또한 지금 우리의 현실이기도 하다. 그러나 다르게 이야기하면, 이렇게 한옥의 불편한 점으로 지적된 사항이 바로 내·외부 공간 사이의 구별이 명확하지 않다는 한국 전통 건축의 특징에 해당한다.

모든 방 사이의 거리가 짧고 이동이 간단한 서구식 주택에 비해서, 같은 집안인데도 부엌에서 안방까지 가기 위해서 신발을 벗었다 신었다 하며 산 넘고 강 건너듯 먼 거리를 움직여야 하는 한옥의 공간 구성은 불편한 것이 사실이다. 그러나 그 자체가 하나의 독특한 건축적 특징일 수 있다. 겨울에 춥다는 말은 그만큼 외기와 내통이 잘 된다는 것을 의미하기도 한다. 프라이버시 보호가 안 된다는 말은 거꾸로 그만큼 간접 의사소통이 잘 된다는 의미이기도 하다. 나무로 지으면 내구성이 떨어진다지만 가회동, 옥인동, 돈암동 등 서울 시내 여러 곳에는 아직도 수십 년 된 한옥이 아무 문제없이 거뜬하다. 멀쩡한 집이 무너지는 경우는 오히려 콘크리트로 지은 집이다. 아파트 재건축에서 보듯 한국에서 콘크리트의 물리적, 사회적 수명은 20년을 채 넘기기 힘드니 나무보다 나을 것이 없다. 더욱이 나무가 정말 그렇게 약한 재료라면 최근에 캐나다 통나무집이 유행하는 현상은 어떻게 설명할 수 있는가. 캐나다 통나무집은 마치 낭만적 전원을 즐길 여유가 있는 상류층의 상징처럼 과대 포장되어 유행하면서도, 같은 나무 집인 우리 한옥은 여전히 불편하고 재래적인 것으로 보려는 편견이 지속되고 있다.

물론 지금 우리의 현실을 고려할 때 한옥이 불편한 점이 많다는 것은 사실이다. 그러나 이 문제는 그렇게 단순하지만은 않다. 우리는 한옥을 불편한 것으로 용도 폐기하며 서양식 주택을 열심히 받아들이지만 이와 반대로 서양 사람들은 한옥이 갖는 특징을 부러워하며 열심히 받아들이려 하고 있다. 한옥이 불편하다는 평가는 한옥의 건축적 특징과 함께 종합적으로 생각해야 할 문제이다. 그렇다면 내·외부 공간 사이의 구별이 명확하지 않다는 한옥의 공간적 특징은 무엇을 의미하는가. 그 특징은 크게 두 가지를 의미한다.

한 가지는 대청마루나 툇마루와 같이 내부 공간도 외부공간도 아닌 애매한 성격의 공간이 있다는 점이다. 건축 전문 용어로는 전이 공간이라고 부른다. 대청마루나 툇마루는 지붕만 있고 벽이 없기 때문에 외기에 완전히 노출되어 있으며 이러한 점에서는 분명히 외부 공간으로 볼 수 있다. 그러나 이와 동시에 대청마루와 툇마루는 신발을 벗고 올라가야 하며 세간이 놓이기도 하는 등 사용 양상으로 보아서는 내부 공간의 성격을 갖는다.

이 공간들은 이처럼 외부 공간이기도 하다가 외부 공간이 아니기도 하며, 내부 공간이기도 하다가 내부 공간이 아니기도 하는 등 말 그대로 내·외부 사이의 전이적 성격을 갖는다.[1,2,3]

다른 한 가지는 한옥의 구성에는 꺾임이 많다는 점이다. 한옥은 '一'자형 구성은 거의 없고 최소한 'ㄴ'자형 이상의 꺾인 구성을 갖는다. 중정을 갖는 'ㅁ'자형이 가장 흔하다. 풍수지리까지 결부되어 집 규모가 커지면 이러한 기본형들이 여러 개 조합되면서 한자漢字 형태와 같은 복잡한 구성을 갖는 경우도 많다.[4] 그러나 꺾임이 많은 한편 전체적인 규모는 휴먼 스케일의 범위를 벗어나지 않는다. 이렇다 보니 이쪽 방에서 문을 열면 중간에 마당이나 외부 공간이 나오면서 다시 저쪽 방으로 연결되는 겹 공간 구도가 형성된다. 이때 마당의 거리는 길어야 몇 미터 정도밖에 안 되고 그나마도 방과 방 사이에 끼어 있다 보니 외부 공간인 것 같다가도 방의 연속인 내부 공간으로 느껴지기도 한다. 채와 채 사이에 끼인 마당은 대청마루나 툇마루와는 또 다른 의미에서 외부 공간과 내부 공간의 양면적 성격을 동시에 지닌 모호한 공간이 된다.[5] 이 공간들은 내부 아니면 외부 하는 식의 이분법적 시각으로 보았을 때는 그 성격이 한없이 모호하기만 한 공간이다. 그러나 이런 모호한 공간이야말로 한옥을 한옥답게 만드는 가장 중요한 요소이다. 이와 같은 두 가지 특징으로부터 한옥은 독특한 공간적 체험을 만들어낸다.

한옥은 무엇보다도 각 방이 외기에 접하는 면적이 넓다. 한 집안의 여러 방들이 두 면을 외기에 접하는 것은 보통이며 심지어 세 면을 외기에 접하는 수도 적지 않다. 또한 방문을 열면 바로 외부이기 때문에 방에서 외부로 직접 나갈 수 있는 독특한 구조를 갖는다. 이것은 그만큼 외부로 나가기가 수월함을 의미한다. 반드시 땅을 밟을 필요는 없을지라도 방과 땅 사이에 대청마루와 툇마루가 있으니 사람을 방 밖으로 끌어내는 기능은 월등하다. 더욱이 대청마루와 툇마루는 비가 오는 날씨에도 외부 활동을 가능

1 양동마을 관가정
공간의 중첩과 관입은 내·외부 공간 사이의 구별이 명확하지 않은
데에서 기인한다. 이러한 불명확성은 사물을 단정적으로 보지
않으려는 한국의 전통 사상에 그 뿌리를 둔다.

2 소호헌 툇마루 3 양동마을 향단
한옥의 대청마루나 툇마루는 내·외부 공간의 구별이 모호한 전이 공간에 해당한다.

4 양동마을 이향정
공간의 중첩과 관입을 만들어낸 또 한 가지 요소는 꺾임이 많다는 것이다.

5 도산서원 농연정사
꺾임이 많은 한옥 구조에서는 이쪽 방에서 문을 열면 중간에 마당이 있고 다시 저쪽 방이 나오는 겹 공간 구도가 형성된다.

하게 하는 전천후 기능을 갖는다. 1-2분씩 엘리베이터를 기다려서, 십 몇 층이나 이십 몇 층에 내린 다음 긴 복도 걸어서 집 속으로 한 번 들어가 버리면 밖으로 나가기가 여간 귀찮은 것이 아닌 아파트 구조와 비교해볼 때 큰 장점임에 틀림없다. 외부로 나가기가 수월하다 보니 바깥 공기를 많이 쐴 수 있게 되고 땅과 친해진다. 이렇게 십 년, 이십 년을 살다 보면 당연히 집 안에만 틀어박혀 지낸 사람보다 개방적이고 원만하며 이타적인 인격을 갖게 된다.[6,7]

외기에 많이 접하는 한옥의 구조적 특징은 햇빛이나 바람 같은 자연환경과 친해지는 결과로 나타난다. 특히 여기서 대청마루는 중요한 역할을 한다. 대청마루는 여름이면 통풍을 돕고 겨울이면 따뜻한 햇빛을 집 안 깊숙이 끌어들이는 기능을 갖는다. 바람과 햇빛이라는 자연의 대표적인 생명 매개 두 가지를 모두 집안에 끌어들이는 모범적인 생태 건축의 역할을 한다. 또한 이처럼 바람과 햇빛의 이로움을 받는 대청마루와 툇마루는 기분 좋은 공간이 된다. 그렇다 보니 자연 식구들이 모이는 중심 공간으로서의 역할을 단단히 한다. 흔히들 하는 이야기로 대청마루에 온 식구가 오순도순 모여 앉아 참외 깎아 먹으며 도란도란 이야기꽃 피우는 장면은 한옥이 만들어내는 가장 아름다운 장면이다. 또 그만큼 한옥으로부터 우리가 끝까지 지켜내야 하는 것이기도 하다.[8,9]

또한 툇마루는 잠시 앉아 바깥바람 쐬기에 안성맞춤인 곳이다. 아침에 잠자리에서 일어나 혹은 겨울 낮잠 뒤에 햇빛 드는 툇마루에 잠시 앉아 정신을 가다듬는 기분은 참으로 좋은 것이다. 툇마루는 방안으로 들이기 어려운 손님이 왔을 때 엉덩이 잠시 붙이고 걸터앉아 한 10분 이야기 나누기에 적합한 장소이기도 하다. 손님은 문전박대 당하지 않고 대접받는 것 같아서 기분 좋고 주인은 손님을 집안으로 들이지 않고도 그런대로 성의 표시해서 보냈으니 홀가분할 수 있는 묘한 기능이 바로 툇마루의 기능이다.

또한 대청마루와 툇마루는 일 년 내내 바깥바람을 쐬면서 집

6 양동마을 관가정 7 양동마을 향단
선이 굴곡과 꺾임이 많은 구조라는 한옥의 특징은 각 방이 외기에 접하는 면적이 늘어나는 결과로 나타난다. 그만큼 밖으로 나가기가 수월하여 자연과 접촉할 기회가 많아짐을 의미한다.

7

8 양동마을 관가정 9 양동마을 심수정
대청마루는 여름이면 통풍을 돕고 겨울이면 따뜻한 햇빛을 받아들이는 창구 역할을 한다. 자연과 친해지려는 한국 전통 건축의 특징을 가장 잘 느낄 수 있는 곳이다.

안일을 할 수 있게 하는 뛰어난 기능을 가진다. 날씨가 맑아서 햇빛만 잘 들면 한겨울 낮 동안에는 두툼한 털옷을 입고 옥외 활동이 가능한 공간이다. 그리고 한여름이면 대청마루가 얼마나 바람이 잘 통하고 시원한지는 더 말할 필요가 없다. 이처럼 한여름에 지치지 않고 옥외 활동을 할 수 있는 곳이 또한 대청마루인 것이다. 그런데 대청마루와 툇마루는 옥외 공간인 동시에 실내 공간이기도 하기 때문에 이곳에서의 한겨울과 한여름의 옥외 활동이란 결국 바깥바람을 쐬면서 실내 활동을 하는 것과 같다.

이처럼 대청마루와 툇마루는 사람을 항상 자연 속에 머물게 한다. 자연에는 큰 산과 큰 강과 같이 때 묻지 않은 경치만 있는 것은 아니다. 항상 외기를 접하며 콧구멍만이 아닌 피부로도 함께 호흡할 수 있는 상태 역시 자연과 친밀한 상태 가운데 하나이다. 그런데 이제는 서구식 집 구조에 에어컨과 난방이 더해지면서 우리는 점점 바깥바람과 차단된 생활을 하고 있다. 이것이 육체적 건강과 정신적 건강 양쪽에 얼마나 좋지 않은지는 더 이상 설명이 필요 없을 정도이다. 대청마루와 툇마루에 살면서 자연과 친해진다는 것이 얼마나 감사하고 소중한 것인지를 안다면 그것은 한국 전통 건축이 갖는 또 하나의 장점을 아는 것이다.

정리해 보면, 한옥의 독특한 공간적 체험 가운데 건축가들이 가장 좋아하는 것은 투명성을 기본적 특징으로 한 중첩과 관입이다. 공간이 투명하다 함은 이쪽 공간과 저쪽 공간 사이의 구별이 모호하다는 이야기이다. 이것은 이쪽 방과 저쪽 방을 폐쇄적 단절로 보지 않고 개방적 연속으로 보겠다는 것을 의미한다. 또 궁극적으로는 내·외부 공간 사이의 구별이 모호하다는 것과 같은 이야기이다. 이러한 특징은 지금까지 살펴본 한옥의 독특한 구조에서 기인한다. 각 방은 보통 두 면 이상씩 외기에 면한다. 외기에 면한 면에는 하나 이상의 창이나 문이 난다. 문을 열면 외부 공간이지만 이 외부 공간은 내부 공간적 성격을 동시에 갖는다. 그렇기 때문에 방 밖의 공간은 방 안과 칼로 자르듯이 완전히 대별되는 공간이 아니라 방 안의 연속인 특징을 갖는다. 특히 방 밖의 공간이 대청마루일 경우 더욱 그러하다.

이렇듯 이쪽 공간과 저쪽 공간 사이의 구별이 모호하다 보니 문을 열어서 밖을 내다보더라도 방 안과 비슷한 듯하면서 또 조금 다른 공간이 나오고, 그 다음에는 이쪽 방과 같은 다음 방이 바로 연달아 나오게 된다. 이렇다 보니 밖이 밖처럼 느껴지지가 않으며 공간은 끊이지 않고 연속된다. 이를테면 방과 방 사이에 전이 공간이 끼어들면서 공간의 켜가 여러 겹이 되는 것이다. 때로는 방과 방 사이에 직접 통하는 문이 나 있는 경우도 많다. 문을 열면 밖이 아니라 옆방이 나오며 그 옆방을 가로질러 저 끝에 나 있는 문을 통해서 밖이 보이게 된다. 수채화를 덧칠한 듯한 한옥 공간의 이러한 특징을 건축가들은 투명한 공간 혹은 중첩과 관입이라고 부른다.[10,11]

한옥의 이런 공간적 특징은 한국의 전통적인 불이(不二) 사상을 기본 배경으로 한다. 불이 사상이 가르치는 바와 같이 너와 내가 본디 하나이듯 내·외부 공간도 그렇게 하나이지 서로 간에 나머지 반쪽처럼 크게 구별되는 것이 아니다. 너와 나를 본디 하나로 본 불이 사상의 가르침을 한옥의 공간으로부터 체험적으로 얻을 수 있다.[12]

한옥은 나무와 창호지로 지어지기 때문에 방 안에 있더라도 다른 사람의 존재를 희미하게나마 혹은 간접 의사소통 방식에 의해 느낄 수 있다. 이처럼 방 안에서도 다른 사람의 존재를 계속 느끼고 있었기 때문에 방 밖에서 다른 사람을 만나더라도 어색하지 않다. 이에 반해 프라이버시 보호도가 높은 폐쇄적인 방 속에 혼자 있다 보면 다른 사람의 존재는 한동안 관심에서 완전히 사라지게 된다. 그러다 문이라도 한번 열고 나가 다른 사람을 만나게 되면 상당 시간 끊어져 있던 갑작스런 마주침이기 때문에 어색하게 느껴진다. 방 안에 혼자 있던 기분을 계속 유지하고 싶어지기 때문에 사람을 마주치는 일 자체가 싫어지게 된다. 이러한 경험이 한두 번 반복되다 보

10 도산서원 하고직사
한옥의 공간적 특징인 중첩과 관입은 방과 방 사이의 관계를 폐쇄적 단절로 보지 않고 개방적 연속으로 정의하려는 공간관을 의미한다.

11 양동마을 관가정
방문을 열면 외부 공간도 내부 공간도 아닌 중간 성격의 전이 공간이 나타나며 그 너머로 다른 방이 중첩된다.

12 양동마을 향단
사물 사이의 관계를 명확히 구별하려는 결정론적 시각에
반대하는 불이 사상은 이쪽과 저쪽 공간 사이의 구별을 모호한
상태로 놔두는 한옥의 공간적 특징으로 나타난다.

면 서로 저 사람이 나를 별로 안 좋아한다는 생각이 들면서 점점 멀어지게 된다. 이것이 바로 투명한 공간이 있는 한옥을 버리고 폐쇄적 아파트에 살기 시작하면서 가족 간에 대화가 줄어들고 이웃 간에 멀어지게 된 이유이다.

이러한 한옥의 공간적 특징이 형성되는 데에는 나무와 창호지라는 전통 건축 재료도 중요한 역할을 하였다. 기본적으로 가볍고 자연적인 특성을 갖는 목재와 반투명성이라는 또 다른 독특한 특성을 갖는 창호지가 어울리면서 한옥의 공간은 그처럼 투명해질 수 있었던 것이다. 반투명 창호지를 통해 들어온 빛이 방 안 가득히 은은하게 넘쳐흐르는 모습은 그 자체만으로도 세상에서 가장 아름다운 건축적 장면 가운데 하나이다. 한옥에서 느껴지는 이러한 공간적 특성은 건축가들에게는 그 자체가 우수한 예술적 가치를 갖는 것으로 평가된다. 한옥의 공간이 다른 이익을 가져다주기 때문이 아니라 예술적으로 보았을 때 그 자체가 우수하기 때문에 좋아하는 것이다. 13,14

건축가라면 이미 전설 속의 신화로 사라져버린 한옥의 아름다운 공간 모습을 현대에 재현하고 싶은 욕심을 한 번쯤은 가져본다. 이를테면 고려청자의 신비한 아름다움을 현대에 재현하는 것이 큰 숙제인 것과 마찬가지이다. 그러나 고려청자의 재현이 한국 현대 예술가에 국한된 문제인 반면 건축의 경우는 그렇지 않다. 한옥의 공간을 포함하는 동북아시아의 전통 공간을 현대적으로 재현하려는 욕심은 비단 한국 현대 건축가뿐만 아니라 서양 현대 건축가들의 꿈이기도 하다.

서양의 큐비즘적 공간과 동양의 투명 공간

서양의 전통 고전 건축은 흔히 이야기하는 불투명하고 폐쇄적인 공간을 특

13 창호지를 통해 빛이 들어오는 한옥의 실내 모습 **14** 양동마을 관가정

나무와 창호지라는 전통 재료는 한옥의 공간을 투명한 상태로 나타나게 한다. 특히 창호지는 시선을 차단하면서도 햇빛을 통과시키며, 집 안 사람들 간의 간접적인 의사소통을 가능하게도 한다.

징으로 갖는다. 이것이 무엇을 의미하는가는 사실 전문적인 설명을 필요로 하는 어려운 내용이다. 편의상 앞서 설명한 한옥의 투명하고 개방적인 특징에 반대되는 의미로 이해하면 될 것 같다. 20세기 현대 건축은 이러한 전통 고전 건축에 대한 반발로 시작되었다. 일부 전통주의자들을 제외한 대부분의 서양 건축가들은 고전 전통 건축의 폐쇄적 특징에 대해 상당 부분 부정적 이미지를 갖고 있다.

전통 고전 건축의 내부는 사적인 공간이다. 이를 보호하기 위해 벽은 불투명하고 둔탁하게 폐쇄되었다. 그 안에서 일어나는 일은 전적으로 개인사이기 때문에 외부에 노출돼선 안 된다. 절대 왕정의 사악한 권력 모의가 쑥덕공론으로 은폐되던 곳도 이 불투명한 전통 공간 속이다. 20세기 현대 건축은 한마디로 콘크리트와 철골이라는 새로운 기계 산업의 건설 방식을 이용하여 고전 건축을 대체하는 투명하고 개방적인 공간을 창조하려던 작업이다. 이러한 20세기 서양 현대 건축이 완성되는 데 결정적인 영향을 끼친 것이 바로 동북아시아의 투명 공간이다.

20세기 서양 건축, 더 넓게는 서양 예술을 대표하는 개념 중 하나가 큐비즘적 다차원 공간이다. 이것은 고전 건축의 폐쇄적 공간 구획이 3차원 유클리드 기하학을 기초로 한 정형화된 질서의 산물이라는 가정 아래, 이를 대체할 새로운 공간으로 추구되었다. 큐비즘의 다면체 이론에서는 한 가지 고정된 상태로 제시되는 삼차원보다 콜라주로 구성되는 이차원 조각들의 집합이 현실 세계의 모습에 더 가까운 진실성을 갖는다는 주장을 제기한다. 나아가 이차원 조각들의 조합은 한 사물이 시간에 따라 변하는 상태를 모두 담아낼 수 있기 때문에 결국 사차원의 상태를 표현할 수 있다고 주장한다.

그런데 이처럼 큐비즘에서 새로운 공간관으로 주장한 다차원 이론은 사실 한옥의 공간적 특징에 다름 아니다. 큐비즘 예술가들이 자신들의 공간관을 설명하는 말 가운데에는 중첩, 관입, 전이, 투명 등과 같이 한옥의 공간적 특징을 정의하는 개념이 핵심적 내용으로 들어간다. 실제로 서양 미술사를 살펴보면 인상파에서 큐비즘에 이르는 소위 정통 근대 미술 운동은 일본의 전통 회화로부터 결정적인 영향을 받아서 형성되었다. 이 내용은 여기에서 자세히 설명할 주제는 아니다. 그러나 이러한 영향 관계는 서양 사람들은 인정하기 싫어할지라도 '야포니즘Japonism'이라는 명칭 아래 엄연한 역사적 사실로 남아 있다. 중첩, 관입, 전이, 투명 등의 공간 개념은 한옥의 공간적 특징인 동시에 일본 전통 회화의 공간적 특징이기도 한 것이다. 이처럼 20세기 서양 현대 예술을 대표하는 다차원 공간론은 전통 건축과 전통 회화를 포함한 동북아시아 예술 전체의 공간적 특징을 모델로 삼아 형성되었다.

이러한 큐비즘은 일반적으로 피카소라는 거장으로 인해 회화 운동으로서 알려져 있다. 그러나 20세기 현대 건축을 대표하는 르 코르뷔지에, 미스 반 데어 로에Mies van der Rohe, 프랭크 로이드 라이트Frank Lloyd Wright 등의 건축가나 데 스틸De Stijl 건축 등의 추상 아방가르드 건축 운동 역시 큐비즘의 공간관을 기본 배경 혹은 궁극적인 목표로 추구하였다. 이들의 건물은 이를테면 회화에서의 큐비즘 공간을 건축적으로 표현한 예로 이해할 수 있다. 피카소와 마찬가지로 건축의 큐비즘 공간 역시 동북아시아의 전통 공간을 모방한 기록을 많이 남기고 있다. 특히 미국 제1의 건축가 라이트는 1886년 미국 독립 100주년 기념 필라델피아 만국 박람회와 1893년 시카고 만국 박람회에 출품된 일본 전통 건축을 보고 큰 충격을 받았다.[15] 그는 이후 일본으로 건너가 자신의 큐비즘 공간을 완성시켰다.[16] 이외에도 20세기 서양 현대 건축을 대표하는 거장들의 큐비즘 공간이 동북아시아의 전통 공간으로부터 직접적인 영향을 받았다는 사실은 이제 건축사에서도 하나의 상식이 되었다.[17,18]

15 1893년 시카고 만국 박람회의 일본관 16 프랭크 로이드 라이트, 워드 W. 윌리츠 하우스Ward W. Willits House, 미국 하이랜드 파크, 1901-1902년
동북아시아 지역의 전통 예술과 건축에 공통적으로 나타나는 공간적 특성은 서양 현대 예술을 대표하는 큐비즘의 형성에 직접적인 영향을 끼쳤다.

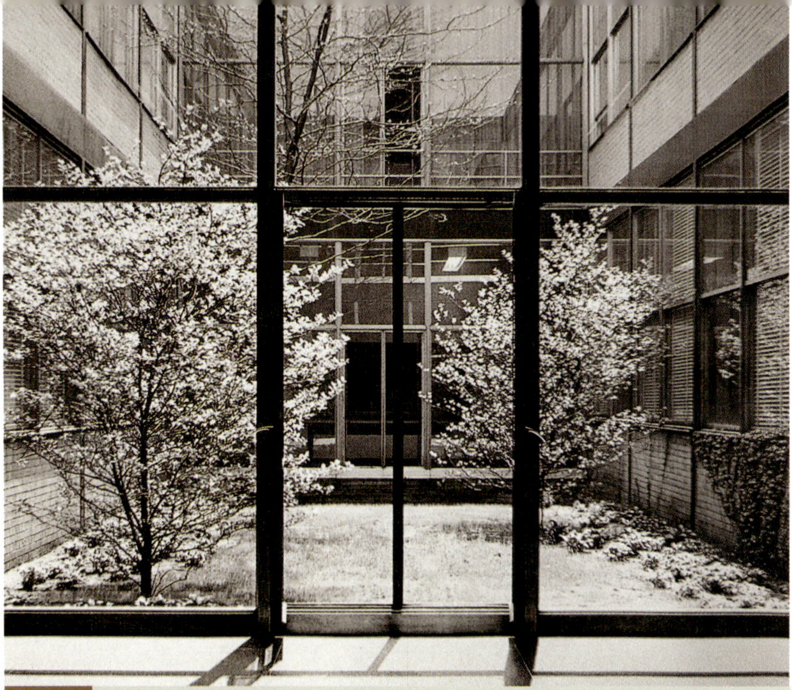

17

© Ludwig Mies van der Rohe / BILD-KUNST, Bonn - SACK, Seoul, 2010

17 미스 반 데어 로에, 일리노이 공과대학교 Illinois Institute of Technology**, 미국 시카고, 1943년**
18 창랑팅滄浪亭**, 중국 쑤저우, 17세기**
미스 반 데어 로에의 투명한 공간은 동북아시아의 전통 건축에서는 너무나 당연한 일상적 환경이었다. 최근에는 서양에서도 동양 공간의 영향을 인정하는 추세이며 이 두 장의 사진 역시 서양 이론가가 제시한 예이다.

18

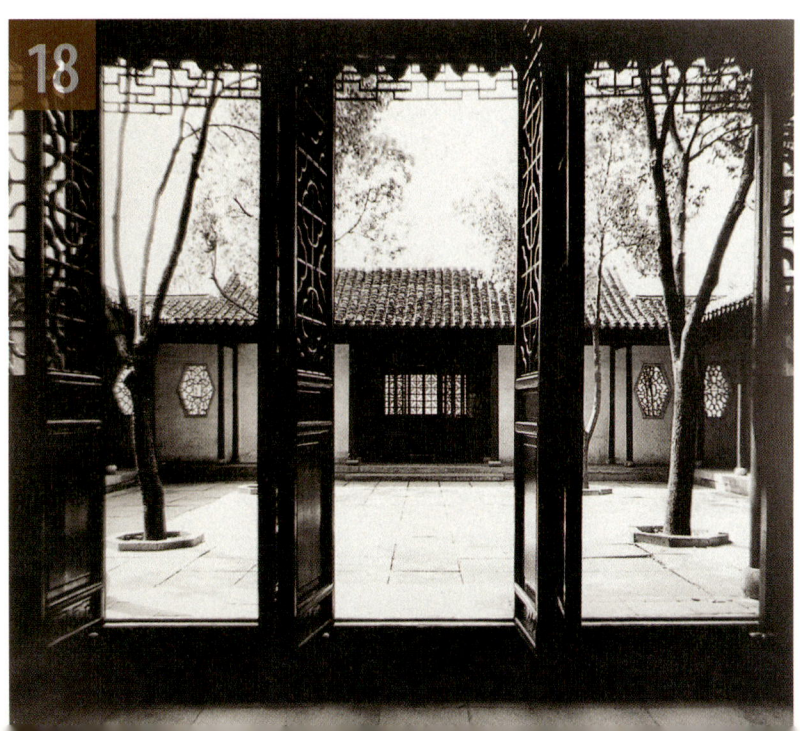

한옥은 이대로 폐기되어야 하는가

이상 살펴본 바와 같이 서양 현대 건축가들도 부러워하며 모방했던 한국 전통 건축의 대표적 특징은 정작 한국의 일반인들로부터는 버림받았다. 한옥이 건물을 실제로 사용하는 사람들에게 불편을 초래하는 바람직하지 않은 방식으로 받아들여지고 있다는 것은 그만큼 우리의 생활 방식과 사고방식이 서구식으로 바뀌었음을 의미한다. 이제 한옥이 지닌 장점은 장점으로서 작용하지 않는 반면, 단점은 크게 부각되어 한옥이 사라지는 요인으로 작용한다. 한옥은 박물관에 박제된 멸종 천연기념물처럼 유구의 상태로만 존재할 뿐 이제 더 이상 우리의 일상생활 속에는 남아 있지 않다. 더구나 그 이유가 한옥이 불편하기 때문이라고 말하는 마당에 우리의 아름다운 전통문화니 하는 이야기는 공허한 환상으로 들릴 뿐이다. 그러나 정말 그러한가. 대부분의 사람들이 당연하다고 생각하는 이 상황은 사실 몇 가지 면에서 잘못되었다.

첫째는 우리가 아무리 서구화된다 해도 완전히 그렇게 될 수 없다는 측면이 있다. 우리가 서구화된 순서를 보면 의복이 가장 먼저이며 그다음으로 주거 방식, 음식, 말의 순서로 서구화가 진행되었다. 이렇게 보면 주거 방식은 비교적 서구화가 쉬운 문화 요소로 보일 수도 있다. 그러나 이 순서는 서구화가 많이 진행된 순서와 일치하는 것은 아니다. 주거 방식과 음식은 쉽게 서구화될 수 있는 측면이 있지만 동시에 영원히 서구화될 수 없는 측면도 함께 갖는다. 누구나 쉽게 부담 없이 즐기는 선에서 서양 음식을 받아들일 수는 있다. 그러나 김치와 쌀밥은 결코 사라지지 않고 한국 사람임을 구별해 주는 마지막 요소로 끝까지 남을 것이다. 어디든 저녁 밥 짓는 때가 되면 김치찌개 냄새가 집 밖까지 진동하는 현상은 영원히 계속될 것이다.

마찬가지로 주거 방식에서도 어느 선까지는 서구식이 급속도로 퍼지지만 그 이상은 절대로 넘지 못하는 마지막 선이 있다. 주거 문화에서 생산 방식이나 건설 방식 등과 같은 산업 기술적 요소는 쉽게 바뀔 수 있다. 그러나 생활 문화적 측면은 쉽게 바뀌지 않는다. 겉모양은 서구식 아파트인데도 신발을 벗고 들어가는 점, 발코니와 다용도실을 선호하는 점, 거실이 집의 중심이거나 적어도 모든 식구들이 거실을 거쳐서 출입하도록 집 구조가 짜인 점 등은 우리에게 아직도 전통 생활 방식이 완전히 없어지지 않고 남아 있다는 증거이다. 우리의 유전 인자에 전해 내려오는 잠재의식 속 전통 생활 방식까지 합치면 주거 방식만큼은 완전히 서구화되지 않았다고 볼 수 있다. 주거 방식을 구성하는 요소는 매우 많으며 따라서 서구식 대 한옥이라는 이분법은 매우 위험한 시각이다.

둘째는 한옥이란 활동하기에 불편한 곳이라고만 여겨지는데, 거꾸로 생각해보면 운동량을 늘려 건강에 도움을 주는 측면을 갖는다고 볼 수 있다. 지금 우리의 주거 생활을 보면 한옥은 불편한 것으로 취급해버리고 편한 것만 찾고 있다. 그러다 보니 일상생활에서 몸을 점점 안 움직이게 되고 결국 비만에 걸리는 꼴이다. 비만을 없애려 따로 시간 내고 돈 내서 헬스클럽에 다니는 모습이 지금 우리의 현실이다. 어떤 건축가는 식구들의 발길을 가능한 한 많이 이동하게 만들어 집안 곳곳에 식구들의 체취가 많이 남게 하면 정신 건강에 좋다는 이야기를 하기도 했다. 물론 사용자의 불편한 입장을 고려하지 않은 건축가만의 이기적이고 지나친 몽상이라고 치부할 수도 있다. 그러나 한번쯤은 곰곰이 생각해볼 문제이다. 어느 한두 개인이 편하고 불편하고의 문제가 아니라 한옥을 버리고 서구식 주거 방식 속에서 살아가는 우리의 논리가 현실적으로나 문학 사상적으로나 과연 타당한지를 따져보자는 큰 스케일의 문제인 것이다.

셋째는 우리에게 서양식 주거 방식을 전파시킨 당사자인 서양 사람들은 정작 동양의 투명한 공간에서 자신들의 한계에 대한 해답을 찾고 있는데, 우리는 우리 손으로 우리 것을 버리고 있다는 점이다. 불과 몇 십 년 전만 해도 우리의 주택 양식이었던 한옥은 이제 무슨 아프리카에 있는 집이라도 되는 듯 특별한 주거 양식으로 취급받고 있다. 한옥에 살기 위해서는 큰 결심이 필요하며 말리는 주변 사람들을 설득할 끈기도 필요하다. 한옥에 사는 사람은 무슨 유별난 개성의 소유자이거나 아니면 우리 것을 지켜야 한다는 불타는 사명감에 사로잡힌 이 시대의 마지막 쇄국론자 혹은 수구파쯤으로 인식되고 있다. 이렇게 지워진 한옥의 자리를 결국은 콘크리트 상자 같은 아파트가 차지하였다. 마치 우리의 저수지와 개천을 서양의 황소개구리가 평정했듯 우리의 전 국토는 아파트로 메워지고 있다. 이제는 중소도시는 물론 한적한 시골까지 고층 아파트가 들어서고 있다.

서울이야 고밀도를 피할 수 없는 현실적 상황 때문에 그렇다고 하지만 왜 시골에도 고층 아파트가 서야 하는지 이해가 되질 않는다. 일부 사람들 말로는 시골도 서울식으로 따라야 하기 때문이라는데, 서울은 서양 것을 좇고 시골은 그렇게 이식된 서울식 서양 것을 좇는 모습이다. 그것이 우리에게 맞는지 여부를 차분히 따져볼 시간도 없이 악순환은 계속되고 있다. 그러나 서울식이라 시골에도 아파트가 유행하기 시작했다는 것은 순진한 해석일 뿐이다. 이보다는 시골의 주택 개념이나 생활 방식이 바뀌기 시작했기 때문이다. 이제는 시골에도 도둑이 많아져서 방범에 유리한 아파트가 선호되기 시작했다. 더욱이 부동산이나 건설 산업 등의 관점에서 보았을 때 시골에도 아파트를 짓는 편이 더 유리해지고 있다.

아파트는 이제 명실공히 이 시대의 가장 보편적인 주거 방식이 되어가고 있다. 물론 여기서 보편적이라 함은 당연히 경제 논리의 관점에서 보았을 때 이야기이다. 쉽게 말해서 아파트가 돈벌이에 가장 유리하기 때문에 보편적 주거 방식이 되어가고 있는 것이다. 우리나라의 인구 규모나 시장 규모로 보았을 때, 그리고 더 중요한 문화 역사적 측면에서 보았을 때 주거 방식은 절대 한 가지 종류로 보편화되어서는 안 된다. 집은 투자 대상이 되어서는 안 되며 말 그대로 각자 취향에 따라 편한 생활을 할 수 있는 안식처여야 한다. 그럼에도 불구하고 서양식 주택을 기본 골격으로 삼는 현상은 이제 바꾸기 힘든 현실적 당위성을 갖게 되었다. 건축은 이상도 공상도 사상도 아닌 엄연한 현실이기 때문에 좋고 나쁨을 떠나서 압도적 현실로 벌어지는 일은 어쨌든 일정 부분 사실로 받아들이지 않을 수 없다. 이렇게 볼 때 가능한 한 편리하고 완벽한 서양식에 가까운 주택을 짓는 일이 지금 우리의 현실에서는 필요한 일일지도 모른다.

그러나 아무리 현실의 벽이 높다고 하더라도 문제점을 안고 있다면 해결을 위한 노력을 해야 한다. 그러한 해결책의 실마리는 '서구식 주택의 도입=한옥의 폐기'라는 이분법적 사고를 벗어나는 데에서 찾을 수 있다. 한옥과 서구식 주택은 하나를 위해서는 다른 것을 버려야 하는 대상이 아니다. 한옥과 서구식 주택의 장점이 하나로 합쳐져 더 좋은 제3의 양식으로 새롭게 태어날 수 있다는 전향적이고 넓은 시야를 갖는 것이 필요하다. 전문 건축가들 사이에서는 이러한 시도가 이미 1960년대부터 있어 왔다. 이것이 잘 이루어졌는지 여부에 대한 찬반양론은 있지만 어쨌든 건축계에서는 이러한 경향이 현재 하나의 주류를 형성하면서 상식으로 통하고 있다. 한때는 아파트에도 창호나 대청 같은 한옥 모티프를 사용한 적이 있다. 당시에는 인기를 누렸으나 큰 흐름으로 이어지지는 못했다. 그러나 일반인이 한옥에 대한 인식을 갖게 된 계기였음은 틀림없다. 이후 한옥에 대한 관심은 한동안 잠잠하다가 2000년대 들어 참살이 열풍의 하나로 최근 크게 늘어나고 있다. 가회동 한옥이 큰 인기를 누리고 있으며 많은 사람들이 한옥에서 살 꿈을 키우고 있다.

동양 전통 건축의 투명한 공간을 도입함으로써 주거 공간의 질을 높이려는 노력은 서양 현대 건축에서도 동일한 현상으로 관찰된다. 이 현상을 보고 있노라면 한 가지 제안 혹은 바람이 떠오른다. 서양 사람들은 자기들의 주거 방식을 기본 틀로 삼고 부분적으로 동양 공간의 특징을 첨가하고 있다. 그렇다면 우리는 그 반대, 즉 한옥의 틀을 바탕으로 서양식 장점을 부분적으로 첨가하는 방식이어야 하지 않을까. 이것을 개량 한옥이라고 불러도 좋고 혹시 개량이라는 말이 우리 것을 나쁜 것으로 단정 짓는 것처럼 보일 수 있다면 현대식 한옥이라고 불러도 좋다. 요지는 우리의 문제에 대한 해답을 우리 한옥의 틀 안에서 찾아야 하지 않느냐는 것이다. 그러나 안타깝게도 지금 한국에서는 서양의 경우와 똑같이 서양식 주택 골격을 바탕으로 한국 전통 공간의 특징을 가미하는 경향이 한국 전통을 현대적으로 살려 내려는 해답으로 시도된다. 이것은 확실히 주객이 전도된 현상이다. 더 넓게 보면 비단 주거 양식에만 국한된 문제가 아니다. 결국 서양 문명을 받아들이지 않을 수 없는 현실 속에서 서양 문명과 우리의 전통 문명을 바라보는 큰 시각의 문제이기도 하다.

16

프레임과 투시도

건축가의 시선이
가리키는 곳

관촉사 미륵전

vs.

라이날디의 닫집

건축이란 만드는 사람이 있고 보는 사람이 있는 예술이라고 정의한다면 일정한 틀 속에서 만들고 또 일정한 틀 속에서 보게 된다. 여기서 틀이란 여러 가지 의미이다. 서양 건축처럼 건물을 만든 사람이 개인 예술가로서의 건축가인 경우, 창조 작업에 대한 자신만의 이론과 법칙이 있다. 틀이란 일차적으로 건축가가 자기 작품에 대한 기본 배경으로 가정하는 이론과 법칙을 의미할 수 있다. 이때 건축가는 자신의 이론과 법칙을 보여주는 장場을 건물의 한 부분에 설정한다. 관찰자는 건축가의 예술적 의도를 읽으면서 작품을 감상하게 된다. 물론 이 과정은 건축을 포함한 예술 작품을 감상하는 가장 일반적인 경우이다. 작가가 어떠한 예술적 의도를 갖고 작품을 만들면 감상자는 그것을 기본 배경으로 삼고 자신의 주관적 해석을 곁들여 작품을 감상하는 것이다.

프레임 속으로 모신 미륵불, 차경의 기법

그런데 경우에 따라서는 건축가가 특별히 어느 한 부분을 강조하고 싶을 때 건물에 마치 무대 세트 같은 장을 설정하고 그 부분에 자신이 의도한 바를 집중적으로 표현하는 수가 종종 있다. 이는 사람들의 시선을 끌어들이는 프레임을 만드는 것을 의미한다. 건축가는 자신의 뜻을 표현하는 프레임을 건물 위에 만들고 감상자는 이것을 감상하는 또 다른 프레임을 마음속에 그리는 것이다.

이처럼 프레임은 건물을 만든 사람과 감상하는 사람 사이에서 공동의 창구 역할을 하는 유용한 수단이다.[1] 바꿔 말하면 건축에 회화적 기법을 차용하는 것이다. 왜냐하면 전통적 개념의 회화는 캔버스라는 프레임을 가지며, 화가는 그 범위 안에서 자신의 예술 이야기를 하기 때문이다. 건물에 무대 세트 같은 장을 설치하여 하나의 장면을 제시하려는 프레임의

1 창경궁의 명정전 열주랑
한국 전통 건축에서는 감상자가 조형 환경 속에 직접 참여하여 특정한 장면을 바라보게 하는 프레임이 많이 나타난다.

개념은 이 같은 회화의 기능을 도입한 결과라고 볼 수 있다. 이렇게 제시되는 장면은 감상자에게는 하나의 건축적 경치이다. 일정한 프레임 안에 경치를 담는 경향은 말 그대로 차경借景 혹은 장경場景으로 정의될 수 있다. 동서양 건축 모두 이 프레임을 사용한 예들이 발견되는데, 특히 동서양을 막론하고 종교적 집중이 필요할 때 가장 많이 사용된다.[2]

관촉사灌燭寺 미륵전은 한국 전통 건축에서 프레임의 기능을 감상할 수 있는 대표적인 예이다. 관촉사의 미륵전에는 불상이 모셔져 있지 않다. 그 대신에 미륵전 후벽에 난 창을 통하여 건물 밖 뒤쪽에 있는 은진미륵의 모습이 보이도록 처리되었다. 이것은 창을 통하여 밖에 있는 은진미륵의 모습을 실내로 끌어들여 불상의 기능을 대신하고 있다는 점에서 차경의 좋은 예라 할 수 있다.

관촉사는 긴 돌계단을 올라 돌로 지은 특이한 형태의 해탈문을 통과하면 바로 미륵전을 맞이하게 된다.[3] 관촉사에는 대웅전이 없는 대신 미륵전이 있는데, 건물 크기도 작고 안에 불상도 모셔져 있지 않다. 예불이라도 드리려고 문을 열고 미륵전 안을 들여다보면 창문 너머로 은진미륵의 큰 얼굴이 갑자기 나타난다. 처음에는 깜짝 놀라기가 십상이지만 이내 마음을 가라앉히고 그 존안을 가만히 보고 있노라면 미륵의 높은 뜻이 마음속으로 스며들어 온다.[4] 창문 주위를 자세히 살펴보면 불상만 없을 뿐 불상을 모시기 위한 주변 장치는 다 되어 있다. 건물 밖의 은진미륵이 창을 통해 실내로 들어오는 이 장면이 우연의 일치가 아니라 누군가가 의도적으로 만든 것임을 의미한다.

이 같은 차경 기법은 불상을 실내에 모실 경우에는 가질 수 없는 두 가지 기능을 갖는다. 한 가지는 불상의 크기가 건물의 크기에 의해 제한받지 않는다는 점이다. 관촉사 은진미륵의 높이는 18미터이다. 이만한 불상을 실내에 담으려면 그 건물의 높이가 기초와 지붕까지 감안하여 30미

2 봉정사 만세루
일정한 프레임 안에 경치를 담는 차경 또는 장경의 기법은 종교적 건축물에서 특히 많이 발견할 수 있다.

3 관촉사 해탈문 **4** 관촉사 미륵전 뒤의 은진미륵
돌로 만들어진 특이한 형태의 해탈문을 통과하면 미륵전이 나온다.
그 뒤로 서 있는 은진미륵은 불전 속에 모셔지는 불상을 대신한다.

터는 되어야 한다. 그러나 관촉사 미륵전은 다른 사찰의 작은 선원 정도의 크기임에도 불구하고 차경이라는 기법에 의하여 자기 몸보다 몇 배는 더 높은 거대 불상을 실내에 담아낸다. 건물은 작지만 실내에 있는 불상 가운데에는 세계에서 가장 큰 불상을 모신 셈이다. 이처럼 차경은 작은 그릇 안에 그 그릇의 크기보다 더 큰 내용물을 담을 수 있는 기막힌 시각 조작 기능을 갖는다.[5]

그러나 더 중요한 것은 차경의 물리적 기능이 아니라 그 속에 담겨 있는 부처님의 큰 가르침이다. 우리는 관촉사의 미륵전을 통해 건물의 크기가 중요한 것이 아니라 받아들이는 사람의 마음 크기가 중요하다는 사실을 배울 수 있어야 한다. 결국 관촉사 미륵전은 부처님의 존재를 차경이라는 기법을 통해 제시하면서 궁극적으로는 사물을 볼 때에는 겉치레에 현혹되지 말고 내용을 봐야 한다는 교훈을 함께 가르치고 있다. 이 얼마나 큰 가르침인가. 그리고 이러한 가르침이야말로 바로 미륵 신앙의 기본 이념이기도 한 것이다.

최근 우리의 일상사를 보면 마음은 병들고 속은 비었으면서도 겉모습만 크고 화려하게 눈을 속이려는 허풍병에 걸려서 버둥거리며 매일을 살아가고 있음을 알 수 있다. 이곳 관촉사 미륵전을 보며 이렇게 평범하고 작은 불전도 마음먹기에 따라서는 넓은 뜻을 담고 큰 깨우침을 줄 수 있다는 사실을 마음으로 느낀다면 한국 전통 건축이 갖는 또 다른 멋을 알게 된다. 창을 통해서 인자하게 웃고 계신 저 미륵을 보지 못하거나 보고도 마음으로 모시질 못한다면, 이 건물은 왜 이렇게 작고 불상도 모시지 않았느냐고 시시한 절이라며 투정이나 부린다면 미륵께서 가르치신 그 큰 감동을 못 느끼고 놓치는 것이니 이 얼마나 아쉬운가.

차경 기법이 갖는 또 다른 기능은 눈높이, 시선 각도, 거리 등에 따라 차경되는 불상의 모습이 수시로 바뀐다는 점이다.[6] 물론 눈높이나 시선 각도를 바꾸면 사물의 모습이 변한다는 사실은 어느 경우에나 다 해당되는 당연한 상식이다. 그리고 불상을 실내에 모시고 있는 경우에도 당연히 그러하다. 그런데 차경은 창을 통해서 밖의 장면을 안으로 끌어들이는 것이기 때문에 창틀이 회화의 캔버스 프레임과 같은 기능을 한다. 이것은 차경되는 장면을 담는 윤곽이 정해져 있음을 의미한다. 이 같은 창의 윤곽은 차경되는 장면을 자르고 다듬어내는, 즉 트리밍trimming하는 기능을 갖는다. 같은 불상을 보더라도 이처럼 프레임을 한 바퀴 두르고 그 속에 불상을 끌어들여 보게 되면 집중도가 훨씬 높아진다. 참배자는 눈높이, 시선 각도, 거리 등을 바꾸어가며 자신이 보고 싶은 장면을 골라서 결정할 수 있다. 때로는 미륵의 확대된 듯한 큰 얼굴을 프레임 안에 집어넣어 얼굴을 맞대고 이야기하듯 그 숨결을 느껴보기도 하다가, 또 어떤 때는 이와 반대로 멀리서 상반신 전체가 들어간 큰 모습을 보면서 관조하듯 그 존재를 느낄 수도 있다. 관촉사의 은진미륵은 차경 기법에 의하여 그 자체가 대웅전이요, 동시에 그 속의 불상 역할까지 한번에 다 해내고 있다.

건축가의 손으로 완성하는 세트, 장경주의
◉

서양의 기독교 건축에서도 관촉사 미륵전과 비슷한 차경의 기법이 많이 쓰였다. 그 가운데에서도 카를로 라이날디Carlo Rainaldi는 장경주의theatricalism라는 기법을 즐겨 사용한 대표적인 건축가이다. 그는 서양 건축사에서 미켈란젤로, 베르니니 등과 함께 신이 내린 재주를 타고난 천재 중 하나로 손꼽힌다. 베르니니와 마찬가지로 자신의 조각 솜씨를 이용하여 가톨릭의 종교적 열정을 극적인 장면으로 표현하는 닫집 작품을 교회 건물 안에 많이 남겼다. 라이날디의 닫집은 장면을 담는 틀뿐만 아니라 그 속에 들어가는, 즉 건축가

5 관촉사 미륵전
불상이 따로 없는 대신 후벽에 창을 뚫어 밖의 미륵상이
건물 실내에 있는 것 같은 차경의 기법을 사용했다.

6 미륵전 실내 창을 통해 바라본 은진미륵상
차경의 기법으로 건물보다 몇 배 더 큰 은진미륵상을 실내에 모시고 있다.
관찰자의 눈높이, 시선 각도, 거리 등에 따라 불상의 모습도 변화한다.

가 보여주려는 장면까지도 하나의 완결된 세트로 정하여 만드는 특징을 보인다. 이 특징은 관촉사 미륵전에서 살펴보았던 차경 기법과 구별되는 서양 건축만의 특징이기도 하다. 예를 들어 라이날디의 제수 에 마리아 알 코르소 교회 제단Altar maggiore della Chiesa di Gesu e Maria al Corso을 보자.[7] 이 제단에는 기둥과 기둥 사이에 작은 무대와 같은 닫집이 만들어져 있다. 그 속에는 이 제단의 봉헌 대상인 예수와 성모 마리아가 길 위에서 행한 행적을 설명하는 조각 작품이 들어가 있다. 이때 닫집은 신전의 와관을 흉내 낸 미니어처로 만들어져 있고 닫집 위 건물 천장에는 천당을 상징하는 성화聖畵와 구름이 그려져 있다. 라이날디의 제단은 장면을 담는 윤곽과 내용 모두 사전에 결정되고 건축가의 손에 의하여 한 가지 고정된 상태로 조각된다.

이처럼 한국 전통 건축과 서양 건축에서는 유사한 기법이 공통적으로 쓰이는 동시에 차이점을 보이기도 한다. 그 차이점이란 한마디로 '차경'과 '장경'이라는 두 단어의 개념 차이라고 할 수 있다. 관촉사 미륵전에서는 외부의 경치를 실내로 차용한다고 해서 차경이라는 말을 사용한다. 이에 반해 서양 건축에서는 외부의 경치가 아닌 사람의 머릿속에서 상상하고 창조한 경치를 사람의 손에 의해 하나의 고정된 장면으로 완성시킨다. 이는 감상을 위한 무대를 하나의 완성된 세트로 제공하는 것이며 따라서 장경이라는 개념으로 정의된다.

사람들은 하나의 건물을 볼 때 한눈에 전체를 다 보기도 하고 일부분만 보기도 한다. 혹은 건물을 넘어 주변까지 포함한 큰 시각으로 보기도 한다. 서양 건축의 장경은 주로 건물의 일부분에 높은 집중도를 보이는 반면, 한국 전통 건축의 차경은 주변 요소를 포함하는 큰 틀을 제시한다.[8,9] 이에 따라 전달되는 종교적 가르침도 서양 건축의 장경은 집중적이고 직설적이며 명확한 반면, 한국 전통 건축의 차경은 포괄적이고 은유적이며 간접적이라는 특징을 보여준다.

7 카를로 라이날디, 제수 에 마리아 알 코르소 교회 제단 Altar maggiore della Chiesa di Gesu e Maria al Corso **이탈리아 로마, 1671-1674년**

닫집 안에는 가톨릭의 종교적 열정을 극적으로 표현하는 조각 작품들이 담겨 있다. 하나의 완결된 세트와 같은 형식을 띤다.

8 지안 로렌초 베르니니, 라이몬드 채플 Raimond Chapel**, 이탈리아 로마, 1641-1649년 9 칠장사 사천왕문**
서양 건축의 장경은 주로 조각 솜씨를 과시하는 방식으로 건물의 일부분에 높은 집중도를 보인다.
반면 한국 전통 건축의 차경은 주변 환경 요소를 포함하는 큰 틀을 제시한다.

서양 건축의 장경 기법을 탄생시킨 데에는 투시도라는 도구가 중요한 역할을 하였다. 투시도는 건물의 모습이 3차원 공간 속에서 어떻게 보일지를 작도에 의하여 미리 예측하는 기법이다. 서양 건축가들은 투시도를 활용함으로써 하나의 프레임 단위 내에 있는 일정 크기의 공간이 어떻게 보이는가를 처음부터 가정하고 계획을 세워서 그대로 시행할 수 있게 되었다. 이러한 투시도는 건축을 인간의 손에 의한 인공적 질서를 세우는 것으로 정의하는 서양 건축의 기본적 조형관을 잘 보여주는 예이다. 이처럼 투시도를 통한 예측이 가능했기 때문에 건축가들은 자신의 작품에 대한 전체적 질서를 미리 세우고 행할 수 있었다. 따라서 닫집을 하나의 완결된 인공 세트로 가정하고 결정하여 만들어내는 장경 기법은 투시도의 기능이 가장 잘 반영된 개념 중 하나이다.[10]

서양 건축의 장경은 프레임과 중간 구조물로 이루어지는 배경과 그 속에 들어가는, 곧 건축가가 보여주려는 장면으로 구성된 하나의 큰 세트이다. 이 세트가 어떠한 모습으로 드러날지 미리 예측하게 하는 투시도의 도움으로 라이날디는 완성도 높은 닫집을 만들어낼 수 있었다. 투시도는 높은 시선 집중도를 갖는 장경의 특징을 결정짓는 데 중요한 역할을 하였다. 서양 건축에서는 건축가가 거의 모든 것을 결정하여 완성도 높은 상태로 만들어 제시한다. 이로써 감상자의 시선은 건축가가 의도한 곳에 집중하게 된다. 이것은 배경이 되는 경치와 그 틀만 짜놓고 나머지는 관찰자에게 맡기는 한국 전통 건축의 차경의 개념과 분명히 구별되는 서양 건축만의 특징이다.[11]

10 지안 로렌초 베르니니, 코르나로 채플
Cornaro Chapel, 이탈리아 로마, 1647-1651년
투시도의 기능이 잘 반영된 개념 중 하나인 장경 기법을 활용하고 있다.

11 칠장사, 사천왕문을 통해서 내다본 풍경
한국 전통 건축의 차경은 감상자를 조형 환경 속에 동참시켜 차경물을 직접 체험하게 만든다.

부석사 무량수전 vs. 베르니니의 코르나로 채플

⊙

차경과 장경의 차이점은 빛을 사용하는 데에서도 동일하게 관찰된다. 부석사 무량수전은 한국 전통 건축에서 빛을 이용한 차경의 개념을 잘 보여주는 예이다.⓬ 앞의 '계단과 축' 편에서 설명했듯 부석사 무량수전은 그 앞 아래쪽의 안양루 밑을 통과하는 누하진입 방식에 의하여 접근하도록 되어 있다. 범종각을 통과하고 위를 올려다보면 45도 사선 방향으로 안양루와 무량수전이 비껴 앉아 있기 때문에 두 건물이 한눈에 들어온다. 이때 안양루는 짙은 색의 목조 건물인데 반해 그 뒤쪽 약간 높은 곳의 무량수전은 밝은 노란색으로 칠해져 있다. 따라서 두 건물은 극명한 명암 차이를 드러내며 서로 대비되는 모습이다. 이 지점에서는 무량수전의 밝은 벽면이 부분적으로 보이면서 앞으로 보다 환한 모습을 드러낼 것이라는 암시를 준다.

안양루 앞에 서면 누각 밑 진입 공간을 통해서 무량수전의 벽면이 눈앞 가까이에 보인다. 안양루의 검은색 나무 기둥 사이로 보이는 무량수전의 벽면이 밝은 노란색으로 빛나며 손에 잡힐 듯 성큼 눈앞에 다가와 있다.⓭ 안양루 밑을 통과하고 계단을 올라 무량수전의 전체 모습이 조금씩 눈에 들어오면서 황홀경은 시작된다. 무량수전은 동남향을 향하고 있기 때문에 아침 해가 뜰 때 햇빛을 받으면 땅에서 반사되는 간접광이 지붕 처마 밑으로 차고 올라오면서 정면 벽체에 비친다. 이때 정면 벽체가 밝은 노란색으로 칠해져 있기 때문에 무량수전은 마치 부처님의 얼굴처럼 은은하게 빛나는 감동적인 장면을 보여준다. 무량수전은 온화한 웃음을 띤 것 같은 모습으로 어느새 눈앞에 나타나 있다. 이것은 빛을 이용한 절묘한 차경의 기법이다. 부석사 무량수전에서는 방위와 색을 이용하여 빛이라는 자연 경치를 차용함으로써 부처님의 존재를 은유적으로 암시하고 있다.⓮

서양 건축은 이보다 훨씬 직접적으로 빛을 사용한다. 예를 들

12 부석사, 안양루와 무량수전
밝은 노란색으로 칠한 무량수전은 아래쪽의 검은 안양루와
대비되어 더욱 밝은 모습으로 빛난다.

13 부석사, 안양루 밑을 통해서 본 무량수전
누하진입 방식으로 어두컴컴한 안양루 밑을 통과하는 동안 무량수전의 밝은 정면이 조금씩 눈에 들어온다.

14 무량수전

안양루를 다 통과하고 밖으로 나오는 순간 부처님 얼굴처럼 노란빛으로 밝게 빛나는 무량수전의 모습이 눈앞에 가득 펼쳐지면서 호흡이 멎는 감동을 느끼게 된다.

어 고딕 성당은 창이 많은 측벽을 통해 천장 높은 실내 공간 속으로 강한 직사광선이 들어오게 한다. 빛을 실내 가득히 채움으로써 신의 존재를 상징하려는 의도이다. 바로크 시대에는 직사광선이 중앙 제단이나 닫집에 초점을 맞추어 한곳으로 집중되도록 처리함으로써 빛을 직접적으로 다루려는 의지를 분명히 보여준다. 바로크 교회에서는 둥근 지붕으로 구성되는 천장에 창을 내는 방법을 통해 꼭대기에서 빛을 모아 초점을 향해 쏘듯이 처리했다. 이것은 그만큼 빛을 사람의 손으로 다루고자 했음을 의미한다. 이렇게 빛이 모이는 지점에는 닫집이 놓이거나 또는 닫집에 해당하는 종교적 장면이 장경의 개념으로 조각되어 있다.⑮ 베르니니의 코르나로 채플Cornaro Chapel은 직사광선을 초점에 모으는 서양 건축의 장경식 빛 개념을 잘 보여주는 예이다.⑯ 코르나로 채플 역시 라이날디의 제단과 매우 유사한 닫집으로 구성된다. 미니어처 형식의 건물 모양으로 만들어진 하나의 장면이라든가 그 속에 종교적 스토리를 조각물로 새겨놓은 처리 등은 라이날디의 제단에도 나타나는 서양식 장경 개념의 전형적 모습이다.

        그런데 닫집 속에 들어가는 조각상을 자세히 보면 큐피드 조각상의 위로 이 조각상을 초점 삼아 떨어지는 강한 빛을 상징하는 조각물이 첨가되어 있다. 마치 하늘에서 내려쬐는 강렬한 아침 햇살을 조각물로 옮긴 듯한 이 장면은 서양 건축가들이 얼마나 빛을 자신이 마음먹은 대로, 자신의 손으로 다루고 싶어 하는지를 잘 보여준다.⑰ "빛이 있으라 하심에 빛이 있었다"라는 성경 구절에서도 알 수 있듯이 기독교에서는 빛을 신의 가장 위대한 창조물로 여긴다. 그런데 서양 건축가들은 신의 존재를 상징하기 위해 사용하는, 신의 가장 위대한 창조물인 빛조차도 자신의 손으로 방향과 강도를 조절하고 성격까지 결정하려는 의지를 보인다. 이것은 있는 그대로의 빛에 건물을 맞추려는 부석사 무량수전과 구별되는 서양 건축의 특징이라 할 수 있다.

15 로사토 로사티, 산 카를로 아 카티나리San Carlo ai Catinari 교회, 이탈리아 로마, 1610-1620년
서양 건축에서 빛은 인간의 손으로 다루어 조종하는 대상으로 정의되었다.
주로 빛을 끌어들이고 반사시켜 정해진 초점에 맞추는 방식이다.

16, 17 지안 로렌초 베르니니, 코르나로 채플 Cornaro Chapel, 이탈리아 로마, 1647-1651년
서양 예술사상 가장 뛰어난 천재 중 하나로 꼽히는 베르니니는
신이 내린 소질을 바탕으로 빛이 내리쪼이는 장면을 조각해냈다.

이상 살펴본 바와 같이 한국 전통 건축과 서양 건축은 모두 차경이라는 개념을 중요한 감상 기법으로 추구하였다. 이것은 동서양의 차이를 뛰어넘는 공통적 현상이다. 그러나 이와 동시에 앞서 언급한 것과 같은 차이점도 발견된다. 특히 서양 건축에서는 장경이라는 개념을 실내에 한정하여 사용한다. 이에 반해 한국 전통 건축에서는 내·외부 공간을 뛰어넘어 외부의 경치를 내부로 끌어들이는 특징을 보인다. 이것은 '중첩과 관입' 편에서 보았던 불이 사상의 공간관이 반영된 결과로 볼 수 있다. 도가 사상에도 나타나 있듯 동양에서는 내·외부 공간은 결국 하나라는 생각이 건축에 큰 영향을 끼쳤다. 한국 전통 건축의 차경 기법에 나타난 특징이 바로 그 좋은 예이다.

17 주제와 변주

하나의 공간
하나의 스토리

신륵사의 앙천성

vs.

아르누보의 유기 선형 장식

문화 수준이 높은 사람의 집은 한 가지 분명한 특징을 지닌다. 몇 천만 원짜리 이탈리아 수입 가구로 치장하고 비싼 외국산 수입 자재로 실내 장식을 했다고 해서 문화 수준이 높은 것은 아니다. 그것은 경제 수준이 높을 뿐이다. 그 정도의 치장은 돈만 주면 서로 해주겠다고 아우성이니 사실 돈의 문제이지 문화의 문제는 아닌 것이다. 반면에 문화적 안목이 높은 사람의 집은 예술적 통일성이 강한 분위기로 꾸며져 있다. 가구와 같이 덩치 큰 물품은 물론이거니와 벽지나 바닥의 문양, 문고리 모양, 하다못해 수도꼭지 하나에 이르기까지, 심지어는 수저 생김새까지 모두 예술적으로 하나의 큰 통일성을 갖는다.

신륵사에서 변주되는 앙천적 특징

⊙

물론 반드시 통일성을 가져야만 좋은 것은 아니다. 통일성이 좋은 것이라면 똑같은 논리에 의하여 비통일성도 좋은 것이어야 한다. 그러나 통일성이건 비통일성이건 아무것이나 다 좋을 수는 없다. 결국은 하나의 큰 예술적 스토리를 가져야 한다. 생활 조형 환경 속에서 누군가의 명확한 의도 아래에 꾸며지는 하나의 스토리를 예술적 통일성이라고 한다. 이처럼 예술적 통일성은 본래 주택에서 파생된 개념이다. 그러나 확장해서 생각하면 일정한 영역 내에서 하나의 통일된 건축적 분위기가 여러 건물에 걸쳐 공통적으로 형성된 경우라면 모두 예술적 통일성에 해당된다.

　　　　　신륵사神勒寺는 이와 같이 확장된 개념의 예술적 통일성을 잘 보여준다. 신륵사의 예술적 통일성은 먼저 '앙천성'이라는 건축적 모티프가 여러 전각 및 탑 등에서 공통적으로 표현된다는 데에서 찾아볼 수 있다. 이를 가장 잘 드러내는 건물이 조사당이다. 신륵사 조사당은 전면이 두 개의 기둥만으로 이루어진 매우 작은 건물이다.❶ 이 정도의 작은 건물에는 보통

맞배지붕을 얹는 것이 통례이지만 조사당은 특이하게도 팔작지붕을 얹었다. 마치 어린 꼬마 아이가 어른의 갓을 쓴 것처럼 비례에 맞지 않게 크기가 큰 지붕이다. 지붕의 높이가 건물 본체의 높이와 거의 같을 정도로 높아지면서 전체적으로 하늘을 향해 치솟는 듯한 모습이다. 또한 보 위에 놓여 지붕을 받치는 역할을 하는 공포도 네 단으로 높게 처리되면서 앙천성의 느낌을 배가시키고 있다. 높은 공포가 지붕을 하늘로 밀어 올리는 것처럼 보이면서 마치 새가 비상하기 직전 날개를 막 들어 올리는 모습을 닮았다. 이런 모습은 창경궁 함인정에서도 보았듯 일차적으로는 처마 곡선이 휘어 올라간 팔작지붕의 공통적인 특징이기도 하다. 그러나 신륵사 조사당의 경우는 팔작지붕이 갖는 공통적 특징의 범위를 넘어선다. 의도적으로 하늘을 향하게 만든 앙천적 욕구가 느껴진다.

    이러한 의도는 종교적인 배경을 갖고 있다. 조사당은 중앙의 나옹대사를 비롯하여 좌우로 지공대사와 무학대사를 모시고 있는 건물이다. 이 대사들은 모두 신륵사를 있게 한 분들이다. 따라서 조사당은 신륵사의 역사에 한정하여 볼 때 가장 중요한 건물이다. 그러나 한편 불교라는 종교 전체의 입장에서 보면 대웅전에 해당되는 극락보전이 더 중요할 수밖에 없다. 조사당의 앙천적 특징은 이같이 대립되는 문제에 대한 해결책이라고 볼 수 있다. 건물 크기는 극락보전보다 작게 하는 대신 화려한 다포식 구조와 과장된 지붕을 통하여 건물이 하늘로 치솟는 듯한 모습으로 만듦으로써 그 중요성을 상징적으로 표현한 것이다.❷

    또한 조사당의 앙천적 특징은 신륵사의 다른 전각에서도 공통적으로 나타난다. 이는 예술적 통일성의 개념을 보여주는 것이라고 해석할 수 있다. 조금 멀리 떨어진 곳에서 신륵사의 전경을 바라보면 주위 요사채의 낮은 지붕 위로 구룡루의 팔작지붕이 눈에 띈다.❸ 마치 공중에 떠 있는 것처럼 우뚝 솟아 있다. 구룡루 자체만 놓고 보면 평범한 팔작지붕을 한 건물

1,2 신륵사 조사당
팔작지붕을 얹음으로써 수직성이 강조되는 앙천성을 보여준다.
이 특징은 신륵사 전체에 걸쳐 공통적으로 나타나는 형태적
통일성으로 발전된다.

이다. 그런데 주위 환경과 대비가 되면서 유난히 높아 보인다. 이러한 처리는 대장각기비에서도 동일하게 관찰된다. 대장각기비는 평범한 모임지붕의 누각 건물이다.[4] 그러나 둔덕 위에 세워져 있기 때문에 밑에서 올려다보면 지붕 처마가 유난히 하늘을 향하고 있는 것처럼 느껴진다. 지붕 처마를 이용하여 앙천적 분위기를 표현하려는 의도가 이곳에서도 드러나는 것이다.

이런 의도는 극락보전에서 다시 한 번 확인된다.[5] 극락보전 역시 몸체 크기에 비해서 평균보다 훨씬 큰 팔작지붕을 갖고 있을 뿐 아니라 지붕을 받치는 공포도 여러 단으로 구성되어 있다. 조사당에서 보았던 것과 같이 하늘을 향하려는 의도가 느껴진다. 극락보전의 이러한 처리는 조사당과 균형을 이루기 위한 것으로 보인다. 주불전인 극락보전의 모습이 조사당보다 침체된 것처럼 보이게 할 수는 없었을 것이다.

이처럼 신륵사의 앙천적 특징은 여러 전각에서 공통적으로 나타나고 있어, 일정 영역 내에서 예술적 통일성을 갖춘 것이라고 볼 수 있다. 신륵사의 앙천적 특징에 대한 조형적 단서는 탑에서 찾을 수 있다. 신륵사에는 송덕비, 대장각기비, 석종비 등의 여러 석비를 비롯하여 부도, 석등, 사리탑, 다층 석탑과 같은 석물이 유난히 많은 사찰이다. 특히 심검당 앞에는 마치 석물 야외 박물관처럼 여러 종류의 석물이 군집해 있다. 이처럼 석물이 사찰 전체를 대표한다면 그 내용을 어떤 식으로든지 건물에 표현하고 싶었을 것이다. 따라서 위와 같은 신륵사의 앙천적 특징은 이들 석물, 그중에서도 석탑의 모습을 건물에 표현하는 과정에서 생겨난 것이라고 추측할 수 있다.

이런 추측의 근거로 신륵사에서는 탑이 특별히 강조되고 있다는 점을 들 수 있는데 그 내용은 두 가지로 설명된다. 한 가지는 대부분의 한국 석탑이 화강석으로 만들어진 반면, 신륵사 다층 석탑은 흰색 대리석으로 만들어져 있다는 점이다.[6] '대리석이 귀한' 우리나라에서 대리석으로 탑을 만들었을 때에는 이를 강조하고 싶은 의도가 있을 것이다. 다른 한 가지

3 신륵사 전경
구룡루는 주위의 낮은 요사채 위로 팔작지붕을 드러냄으로써 조사당과 같은 앙천성을 느끼게 한다.

4 신륵사 대장각기비 5 신륵사 극락보전
높은 둔덕 위에 세워져 올려다보게 만든 대장각기비나
몸체에 비해 유난히 큰 팔작지붕의 극락보전 등은
모두 신륵사의 공통적 모티프인 앙천성을 보여준다.

는 다층 석탑 이외에도 다층 전탑塼塔이라는 또 하나의 유명한 탑이 있다는 점이다.[7] 남한강이 내려다보이는 높다란 바위 위에 있는 이 전탑은 그 위치에서도 알 수 있듯이 조사당과 함께 여주 신륵사를 대표한다. 이러한 이유 때문인지는 모르겠으나 조사당과 다층 전탑은 그 모습과 분위기가 유난히 닮았다. 조사당에 나타나는 앙천적 특징은 이처럼 탑을 닮는 과정에서 형성된 것이라고 볼 수 있다. 또 조사당 앞에는 전탑을 닮은 굴뚝이 있는데 이 굴뚝과 조사당은 특히 더 닮았다.[8] 이렇게 보았을 때 신륵사에서는 탑이 특별히 중요하게 여겨지고 있으며 여러 전각에 나타나는 앙천성의 특징은 탑과 닮은꼴이라는 가정의 연장선상에서 이해된다. 이 같은 닮은꼴의 가정이 성립된다면 부도의 머리에 얹어진 모임지붕 모양의 석조각 역시 동일한 내용으로 해석된다.[9] 이처럼 신륵사에서는 전각과 석탑 사이에 앙천성이라는 예술적 통일성의 모티프가 표현되어 있다.

      신륵사에서 전각과 탑 사이의 닮은꼴 개념으로써 표현되는 예술적 통일성은 여기에서 끝나지 않고 다음 단계로 발전한다. 다음 단계의 예술적 통일성은 세트로 형성되는 영역이라는 주제로 표현된다. 신륵사의 중요한 두 개 영역인 대웅전 영역과 조사당 영역을 보면 두 군데 모두 팔작지붕을 얹은 주불전과 다층탑 그리고 마당 한가운데의 향나무를 세트로 갖고 있다는 공통점을 보인다. 단, 조사당 영역에는 다층탑이 없지만 앞서 말한 전탑을 닮은 굴뚝이 조형적으로 보았을 때 그 자리를 대신하고 있다.[10] 이처럼 신륵사에서는 하나의 영역을 구성하는 세트로서 공통 주제가 가정되고 이것이 실제 불전 영역에 적용되는 과정에서 변주 개념의 변형이 가해지고 있다. 바로 예술적 통일성의 대표적인 경우에 해당된다.

6 신륵사 다층 석탑 7 신륵사 다층 전탑
전각에서 나타나는 신륵사의 앙천성은
대리석 석탑이나 다층 전탑의 모습과
유사하다. 앙천성이라는 예술적 통일성의
모티프는 전각이 전탑을 닮는 과정에서
형성된 것이라고 볼 수 있다.

8 신륵사 명부전 옆 굴뚝 9 신륵사 부도
전탑과 조사당 앞마당의 굴뚝은 서로서로 닮아 예술적 통일성의
기본 개념을 형성하고 있다. 모임지붕 형태의 석조각을 얹은
부도 역시 동일한 예술적 통일성을 공유한다.

10 신륵사의 조사당 영역
대웅전 영역과 조사당 영역 모두 '팔작지붕의 불전,
다층탑, 향나무'로 구성되는 공통점을 갖는다.
이 역시 예술적 통일성의 또 다른 예로 볼 수 있다.

생활 환경의 예술적 통일성을 추구한 아르누보

⊙

서양 건축에서 예술적 통일성은 한국 전통 건축보다 훨씬 중요한 자리를 차지했으며 따라서 훨씬 조직적이고 구체적인 경향으로 나타났다. 20세기 초반의 아르누보Art Nouveau는 예술적 통일성이 가장 적극적으로 추구된 건축 양식이다. 아르누보에서 예술적 통일성이라는 주제는 생활 조형 환경의 질이라는 문제와 관련되어 일종의 예술지상주의 혹은 순수주의적 색채를 띠고 나타났다. 기계 문명이 자리 잡아가던 19세기 말 서구 사회에서는 대량 생산되는 여러 가지 조악한 공산품이 날림으로 범람하였고, 많은 건축가들은 일상의 조형 환경이 저질화될 것을 걱정하였다. 서양 건축에서는 전통적으로 일상 조형 환경의 질이란 건물부터 실내 장식, 가구, 생활 공예품 등 모든 디자인 용품이 골고루 일정한 수준을 유지해야 얻을 수 있는 것이라고 보았다. 이러한 전통적 기준이 당시 대량 생산되기 시작하던 공산 공예품의 범람으로 위협받기 시작했다. 공산 공예품은 싼 값에 많은 물건을 공급한다는 장점은 있었지만 그만큼 디자인의 질적 저하를 의미하기도 했다. 이것은 우리가 흔히 전통 수공예품을 골동품의 가치뿐만 아니라 디자인의 수준 그 자체를 높이 평가하는 것과 같은 이치이다. 아르누보는 이 같은 19세기 말의 상황에 반대하여 예술적 통일성이라는 기치를 내걸고 건축가가 생활 조형 환경의 질을 지킬 것을 주장한 건축 운동이다.

아르누보 건축을 대표하는 건축가는 벨기에의 빅토르 오르타Victor Horta였다. 오르타가 자신의 주택 겸 설계 사무소로 설계한 오르타 하우스 앤 스튜디오Horta House and Studio는 아르누보의 예술적 통일성의 개념이 잘 나타나 있는 건물이다. 또한 궁극적으로 이러한 예술적 통일성은 신륵사에서 살펴본 내용과 유사하다.[11,12,13,14] 오르타는 기계 문명에 대한 지나친 환상과 집착이 가져올 생활 조형 환경의 질적 하락을 걱정하며 이 문제에 대한 해결을 20세기 건축이 추구해야 할 최대 과제로 보았다. 이 같은 예술적 철학은 그의 전 작품에 걸쳐서 강하게 나타난다. 예를 들어 오르타 하우스 앤 드 스튜디오에서는 식물 형태를 닮은 유기 선형 장식이라는 한 가지 공통 모티프가 곳곳에서 드러난다. 재료와 모양을 달리하며 건물부터 포크와 나이프에 이르는 생활 조형 환경 전반에 걸쳐 주제와 변주의 개념으로 변형되면서 반복적으로 쓰이고 있다. 기둥은 철물을 길게 늘여 뽑아 매듭을 맨 듯한 모습과 꽃봉오리를 닮은 모습 등으로 주제가 변주되고 있으며 이것과 유사한 모습으로 조각된 돌기둥이 함께 쓰이고 있다. 실내의 계단 난간과 외부의 발코니 난간 등에는 넝쿨 식물을 본떠서 만든 철물 선형 장식이 모양을 조금씩 달리하면서 역시 주제와 변주의 개념에 의하여 공통적으로 쓰인다. 이 모티프는 창틀에서도 동일하게 쓰인다. 이러한 예술적 통일성의 주제는 가구, 벽지, 스테인드글라스, 촛대, 전등, 문 프레임, 바닥 문양 등 생활 조형 환경을 구성하는 모든 요소에 걸쳐서 철저하게 시도되고 있다.

삶의 질과 예술적 통일성의 관련성

◉

이상 살펴본 바와 같이 예술적 통일성은 한국 전통 건축과 서양 건축에 공통적으로 존재한다. 서양 건축은 이 개념을 밑바탕으로 탄생한 아르누보라는 구체적 양식 운동까지 갖는다는 차이를 보이긴 한다. 그러나 이 문제를 삶의 질이라는 관점으로 환원해서 보자면 양쪽의 전통 건축 모두에게 이 개념은 생활 조형 환경의 질적 수준을 가늠하는 중요한 척도였다. 민속촌에 가보거나 사극 등을 보면 집, 문, 병풍, 가구, 의복, 생활용품 등이 모두 비슷한 분위기를 유지하면서 통일성을 갖는 것을 알 수 있다. 이것이 한국 전통 건축이 가진 예술적 통일성의 좋은 예이다. 한국 전통 건축의 예술적 통일성이 비교적 생활 속에서 자연스럽게 형성되었다는 특징을 갖는 반면, 서양 건축의 경우는 이를 중요한 건축적 가치라고 여기며 보다 의도적으로 추구했다는 특징이 있다. 특히 서양 건축에서는 개인 예술가로서의 건축가라는 직업이 존재했기 때문에 건축가가 책임지고 생활 조형 환경 전체를 주제와 변주의 개념 아래에 하나의 세트로 디자인하는 것이 통례였다.

이처럼 예술적 통일성의 출발점은 건물인 것이 보통이며 실내 장식, 가구, 생활용품 등의 순서로 확산된다. 그리고 우리의 전통 주거 방식에서는 그 나름대로 예술적 통일성이 잘 지켜졌고 이것은 생활 조형 환경의 높은 질로 이어졌다. 잘사는 양반 집은 양반 집대로, 또 작은 농가는 농가대로 지금보다는 분명히 집안 구석구석 손길이 많이 갔던 것이 사실이다. 하다못해 처마 밑에 걸린 메주나 감마저도 집 전체의 조형적 분위기와 잘 어울렸다. 15,16

전통 생산 방식 아래에서는 디자인 분야의 분업화가 덜 이루어졌기 때문에 예술적 통일성이 높게 유지될 수 있었다. 그러나 최근에는 아파트가 많아지면서 생활 조형 환경의 예술적 통일성에 대한 고민은 사라진 채 집안에 물건 채우기에 급급한 실정으로 변해버렸다. 전통 건축에서는 난이라도 칠 줄 아는 예술 활동을 생활의 일부로 삼았던 상류층이 예술적 통일성을 이끌었지만 지금 우리의 상류층은 가구나 공예품을 살 때 외국 어느 나라 상표이며 얼마짜리인지만 따질 뿐이지 예술적 통일성이 어떤지를 따지지는 않는다. 흔히 소득 수준은 높아졌지만 삶의 질은 오히려 나빠졌다는 말의 의미는 여러 가지일 수 있는데, 생활 조형 환경에서 예술적 통일성이 사라진 이러한 현상도 그중 하나로 볼 수 있다.

본래 예술적 통일성의 기준은 집에서 시작된다. 집의 분위기나 예술적 특징이 정해지면 그것을 주제로 삼아 변주의 개념으로 실내 장식, 가구, 생활 공예품 등의 디자인이 결정되는 것이 일반적인 순서였다. 그러나

11, 12, 13, 14 빅토르 오르타, 오르타 하우스 앤 스튜디오 Horta House and Studio, 벨기에 브뤼셀, 1898년
유기 선형 장식이라는 공통된 모티프를 기둥, 발코니 난간, 창틀, 가구, 벽지, 문 손잡이 등의 생활 조형 환경 전반에 걸쳐 각각의 상황에 맞게 변형해 사용하고 있다.

15, 16 메주나 감을 걸어둔 한옥의 풍경

예술적 통일성은 사실 어려운 개념이라기보다는 생활 속에서 늘 접하는 평범한 주제일 수 있다. 집안의 분위기를 전체적으로 통일성 있게 유지하겠다는 지극히 상식적인 발상이 곧 예술적 통일성의 기본 개념이다.

아파트가 유행하면서 집 모양새는 처음부터 선택의 여지 없이 주어지게 되었고 이것이 예술적 통일성의 고민을 사라지게 만든 큰 원인이 되었다.

또는 더 크게 보았을 때는 서양식 주택이 급속도로 보급되기 시작하면서 예술적 통일성의 기준을 어떻게 세워야 할지 생각할 시간적 여유를 갖지 못한 것이 중요한 원인일 수도 있다. 아직 생활 습관 곳곳에는 전통 방식이 남아 있는데 집 외관은 서양식으로 바뀌다 보니 그 속에 채워 넣을 가구나 공예품의 성격을 결정하는 일이 상당히 모호해져 버렸다. 집은 서구식인데 언제까지나 전통 생활용품을 쓸 수도 없는 일이거니와 전통 생활용품 자체도 점점 사라지게 되었다. 서구식 가구나 공예품을 생산하기 시작했지만 그 수준은 형편없었다. 더욱이 어려운 문제는 디자인 측면에서 보았을 때 서구식 가구나 공예품이 과연 어느 정도까지 서구화되어야 좋을지에 대한 사회적 동의도 형성되질 못했다.

이러다 보니 중산층 이하에서는 이 문제에 대해 아예 더 이상 고민하지 않게 되면서 그저 시장에 가서 아무것이나 싼 물건을 사다가 쓰는 습관이 당연한 것으로 굳어져 버렸다. 반대로 경제적 여유가 있는 계층에서는 자신들이 잘사는 것을 과시하고 차별화시키고 싶은데 국내에서 적절한 대안을 찾지 못하다 보니 외국 물건을 찾게 되었다. 거기다 아파트가 대표적 주거 양식으로 자리 잡다 보니 예술적 통일성 같은 것은 값비싼 수입 가구를 들여놓을 여유가 있는 사람들이나 할 수 있는 배부른 타령으로 받아들이게 되었다. 돈이 없더라도 성의와 높은 안목만 있으면 무식한 졸부보다 훨씬 수준 높은 생활 환경을 가질 수 있다는 것이 예술적 통일성의 기본 개념임에도 불구하고 이것이 돈 문제로만 오해되고 있는 것이다.

서양 건축의 관점에서 보았을 때 20세기 전반부까지만 해도 예술적 통일성은 일차적으로 건축가의 일이었다. 그러나 최근에는 점점 일반 사용자의 역할이 중요해져 가고 있다. 특히 건축가와 건축주 모두 예술적 통일성의 개념을 서양만큼 철저하게 인식하지 못하고 있는 우리의 상황에서 사용자의 의식과 수준은 그만큼 더 중요할 수밖에 없다. 일부 사람들은 단독 주택인 경우 예술적 통일성의 문제를 건축가한테 맡기면 된다고 생각하지만 그렇게 간단한 문제는 아니다. 서양조차 산업 사회의 경제 논리가 개입되면서 디자인도 점점 분업화하고 있으며 그 결과 건축가는 집만 짓고 그 이후 단계인 실내 장식부터 소품 채우는 일은 집주인 몫이 되고 있는 추세이다. 이 단계에서 그 분야의 전문 디자이너가 개입되기는 하지만 그 영향력은 건물의 경우보다는 현저히 약화될 수밖에 없다. 그래서 집주인의 예술적 안목이 여실히 드러나게 되며 이것이 사회 단위의 총체적 합으로 환산될 경우 생활 조형 환경 전체의 수준 문제로 귀결된다. 설사 건축가가 전 과정의 디자인을 책임지고 다 해준다고 해도 건축가가 살아주기까지 할 수는 없는 일이기 때문에 결국 해를 거듭해 살다 보면 이번에도 역시 집주인의 문화적 수준은 드러날 수밖에 없다.

　　　　　예술적 통일성은 기본적으로는 수공예 시대 때 형성된 건축적 주제이다. 산업 혁명 이전에 수작업으로 이루어지던 산업 생산 방식에서 유래된 것이다. 조금 과장해서 이야기하자면 전통 수공예 생산 방식 아래에서는 디자인의 편차가 극히 작기 때문에 특별히 의도하지 않더라도 예술적 통일성은 일정 부분 자연스럽게 형성되게 마련이다.[17,18] 서구 사회의 경우는 산업 사회로 들어오면서도 이러한 전통의 교훈을 그대로 이어받아 대량 생산 방식에 적용시키려는 노력을 아끼지 않았다. 미술 공예 운동, 아르누보, 바우하우스의 토털 디자인 등이 그 대표적인 예이며 지금도 노력은 계속되고 있다. 그러나 우리는 서양 문명을 받아들이면서 여기까지는 이르지 못하고 있다. 서양식 주거 문화가 들어오면서 우리의 생활 조형 환경의 질은 확실히 하락되었다. 이렇게 된 데에는 주택 양식이 서구식으로 바뀌는 것과 디자인 용품이 바뀌는 것 사이의 편차 때문이다. 주택은 산업의 문제이고 경

17 양동마을 심수정 **18** 양동마을 향단
예술적 통일성이란 실내 곳곳에 형성되는 생활의 흔적 등이 건물의 전체적인 분위기와 잘 어울리는 경우를 말한다.

제의 문제이기 때문에 시급하게 변하는 반면 디자인은 이를 따르지 못하게 되면서 질적 하락 현상이 나타나게 된 것이다. 물론 반드시 서양 문명을 모두 흉내 내야 좋은 것은 아니며 생활용품까지 서양 사람들이 쓰는 것과 똑같은 것을 쓰자는 것도 아니다. 그렇지만 한번 생각해보자. 이제 우리는 생활 속에서 서구식 가구를 사용하고 있으며 싱크대, 주방용품, 문고리, 수도꼭지, 샤워기 등과 같은 생활 공예품 역시 모두 서구식으로 사용한 지 오래이다. 간혹 우리 전통 공예품을 섞어 쓰긴 하지만 서구식 아파트에 별 생각 없이 골동품 하나 그냥 채우는 수준이지 지금의 문제점에 대한 체계적인 대안은 아니다. 이렇게 보았을 때 이 문제는 결국 다시 한 번 주거 양식 전반에 걸친 문제로 귀결된다.

앞서 '중첩과 관입' 편에서 살펴보았던 한옥의 문제와 관련지어 현재 우리의 생활 조형 환경 문제에 대한 해답은 세 단계로 나누어 생각해볼 수 있다. 첫째, 가장 이상적인 경우는 서구식 주거 양식을 받아들이되 한옥을 기본 틀로 삼는 범위 내에서 받아들이는 것과 마찬가지로 가구나 공예품도 이에 맞춰 우리 것을 기본 모티프로 삼아 현대식으로 변형하는 경우이다. 이것은 골동품을 그대로 쓰는 것 이상의 현대식 재창조를 의미하며 현대화된 한옥에 대한 일종의 세트 개념으로 이해될 수 있다.

둘째, 어차피 서양식 주택이 피할 수 없는 현실이라면 우리 가구와 공예품을 서양식 분위기에 맞춘 새로운 디자인이 요구된다. 이것은 첫 번째 경우와 같은 것으로 보일지도 모르나 완전히 다른 개념이다. 첫 번째 경우는 출발점이 한옥과 우리의 가구 및 공예품에 있으며 여기에 서양식 모티프가 첨가되는 것인 반면 두 번째 경우는 서양식 주택을 기본 틀로 삼아 우리의 가구 및 공예품을 여기에 맞추는 것이다. 일부에서는 유사한 사례가 이미 사용되고 있지만 이보다 훨씬 총체적인 범위에서 생활 조형 환경 전반에 관한 새로운 접근이 요구된다.

마지막으로, 어차피 서양식 주택이 점점 우리의 보편화된 주거 방식이 되고 서양식 가구와 공예품을 써야 할 상황이라면 서양 사람들의 수준과 걸맞는 생활 조형 환경을 갖는 것도 나쁘지는 않을 것이다.

18 테마파크와 친숙한 고전

현실을 뛰어넘는
카타르시스의 공간

계룡산 갑사

vs.

디즈니랜드

지금처럼 대중문화나 놀이 공원이 없던 시절에 사람들은 무엇을 하고 놀았을까. 물론 우리도 다양한 전통 놀이 문화를 갖고 있었다. 명절날 텔레비전에 단골메뉴로 소개되는 것들만 봐도 잘 알 수 있다. 그런데 사람들은 가끔 집과 현실에서 멀리 떠나 지금의 놀이 공원 같은 환상 세계에서 하루 종일 세상 근심 잊고 놀고 싶을 때가 있다. 이럴 때 옛날 사람들은 어떻게 했을까. 사찰과 같은 종교 공간이 일정 부분 그 역할을 담당했을 수 있다. 산속에 지어진 몇몇 사찰을 보면 약하나마 지금의 놀이 공원에 해당하는 구성이 나타나고 있다는 데에서 이같이 추측해 볼 수 있다. 더욱이 이러한 사찰의 구성이 약하다고 하는 것은 지금의 기준에서 본 것일 뿐, 옛날에는 이 정도만 가지고서도 잠시 현실을 잊는 놀이 공원의 기능을 훌륭히 했을 것이다.

종교와 놀이가 혼재된 공간, 갑사
◉

종교와 놀이는 표면적으로는 서로 상반되는 것이라고 생각할 수 있다. 특히 종교를 엄숙한 극기의 과정으로 정의한다면 놀이 욕구를 억제하는 것이 종교에 도움이 되기 때문이다. 그러나 종교의 기능은 그보다 훨씬 다양하며 실제로 축제의 기원이 종교인 경우도 많다. 예를 들어 지금 우리가 축제를 의미하는 말로 사용하고 있는 '카니발carnival'도 본래 종교 의식이었다. 카니발은 사람을 제물로 바치고 인육을 먹는 종교 의식이었는데 이것이 축제를 나타내는 말로 변화한 것이다. 카니발의 예를 보면 사람들이 종교 의식을 빙자해서 놀이 욕구를 충족시켰음을 알 수 있다. 서양 건축의 경우 중세 수도원에서도 이와 유사한 경우가 관찰된다. 중세의 수도원은 종교 공간일 뿐만 아니라 경제, 정치, 학문, 교육, 법, 예술 등과 같은 인간의 모든 문물제도를 총괄하는 종합 행정부의 기능까지 갖추고 있었다. 그리고 그 가운데에는 당연히 수도원이 다스리던 영역 내의 주민들을 위한 놀이 기능도 포함되어 있었다. 이러한 놀이 행위는 상당 부분 종교 행위와 혼재되어, 혹은 말 그대로 종교 행위를 빙자하여 행해졌다.

문명이 아직 분화되지 않았던 때에 위와 같은 모든 기능을 총괄할 수 있는 것은 인간의 정신을 지배하던 종교밖에 없었다. 인간의 분출하는 놀이 욕구를 합리화시킬 수 있는 것 또한 아이로니컬하게도 그 같은 욕구를 억제해야만 할 종교밖에 없었다. 타악기나 합창과 같은 음악이 동원되고 요란한 주문과 기도를 외우며 황홀경에 빠져드는 종교 의식 행위는 그 자체가 종합 예술인 동시에 최고의 놀이 행위였다. 청룡열차를 타건 도박을 하건 테니스를 치건 야구장에 가서 소리를 지르건 그 차이는 모두 수단의 차이일 뿐이다. 놀이 기능의 최종 목표는 결국 현실 탈출의 카타르시스에 있다.

이렇게 보았을 때 지금의 디즈니랜드나 동물원 등과 같은 놀이 공간이 물리적으로 발달하지 않은 전통 문명 아래에서 종교는 가장 안전하고 확실한 놀이 기능이었을 것이다. 이러한 사실은 아직까지도 우리 주위에서 관찰되고 있다. 일요일이면 온 식구가 옷을 잘 차려입고 교회에 갔다가 외식하고 들어오는 행위의 상당 부분은 가족 단위의 점잖은 놀이 기능으로 설명된다. 중년 아주머니들이 예불 드리러 사찰을 찾는 경우 역시 종교적 목적 이외에 나들이 기능을 추가할 수 있다.

계룡산에 위치한 갑사는 종교의 놀이 기능을 잘 보여주는 예이다. 갑사는 민간 신앙이나 밀교가 번창한 계룡산 깊숙한 곳에 위치한 전형적인 산지 가람 사찰이다. 계룡산은 고려 때 도참사상이 크게 유행하면서 산지 가람형 사찰들이 심산유곡에 번창한 적이 있다. 갑사는 이 같은 계룡산의 특징에 맞게 계곡 사이사이 은밀하게 나뉜 영역으로 구성되어 있다. 이 영역들은 서로 상당한 거리를 두고 떨어져 있으면서 각각 고유한 특징을 보여준다.

실제로 갑사에 가서 계곡 사이를 걷다 보면 구불구불한 계곡을 따라 전혀 건물이 있을 것 같지 않은 곳에 갑자기 건물이 나타나곤 한다. 이러한 영역들은 때로는 자연을 이용한 독특한 분위기를 보여주기도 하고 또 어떤 곳에서는 사람의 손길이 많이 간 특징을 보여주기도 한다. 이 과정에서 부도, 탑, 당간지주 같은 건물 이외의 요소들도 중요한 역할을 한다. 갑사의 이 같은 구성은 바로 놀이 공원의 구성과 동일하다고 볼 수 있다. 갑사에 가면 계곡을 따라 이 영역 저 영역을 옮겨 다니면서 다양한 건축적 경험을 할 수 있다. 이것은 기본적으로 종교적 경험의 다양화를 의미한다. 그러나 여기에 더하여 전통 문명에서 종교가 갖는 추가 기능을 생각해볼 때 갑사의 여러 영역이 주는 다양한 건축적 경험은 그 자체가 놀이 기능인 것이다.

갑사는 다섯 개의 영역으로 이루어진다. 첫 번째 영역은 '갑사 가는 길'로 유명한, 매표소에서 해탈문에 이르는 진입 공간이다. 이 영역은 온갖 꽃나무들이 길 양편에 늘어서 있다. 나무 이름을 몇 가지만 들어보면, 윤노리나무, 풍게나무, 말채나무, 쉬나무, 회화나무, 비목나무, 시무나무, 꾸지뽕나무, 고욤나무 등 이름도 못 들어본 여러 종류의 나무들로 가득 차 있다. 물론 우리가 아는 느티나무, 단풍나무, 소나무 등도 함께 섞여 있다. 대체적으로 활엽수이기 때문에 가을에 낙엽이 지기 시작하면 더없이 좋은 경치를 만들어낸다. 이 때문에 갑사는 가을에 가장 아름답다는 의미에서 가을 추秋 자를 써서 추갑사로 불리기도 한다. 갑사의 이 영역은 이를테면 지금의 식물원에 해당되는 놀이 기능을 갖는다. 어쩌면 온실에 외국산 희귀 식물을 모아놓은 지금의 식물원보다 훨씬 강한 놀이 기능을 가졌을 것이다. 여름의 신록과 가을의 낙엽, 겨울의 나목과 봄의 새싹 돋는 모습 등 철 따라 변하는 자연의 신비로운 모습을 옥외에서 살아 있는 경험으로 느낄 수 있기 때문이다.

두 번째 영역은 대웅전 영역이다. 갑사 가는 길을 거쳐 다다르는 첫 번째 문이 해탈문이며 이 문을 지나면 '계룡갑사'라는 현판이 붙어 있는 강당, 대웅전 그리고 선원 등으로 이루어진 대웅전 영역이 나온다. 이 영역은 이를테면 갑사의 주불전 영역이다. 이곳에서는 대웅전 기단의 돌 쌓은 모습과 중정의 아늑한 폐쇄도 등을 즐길 수 있다. 이 내용에 대해서는 앞서 살펴보았다. 갑사 대웅전은 앞쪽의 강당 오른쪽 옆을 돌아서 들어오도록 처리되어 있다.^{1.2} 우회 진입 혹은 우각隅角 진입이라고 불리는 이 같은 진입 방식은 백제 지역의 산지 사찰에서 자주 쓰이던 방식으로서 수덕사, 개심사 등에서도 관찰된다. 우각 진입을 할 경우 대웅전의 오른쪽 모서리를 보면서 접근하게 된다. 그 이유는 보통 팔작지붕을 갖는 불전의 경우 이 방향에서 보는 모습이 가장 아름답다는 게 정설이기 때문이다.

세 번째 영역은 대웅전 왼쪽 위로 있는 팔상전 영역이다.^{3.4} 팔상전 영역 자체는 어느 사찰에서나 볼 수 있는 명부전이나 영산전 등과 같은 전형적인 2차 전각의 모습을 하고 있다. 그보다는 팔상전 정문 앞에서 내려다보는 주불전 영역의 지붕 모습이 독특하다. 대웅전을 중심으로 여러 전각이 중정을 이루면서 모여 있는 모습이 그대로 지붕에 반영되어 나타난다. 이렇게 형성된 지붕은 검은 기와로 덮이면서 그 자체가 마치 하나의 계곡처럼 급한 조형 변화를 보여주고 있다. 실제 물소리를 내면서 흐르고 있는 계곡 옆으로 사람이 만든 인공 계곡이 또 하나 형성되어 있는 형국이다.

네 번째 영역은 대적전 영역이다.⁵ 대적전 영역은 대웅전에서 상당히 멀리 떨어진 곳에 위치한다. 대웅전 오른쪽 아래로 비껴서 내려가다가 대적교라는 다리를 하나 건너면 그 앞에서 공우탑功牛塔을 만나게 된다. 절을 지을 때 목재를 나르며 수고하다가 죽은 소를 기리기 위해 만든 탑이다. 이 공우탑을 지나 긴 거리를 죽 걸어 내려가면 대적전 영역이 나온다. 대웅전 영역이 정방형의 사각형 마당을 가진 데 반해 대적전 영역은 연달아 놓인 건물 두 채로 구성된다. 이 때문에 대적전 영역으로의 진입은 건물의

1 갑사 강당 2 갑사 대웅전 앞 중정
갑사의 대웅전 영역. 강당 오른쪽 옆을 돌아 우각 진입하면
대웅전의 모습이 나타난다.

3.4 갑사 팔상전 앞에서 내려다본 대웅전 영역의 전경
골이 깊은 지붕 여럿이 어울린 모습이 하나의 인공 계곡을 형성하고 있다.

옆면을 통해서 이루어진다. 맨 처음 왼편에 나오는 건물이 요사채로서 한옥의 민가와 같은 모습을 하고 있다. 그러면서 바로 연달아 대적전이 나오는데 이번에도 역시 대적전의 지붕 옆면을 보면서 들어가게 된다. 이때 대적전 지붕 위로 정면에 산등성이가 펼쳐지면서 건물과 자연이 어우러진 하나의 세계가 만들어진다.

마지막으로 다섯 번째 영역은 당간지주 영역이다.❻ 대적전 부도 앞을 지나서 산길을 따라 내려오면 철로 만든 당간지주의 영역이 나온다. 이 영역에는 풀로 덮인 아담한 마당이 하나 있다. 주변의 나무들 사이에 적막한 모습으로 삐쭉 솟은 당간지주와 텅 빈 마당이 함께하는 모습은 앞의 불전 영역들과는 다른 매우 전위적인 느낌을 자아낸다. 당간지주는 대개 돌로 만드는 경우가 많은데 철로 된 점이 특이하다. 그 높이가 돌로 만든 당간지주보다 훨씬 높다. 이 철 당간지주가 처음 만들어진 시기는 통일신라 초기 680년(문무왕 20년)으로 기록되어 있지만 양식상으로는 중기 양식이라고 한다. 원래는 스물여덟 마디였는데 1893년(고종 30년)에 네 마디가 부러져서 지금은 스물네 마디이다. 크기는 원통 직경이 50센티미터이고 전체 높이는 15미터에 이른다.

이상과 같은 다섯 개의 영역을 다 본 후 다시 계곡과 숲을 지나면 처음 갑사 가는 길이 시작되던 곳으로 나오게 된다. 갑사는 전각 구성에 변화가 많았던 사찰 가운데 하나이지만 다섯 개의 영역으로 이루어지는 현재의 구성은 크게 변하지 않은 채 오랜 기간 이어져 온 것으로 볼 수 있다. 이처럼 갑사는 각각 독특한 특징을 지닌 여러 영역을 경험하면서 한 바퀴를 빙 돌아 긴 여행을 끝내고 제자리로 돌아오는 구성이다. 옛날 사람들에게는 이 같은 체험을 하는 절간 나들이 자체가 종교적 기능을 가지는 동시에 하나의 놀이였을 것이다. 앞서 살펴본 바와 같이 갑사의 다섯 개 영역은 산속 지세와 계곡과 같은 자연환경을 잘 이용하여 각각 독특한 공간을 만들어내고 있다. 그 사이를 옮겨 다니면서 예불을 드리는 행위 자체가 놀이 기능을 갖는다고 볼 수 있다.

갑사와 디즈니랜드 간의 유사성
◉

갑사의 놀이 기능은 20세기 놀이 공간을 대표하는 테마파크에 비교된다. 넓은 의미에서의 테마파크는 특정한 목적을 즐기기 위해 조성된 일정 면적 이상의 공원을 말한다. 여기서 특정한 목적이란 박람회와 같은 한시적 전시 기능을 비롯하여 디즈니랜드^{Disneyland}와 같은 놀이동산 등이 대표적인 경우에 해당한다.[7] 그 외에도 민속촌과 같은 유적 보존 기능 및 동·식물원과 같은 항구적인 생명체 전시 기능 등이 테마파크의 '테마'에 첨가될 수 있다. 좁은 의미에서의 테마파크는 디즈니랜드로 잘 알려진 놀이동산처럼 환상 세계나 미래 세계 등 여러 종류의 놀이 영역을 만들어 사람들을 몰고 다니면서 재미있는 경험을 하게 만드는 공원 시설을 말한다. 이렇게 보았을 때 갑사의 다섯 개 영역 구성이 옛날 사람들에게는 우리가 지금 놀이동산을 다니면서 즐기는 환상 세계나 미래 세계 등에 해당하는 다양한 경험을 제공하는 공간이었다고 할 수 있다.

테마파크는 20세기 대중문화의 산물로서 우리의 일상생활에서 중요한 부분을 차지하는 대표적인 놀이 공간이다. 일요일 저녁 뉴스에 단골 메뉴로 등장하는 "휴일인 오늘 서울 근교의 유원지나 놀이동산에는 모처럼 화창한 날을 맞아 가족 단위의 나들이객들로 붐볐습니다"라는 기사의 배경이 바로 다름 아닌 테마파크이다. 테마파크를 대표하는 놀이동산에는 장난감 건축이 넘쳐흐른다. 이러한 경향은 놀이동산의 선두주자격인 디즈니랜드에서 시작되었다.[8,9] 애니메이션 사업의 연장 개념으로 시도된 디즈니랜

5 갑사 대적전
건물 뒤로 산등성이를 배경으로 삼아
자연과 한데 어우러져 있다.

6 갑사 당간지주
텅 빈 마당에 높이 솟아 있는 철 당간지주의 모습은
적막한 분위기를 자아낸다.

7 디즈니랜드의 신데렐라 성 Cinderella Castle, Disneyland, 미국 로스엔젤레스, 1950년
갑사에 나타난 영역 구성은 현대 대중문화의 산물인 테마파크의 기본 구성과 흡사하다.

드는 어차피 처음부터 만화 같은 비현실적 세계를 지향하였다. 이 개념을 건축적으로 충실히 표현하다 보니 디즈니랜드는 장난감 같은 건물들로 가득 채워지게 되었다. 장난감 건축은 회화의 팝 아트에 해당하는 팝 건축으로 분류된다. 건축가들은 놀이동산의 장난감 건축에서 자신들의 팝 건축 개념을 실험할 수 있는 좋은 기회를 갖는다. 1960년대를 거치면서 놀이동산의 장난감 건축은 팝 건축이라는 하나의 건축 양식에 편입되었다. 이 과정에서 디즈니랜드의 장난감 건축은 체계화된 유형으로 정리되어 이후 급속히 유행하기 시작한 세계 여러 곳의 놀이동산에 대한 표준 모델이 되었다.

　　　　　놀이동산에 나타나는 팝 건축의 의미는 미술의 팝 아트가 지닌 의미와 크게 다르지 않다. 놀이동산의 팝 건축은 무엇보다도 즉흥적 감흥을 유발한다.[10] 팝 건축이 제시하는 장난감 형태와 강렬한 원색은 즉흥과 감흥이라는 대중문화적 특징을 갖는다. 팝 건축의 장난감 세계를 구성하는 건축 어휘들은 다양하다. 밝은 원색과 장난감 형태는 가장 기본적인 어휘이다. 미니어처처럼 만든 중세 유럽의 성이나 고층 빌딩, 외국의 어느 거리 등과 같은 테마별 선례들도 차용된다. 때로는 미키마우스 같은 만화 주인공의 모습이 그대로 건물이 되기도 한다. 이것은 물론 팝 건축의 오브제object에 해당하는 개념이다. 이러한 특징은 대중문화 시대에 조형 환경으로부터 요구되는 새로운 기능인 동시에 놀이 욕구를 유발시키는 리얼리즘적인 의미를 갖는다. 디즈니랜드로 대표되는 테마파크는 이처럼 20세기 대중 상업 문화의 시대에 걸맞는 놀이 기능을 갖는다. 갑사의 다섯 가지 영역이 제공하는 다양한 경험은 바로 지금 시대의 테마파크가 갖는 내용과 유사한 과거의 놀이 기능에 해당한다.

　　　　　진입 공간에서 수많은 수목들이 만들어내는 초현실적인 분위기, 대웅전 처마를 옆에서 바라보면서 진입하여 그 앞에 섰을 때의 종교적 기대감, 팔상전 영역에서 내려다본 인공 계곡, 뒷산과 어우러진 대적전의

8 디즈니랜드의 미키 툰타운 Mickey's Toontown, Disneyland, 미국 로스엔젤레스, 1993년
9 로버트 A. M. 스턴, 버뱅크 디즈니월드의 피처 애니메이션 빌딩 Feature Animation Building, 미국 버뱅크, 1995년
서양의 테마파크는 장난감 건물로 구성되면서 만화 같은 비현실적 세계를 지향한다.
이러한 장난감 건축은 이후 팝 건축이라는 하나의 양식 사조로 발전하였다.

10 프랭크 게리, 디즈니랜드 페스티벌 디즈니 Festival Disney, Disneyland, 프랑스 마르네 라 발레, 1989-1992년
테마파크에 나타나는 팝 건축은 즉흥과 감흥이라는 대중문화 시대의 가치관을 대변한다.

픽처레스크한 모습, 빈 공간에 삐쭉 솟은 당간지주가 만들어내는 전위적 공간 등등 갑사의 영역마다 나타나는 다양한 건축적 장면은 바로 테마파크를 구성하는 비현실적인 놀이 세계에 다름 아닌 것이다. 시대가 다르고 가치관이 달랐기 때문에 구체적 결과가 이처럼 다르게 나타나는 것일 뿐이다. 결국 현실을 잠시 떠나 그것이 종교적 몰입이건 숨겨진 놀이 본능의 분출이건 상관없이 비현실적인 카타르시스를 가짐으로써 인간의 본성에 좀 더 솔직해지려는 목적을 지녔다는 점에서 갑사와 디즈니랜드는 동일한 공간으로 분류될 수 있다.

고전을 비틀고 부풀리다

갑사와 같이 현실 초월적인 카타르시스 기능을 갖는 종교 공간은 엄숙한 극기를 강요하는 관습화된 종교의 개념을 깨는 새로운 종교적 기능을 갖는다. 그것은 '친숙한 고전' 쯤으로 불릴 수 있는 대중 친화적 기능이다. 이러한 기능은 관촉사의 은진미륵에 잘 나타난다.[11] 은진미륵은 높이가 18미터나 되는 국내에서 가장 큰 보살입상이다. 그러나 그 크기에도 불구하고 전혀 위압적이지 않으며 얼굴도 친근한 표정을 짓고 있다. 병풍처럼 둘러쳐진 반야산의 바위를 배경으로 서 있는 은진미륵은 아랫마을에서 보면 한손에 잡힐 것 같은 친숙한 모습으로 다가온다. 마치 어릴 적 친구를 보는 것 같은 편안함이 느껴진다. 키 큰 사람이 싱겁다는 말을 실감나게 하는 모습이다. 이처럼 은진미륵이 친근하게 느껴지는 이유는 무엇보다도 과장된 비례에 있다.

은진미륵은 관冠, 얼굴, 몸통의 삼등분으로 구성되는데 관과 얼굴을 합한 길이가 몸통의 길이와 거의 같다. 전체로 보면 2등신, 관을 빼고 보면 3등신일 정도로 은진미륵의 비례는 철저히 깨져 있다. 길이뿐만 아니라 얼굴 생김새나 몸집 등도 비만형에 가까운 비례이다. 조각 기술이 부족해서 그랬을까. 그렇지는 않을 것이다. 그보다는 해학이라는 우리 특유의 친밀한 정서를 표현하기 위하여 의도적으로 이 같은 비례로 처리했다고 볼 수 있다. 은진미륵은 보고만 있어도 그 자체가 하나의 해학이다. 바람 든 고무풍선 같은 과장된 비례는 사람들에게 친숙한 웃음을 자아낸다. 우리 선조들은 이를 알고 관촉사의 은진미륵에 표현한 것이다. 은진미륵에서 느껴지는 이 같은 분위기는 바로 미륵 사상과 일치되는 내용이기도 하다. 미륵 신앙은 생활 속에서 민중과 함께 하려던 신앙이다. 따라서 은진미륵 불상은 권위적이고 어려운 모습보다는 해학적이고 친숙한 모습으로 누구에게나 부담 없이 다가가고 싶어 한다. 은진미륵은 이처럼 민중의 생활 속에 깃들어 있는 해학과 같은 대중적 감성을 표현함으로써 '친숙한 고전'의 역할을 잘 해내고 있다. 12, 13

'친숙한 고전'이라는 주제는 1960년대 이후 서양 현대 예술을 대표하는 팝 아트의 기본 개념 가운데 하나이다. 이 개념 역시 종교적 대상이라든가 고전 예술품 같은 권위적 대상을 우스꽝스런 모습으로 크게 부풀린다거나 망가진 모습으로 표현한다는 점에서 은진미륵의 경우와 다르지 않다. 팝 아트는 이러한 경향을 통해서 관습적인 권위를 거부하거나 혹은 관습적인 권위를 친근한 모습으로 바꾸어 놓으려는 대중문화적 고전관을 표현한다. 그리고 은진미륵과 같이 권위적 대상의 비례를 깨뜨리는 처리 역시 그 대표적인 방법이다.

실제로 팝 아트에는 은진미륵의 비례와 비슷한 모습을 한 작품들이 많다. 예를 들어 페르난도 보테로 Fernando Botero는 <모나리자>라는 작품에서 레오나르도 다 빈치의 모나리자를 찐빵처럼 부푼 모습으로 바꾸어 그렸다. 14 이외에도 보테로는 항상 늘씬한 비례를 이상형으로 삼는 여체나 근엄한 분위기의 성직자 등도 은진미륵과 같이 부풀린 비례로 바꾸어 그린 작품을 많이 남겼다. 또 로버트 벤추리 Robert Venturi는 그리스 신전의 고전 오더

11 관촉사의 석조 미륵보살 입상
자연환경을 배경으로 서 있는 은진미륵의 모습

12, 13 관촉사의 석조 미륵보살 입상
항상 엄숙하고 완벽한 모습이어야 한다는 불상의 상식을 깨고 엉성하면서도 친숙한 모습으로 조각되었다.

14 페르난도 보테로, 〈모나리자Mona Lisa〉, 1977년 15 로버트 벤추리, 스토니 크릭 하우스House at Stony Creek, 미국 스토니 크릭, 1984년

고전 예술의 생명인 정교하고 치밀한 비례를 깨뜨려 부푼 찐빵 같은 모습으로 바꾸어 놓았다. 관촉사 은진미륵과 강한 유사성을 보여준다.

를 위와 동일한 개념에 의하여 부풀린 모습으로 바꾸어 놓았다.[15] 비례가 잘 맞고 엄숙한 모습의 기둥이 뚱뚱하게 부풀린 것을 보면서 사람들은 그리스 고전을 더 이상 무거운 대상이 아닌 이웃집 햄버거 가게 같은 가벼운 기분으로 받아들일 수 있게 된다.

　　　　　이상 살펴본 바와 같이 현대 서양 예술에서 추구하는 탈권위적 고전관에 대한 선례를 우리는 이미 천 년도 더 된 먼 옛날부터 가지고 있었다. 일차적으로는 종교가 갖는 복합적 기능에 대한 이해가 우리 전통 건축에서 그만큼 다양하게 시도되었음을 의미한다. 그리고 궁극적으로는 이러한 고민이 시간과 공간을 초월하여 동서양에서 공통적으로 존재함을 의미한다. 이처럼 건축을 구성하는 여러 주제에 대해 동서양은 같은 고민을 하면서 유사한 모습을 보여준다. 지금까지 우리에게는 한국 전통 건축이 서양 건축보다 무조건 우월하다고 주장하거나, 반대로 서양 건축을 무조건 추종하는 양극단적 입장이 팽배해 있었다. 이 책을 통하여 한국 전통 건축이 왜 우수한지를 살펴보는 동시에 두 건축에 대한 우열 판단의 시각에서 벗어나 동서양은 하나라는 점을 확인할 수 있는 기회를 가졌으면 하는 바람이다.

색인

우리
건축

갑사 460-477
  강당 465, 466
  대웅전 121-123, 126, 129-132, 136, 211, 465, 466
  대적전 465, 470, 472, 474
  선원 465, 466
  팔상전 465, 468, 469, 474
  해탈문 464, 465
개심사 43-63
  대웅보전 211
  범종각 44, 45, 49, 50, 61, 63, 323, 324, 326
  심검당 46, 47, 114
  해탈문 323, 325
경복궁 196, 232
  근정전 23, 196
고운사
  가운루 72
  극락전 211
  낙서헌 114
  일주문 26, 27
관촉사 409-420, 477-482
  미륵전 409, 412, 414, 416-420
  해탈문 414
구룡사 147, 226
  원통문 143, 145
덕수궁 232
도산서원 289-305
  고직사 160, 290, 292, 294, 295, 297, 394
  광명실 292, 295
  농연정사 110, 113, 172, 290, 386
  도산서당 95, 115, 162, 192, 294
  동재 290, 292
  상덕사 292

  서재 290, 292
  장판각 290, 292
  전교당 157, 210, 290, 292, 294, 297
  전사청 292
  진도문 140, 156, 157
돈암서원 151
독락당 110, 154, 161, 363-373
마곡사 133, 345-365
  대광보전 348, 350, 352-357, 359
  대웅보전 61, 62, 196, 212, 246, 343, 350, 351-359, 361, 365
  매화당 114, 115
  해탈문 26, 28, 30, 347, 349, 350
  선원 211
  응진전 26
  천왕문 347, 349, 350
  해탈문 26, 27, 31
무량사 224
  극락전 78, 79, 81, 196, 211
  영산전 212, 213
병산서원 69-81
  만대루 69, 71, 74-81, 84-86, 90, 96, 104, 336, 338, 341
  복례문 140, 152
  입교당 111, 114, 171, 185, 211, 267, 290
봉정사 243-263
  극락전 96, 98, 101, 104, 106, 108
  대웅전 26, 28, 31, 121, 124, 212, 311
  만세루(덕휘루) 72, 222, 254, 256, 413
부석사 248-252, 263
  무량수전 26, 32, 33, 37, 248, 249, 426-430
  범종각 94, 97, 248, 250
  안양루 248, 249, 251, 426-429
  천왕문 121, 145, 251
상주향교 274
소수서원 245, 263-287
  강학당 270-273
  사당 270
  일신재 114, 270
  장판각 270, 271, 273, 276
  전사청 270
  지락재 270
  직방재 270, 273, 276
  취한대 320
  학구재 270

소호헌	110, 184
수덕사	465
대웅전	55, 57, 96, 98, 100, 101, 104, 105, 108
수타사	
대웅보전	28, 29, 35
흥덕루	72, 78, 80, 81
숙수사	271
신륵사	435-449
구룡루	72, 437, 441
극락보전	437, 440, 443
심검당	440
일주문	141
조사당	26, 436-441, 444, 446-448
안성향교	186
대성전	211
명륜당	290
양동마을	
관가정	110, 113, 153, 188, 200, 202, 383, 388, 390, 394, 397
심수정	72, 73, 391, 457
이향정	385
향단	110, 169, 172, 200, 269, 291, 306
영릉	233, 236, 237, 239, 384, 389, 395, 457
영천향교	274, 275
옥산서원	133, 135, 160, 188, 258, 261, 262, 267
구인당	311
무변루	72, 260
용문사	
요사채	114
일주문	143, 145
용연서원	155
용주사	236, 238
일주문	236
천보루(홍제루)	72
해탈문	226, 238
융릉	156
융건릉	236, 238
의성향교	
대성전	54, 56
동재	112, 114
임청각	215
장곡사	347
대웅전	184, 207, 210
설선당	55, 57, 114
정수사	247, 320
종묘	96, 162, 233
악공청	71, 72
어숙실	307
영녕전	54, 56
정전	94, 97, 126, 128-132, 134, 136, 235, 290
창경궁	232
경춘전	18-21
명정전	26, 27, 54, 56, 234, 290, 411
문정전	27
함인정	19, 26, 28, 29, 37, 437
환경전	18-21, 35
창덕궁	232
인정전	26
청룡사	224
대웅전	52, 53
해탈문	147
칠장사	
사천왕문	222, 423, 425
혜소국사 비각	71
황룡사	196, 198

서양 건축

건축물

노이엔도르프 빌라	178, 180
노트르담 뒤 벡 수도원	304
뉴욕 존 에프 케네디 공항의 TWA 청사	37, 39
두칼레 궁	63, 65
디 이 쇼 앤 컴퍼니의 사무실 및 매장	313, 314
디즈니랜드	459, 463, 471-477
신데렐라 성	473
미키 툰타운	475
디즈니랜드 페스티벌 디즈니	476
딕스 하우스	206
라우렌티안 도서관	136, 137, 243, 252, 255, 257
라이몬드 채플	422
랭스 대성당	146, 148, 149
레이크 쇼어 드라이브 860/880번지 아파트	125
로마 교황청	23, 61, 64, 66, 174, 175, 197, 214, 231, 252

항목	쪽
로마 교황청 실내의 닫집	64, 66, 174, 175, 231
로마 조니오 가 복합 건물	126, 127
로소네 중학교 체육관	114, 116
로손 웨스턴 하우스	281
루브르 궁전	266
루첼라이 궁	97, 100, 102
르네 신테니스 스쿨	174, 177
리옹 공항 청사	107-109
마르셀루스의 극장	205
메르카토 광장	216
모레스텔 고등학교	240
배터리 파크 시티 파빌리온	86, 88
버뱅크 디즈니월드의 피처 애니메이션 빌딩	475
베르사유 궁전	266, 268
베일라 드 산 안토니오 학교 증축	181
보 르 비콩트 성	266, 269
봄 제수스 하우스	131, 132
북동남서 하우스	190, 192
브레이크 하우스	157-159
브린모어 대학 기숙사	190, 192
비스 교회	176
빌라 로톤다	187, 190, 191
사피엔차	299, 301
산 카를로 아 카티나리 교회	431
산 카를리노 교회	435, 360, 362
산타 마리아 노벨라 교회	100, 103
산타 마리아 델라 살루테 교회	23, 25
산투아리오 델라 비지타치오네 디 마리아	175
샌드니 성당	229
성 소피아 성당	197
성 암브로지오 성당	61, 62
성 에티엔느 교회	24
세인트 빈센초와 아나스타시오	154, 155
스토니 크릭 하우스	482
스톤 하우스	370, 373, 374
스페인 계단	252, 253
시비타 카스텔라나 묘지	236, 240
아미앵 성당	230
아테나 신전	59
앵발리드	304
에덴 프로젝트	338, 340
에렉테움 신전	60, 61
에셔릭 하우스 앤 스튜디오	237
에펠 탑	197, 198
예일 대학교의 잉걸스 아이스하키 링크	36, 38
오르타 하우스 앤 스튜디오	449, 450, 452, 453
워드 W. 윌리츠 하우스	400
원시 오두막	69, 82, 84-86
웨스트민스터 오두막	340
웨이버리 시민 회관	178, 179
웰스 성당	230
웰포드-온-아본 농가	335
일리노이 공과대학교	402
장크트 요하네스 네포무크 교회	83, 148, 149
제수 에 마리아 알 코르소 교회 제단	421
제수 에 마리아 알 코르소 교회 닫집	409, 417, 420, 421
카피타나토 로지아	136, 137
캡 마르티넷 하우스	373, 374
캡 베나 개인 주택	34, 35
케티 왕자 암벽 묘	58, 60
코르나로 채플	425, 426, 430, 432
코뮨 팔라초	215
콜로세움	197
퀴리날레 팔라초	245
테 궁	136
파리 지하철 아베세 광장 역 출입구	157, 158
파사우 성당	83
파에스툼의 바실리카	24
포르토 라프티 하우스	130, 132
프레드 앤 진저 빌딩	47, 48, 50
피라미드	197
하버드 대학교 시각 예술 센터	149, 150
하우스 온 새그 폰드	86, 88

건축가

이름	쪽
게리, 프랭크	47, 48, 476
구아리니, 구아리노	133
그림쇼, 니콜라스	338, 339
기마르, 엑토르	157, 158
도메니히, 귄터	370, 373, 374
뒤랑, 장 니콜라스 루이	286, 299, 300, 302
라이날디, 카를로	409, 417, 420, 421, 424, 430
라이트, 프랭크 로이드	399, 400
라파엘로, 산치오	61, 63, 65
라페냐 앤 토레스	373, 374

레오나르도 다 빈치	244, 252, 279, 299, 301, 478	팔라디오, 안드레아	133, 136, 137, 187, 191
로름, 필리베르 드	61, 62	포르피리오스, 드메트리	86, 88
로마노, 줄리오	61, 63, 65, 133, 136	포티아디스, 미첼	130, 132
로지에, 마크	69, 81-86	푸크사스, 마시밀리아노	236, 239, 240
롱게나, 발다사레	25	프란체스코 데 산크티스	252, 253
루가로, 카를로	83	프란체스코 디 조르지오 마르티니	215, 296, 298
루소, 장 자크	82, 84, 85, 331	헤로 아르노 아키텍츠	240
르 보, 루이	269	헤이덕, 존	190, 192, 193
르 코르뷔지에	149, 150, 174	홀, 스티븐	313, 314
리비오 바키니	114, 116	홉킨스, 마이클	157, 158
마스카리노, 오타비아노	245	힐버자이머, 루드비히	280
망사르, 아르두앵	304		
모스, 에릭 오웬	281		
미스 반 데어 로에	125, 399, 402		
미켈란젤로	23, 133, 136, 137, 252, 254, 255, 257		
바에차, 캄포	181		
베르니니, 지안 로렌초	63, 64, 66, 133, 174, 175, 231, 417, 422, 425, 426, 430, 432		
벤추리, 로버트	478, 482		
보로미니, 프란체스코	133, 345, 360, 362		
볼하게, 레온	174, 177		
브라만테, 도나토	61, 62, 133, 136, 252		
비토네, 베르나르도	155, 175		
사리넨, 에로	32, 36, 37-40		
사리넨, 엘리엘	37		
사베리오 부시리 비치	126, 127		
산소비노, 자코포	133		
스턴, 로버트 A. M.	475		
아그레스트 앤 간델소냐	86, 88		
아삼 형제	83, 148, 149		
알베르티, 레온 바티스타	96, 100-103		
알토, 알바	37		
에두아르도 수토 드 무라	130, 132		
에드워드 컬리넌 아키텍츠	340		
에셔릭, 워튼	337		
에펠, 구스타브	197, 198		
오르타, 빅토르	449, 450, 452, 453		
자이들러, 해리	179		
존슨, 필립	32, 34, 35		
짐머만, 도미니쿠스	176		
칸, 루이스	190, 192		
칼라트라바, 산티아고	107, 109		
크리에, 로브	206		
파우슨, 존	178, 181